UNIVERSITÄT HAMBURG

Abhandlungen
aus dem
Gebiet der Auslandskunde

Band 67

Reihe C (Naturwissenschaften) Band 20

Durban

Siedlungsgeographische Untersuchung einer Hafenstadt

von

Volkmar Praechter

HAMBURG
CRAM, DE GRUYTER & CO.
1961

Durban
Siedlungsgeographische Untersuchung einer Hafenstadt

von

Volkmar Praechter

Mit Abbildungen und Tabellen im Text, Bild- und Kartentafeln

HAMBURG
CRAM, DE GRUYTER & CO.
1961

Die „Abhandlungen aus dem Gebiet der Auslandskunde“ (Fortsetzung der Abhandlungen des Hamburgischen Kolonialinstituts) erscheinen in folgenden Reihen:
A. Rechts- und Staatswissenschaften (auch politische Geschichte umfassend),
B. Völkerkunde, Kulturgeschichte und Sprachen,
C. Naturwissenschaften,
D. Medizin und Veterinärmedizin.

Zuschriften und Sendungen sind zu richten an die

Schriftleitung
Hamburg 13
Universität

Gesamtherstellung: J. J. Augustin, Glückstadt

DEBILE PRINCIPIUM
MELIOR FORTUNA SEQUETUR

Inschrift im Wappen der Stadt Durban

Inhaltsverzeichnis

Tabellen

Abbildungen

Bildtafeln

Soweit nicht anders vermerkt, stammen die Aufnahmen vom Verfasser.

Kartentafeln

Hinweis:

Soweit im Text nicht anders vermerkt, sind Ortsteile in Kartentafel 7, Straßen und Plätze in Kartentafel 20, Eisenbahnstationen innerhalb des Stadtgebietes in Kartentafel 18 angegeben.

Vorwort

Ende 1956 erhielt ich durch Vermittlung des Deutschen Akademischen Austauschdienstes ein Stipendium der Regierung der Südafrikanischen Union für ein neunmonatiges Studium an der Universität von Natal. Auf Anregung von Herrn Professor Dr. Wilhelm Brünger nutzte ich diesen Studienaufenthalt für eine siedlungsgeographische Untersuchung der Hafenstadt Durban. Die Ergebnisse dieser Untersuchung werden mit dieser Arbeit vorgelegt. Herrn Professor Brünger gilt mein besonderer Dank für zahlreiche Anregungen, besonders methodischer Art, während der Niederschrift.

Mein Dank gilt an dieser Stelle der Regierung der Südafrikanischen Union für die Überlassung des Stipendiums, dem Deutschen Akademischen Austauschdienst, der Regierung des Landes Schleswig-Holstein und dem Senat der Hansestadt Lübeck für weitgehende finanzielle Hilfen, die die Durchführung der Arbeit erleichterten, sowie dem Reeder Herrn E. Komrowski, Hamburg, und dem Direktor der Trek Airways, Herrn General von Mellenthin, Johannesburg, für die mir bei der An- und Abreise gewährte Unterstützung.

Herrn Professor Dr. Lester King, dem Direktor des Department of Geology der Universität von Natal, und Herrn Dr. Frankel bin ich zu aufrichtigem Dank verpflichtet für die mir an ihrem Institut gewährte Gastfreundschaft. Herrn Professor King danke ich für zahlreiche Anregungen für die Erarbeitung des geomorphologischen Fragenkomplexes und besonders für die Überlassung seiner noch nicht veröffentlichten geologischen Karte von Durban (1:25000). Mein Dank gilt ebenfalls den Stadt- und Universitätsbibliotheken in Durban, die bei der Beschaffung des Quellenmaterials behilflich waren, den Hafenbehörden und dem Staatlichen Wetteramt in Durban für die Überlassung seinerzeit noch nicht veröffentlichten Zahlenmaterials, dem Hamburgischen Weltwirtschaftsarchiv, dem Institut für Weltwirtschaft in Kiel sowie der Staats- und Universitätsbibliothek Hamburg, die bei der Beschaffung der Sekundärliteratur behilflich waren.

Ferner danke ich Herrn Professor Dr. Albert Kolb, Herrn Professor Dr. Curt Kosswig und Herrn Professor Dr. Walter Mevius, den Direktoren der Institute, an denen ich den größten Teil meines Studiums absolvieren durfte, sowie allen anderen akademischen Lehrern. Die Arbeit wurde vom Ausschuß des akademischen Senats für die Abhandlungen aus dem Gebiet der Auslandskunde zum Druck angenommen, den der Redaktor Herr Professor Dr. Walther Schubring verständnisvoll gefördert hat. Auch hier sei herzlicher Dank gesagt.

Zum Schluß aber möchte ich auch meinen Eltern danken, deren mit größter Selbstverständlichkeit gewährte ideelle und materielle Hilfe erst die Grundvoraussetzungen für meine Ausbildung schuf.

Hamburg, September 1961 V. P.

A. Einführung

> „Der einzelne Hafen ist uns ein Landschafts- und Landesindividuum ursprünglicher und künstlicher Prägung, ein sinnvolles Gefüge ineinanderwirkender Natur- und Kulturelemente, die zusammen einen geographischen Raumkomplex ausmachen."
>
> L. Mecking[1])

Diese Worte Ludwig Meckings kennzeichnen in Kürze die Vielfalt der einen Hafen prägenden Faktoren und kennzeichnen damit die geographische Betrachtung und Erörterung eines Hafens als eine umfassende Siedlungsgeographie oder eine Länderkunde auf kleinstem Raum.

Dieser Zweig der geographischen Forschung beginnt auch in den afrikanischen Ländern an Bedeutung zu gewinnen, besonders in der Südafrikanischen Union, wo durch die Apartheids-Gesetze besondere Probleme innerhalb der Städte betont und herauskristallisiert werden, die ohne gründliche siedlungsgeographische Untersuchungen nicht ohne Schwierigkeiten gelöst werden können. So sind in der Südafrikanischen Union nach dem letzten Krieg einige Arbeiten verfaßt worden, von denen beispielhaft hier nur als echte Siedlungsgeographie die Arbeit von Talbot, W. J. 1959 über Kapstadt, als solche, die Teilgebiete der Siedlungsgeographie berühren oder enthalten, die Arbeiten von Brookfield, H. C. und Tatham, M. A. 1957, Kuper, L., Watts, H. und Davies, R. 1958 über Durban genannt seien. Bei diesen Arbeiten fällt auf, wie stark sie von dem Bemühen um eine Lösung der Rassenprobleme in den südafrikanischen Städten geprägt sind.

Es war nun von besonderem Interesse, der siedlungsgeographischen Komplexität des größten Handelshafens der Union, Durban, der gerade hundert Jahre alt wurde, nachzugehen, zumal dieser als Großhafen an einer hafenfeindlichen Küste liegt und damit darauf hinwies, daß außergewöhnliche naturgeographische Faktoren bei seinem Entstehen maßgeblich mitgewirkt haben müssen, und da Durban als einzige afrikanische Stadt in zumindest demographischer Sicht eine Besonderheit durch die zahlenmäßige Gleichheit seiner drei wesentlichen Bevölkerungselemente — Europäer, Bantus und Inder — darstellt.

Die letzte deutsche geographische Gesamtbetrachtung des Hafens Durban findet sich in der Arbeit von Obst, E. 1935. Eine moderne umfassende siedlungsgeographische Darstellung des Eisenbahnhafens Durban, seiner naturgeographischen Grundlagen, seiner Entwicklung und seines heutigen Siedlungsbildes fehlt. Das heutige Bild des Hafens ist bisher nur in Teilgebieten, meist vom rassisch-ökologischen Standpunkt aus, erfaßt worden. Es fehlt bisher eine Zusammenfassung und Auswertung der zahlreichen Literatur über die Naturgeographie des Raumes und eine Entwicklung und Darstellung des ursprünglichen Landschaftsbildes. Da die Naturgeographie aber für die siedlungsgeographische Betrachtung unerläßlich ist und für die Anschauung dieses in Europa weniger genau bekannten Gebietes eingehender dargestellt werden mußte, wurde ihr in dieser Arbeit weiter Raum gegeben, um zu versuchen, die Lücke in der Literatur zu füllen. Der zweite Teil der vorliegenden

---

[1]) Mecking, L. 1931 A S. 224

Arbeit befaßt sich mit der Entwicklung des Raumes aus geographischer Sicht. Das heutige Siedlungsbild läßt sich nur aus dem Zusammenwirken naturgeographischer Faktoren und historischer Ereignisse und Kräfte erklären. So erwies es sich als notwendig, den zweiten Teil der Arbeit breit genug zu halten, um den Einfluß der Kulturelemente auf die Naturelemente seiner Bedeutung gemäß darzustellen. Der dritte Teil der Arbeit konnte sich stark auf vorliegende, meist rassisch-ökologische neue Arbeiten stützen, deren Ergebnisse zusammengefaßt übernommen und mit einer Grundrißanalyse und einer Skizzierung des Aufrisses der Stadt in Beziehung gebracht wurden. Durch eine kurze Darstellung der wirtschaftsgeographischen Verflechtung Durbans in sich und mit dem Umland wurde versucht, das siedlungsgeographische Bild abzurunden. Das gewonnene Gesamtbild wurde in einer Schilderung der Physiognomie Durbans der Arbeit vorangestellt, um das Verständnis der Hauptteile zu erleichtern.

Als Abgrenzung des zu betrachtenden Raumes wurde die politische Grenze, d. h. die Grenze der Durban Municipality, gewählt. Diese Wahl wurde bestimmt durch das vorliegende Material, das sich durchweg auf das verwaltungsmäßig erfaßte Stadtgebiet erstreckt. Die Grenzziehung war vom geographischen Gesichtspunkt her zu rechtfertigen 1. durch die Tatsache, daß außerhalb der Stadtgrenzen nur wenige, junge Wohnsiedlungen liegen, längs der Eisenbahnstrecke nach Pinetown und längs der National Roads, die bei der Betrachtung, auch ohne zahlenmäßig erfaßt zu sein, leicht berücksichtigt werden können; 2. dadurch, daß im übrigen Agrargebiete an die Stadt angrenzen, denen kein entscheidender Einfluß auf die Siedlungsgeographie Durbans zugesprochen werden kann. Die Abgrenzung erscheint nur unsicher längs der National Road nach Johannesburg, zu deren Seiten sich zahlreiche kleinere europäische Siedlungen angelegt haben, die heute Schlafstädte Durbans darstellen. Bei der Diskussion der Wirtschafts- und Verkehrsverhältnisse wurden diese Orte daher, soweit notwendig, in die Betrachtung mit einbezogen.

B. Die Physiognomie der Stadt Durban

Ein Ferneisenbahnhafen mit 519600 Einwohnern (1956), davon 153260 Europäer, 19260 Mischlinge, 171200 Asiaten und 175880 Bantus[1]), ausgedehnt über eine Fläche von 194 qkm, mit einer 19,5 qkm großen Hafenbucht; mit einem Güterumschlag von 8358292 t/Jahr (1957/58) der größte Handelshafen der Südafrikanischen Union — das ist Durban heute! Auf 29° 51'S, 31° 00'E gelegen, 30 Flugstunden von Frankfurt/Main entfernt, in 19 Tagen per Schiff von Southampton aus zu erreichen, eingeflochten in die internationalen See- und Luftverkehrsnetze[2]) —

[1]) In dieser Arbeit werden die Termini 'Europäer', 'Mischlinge', 'Asiaten' und 'Bantu' in der Definition des Population Census 1951 gebraucht. Danach sind

Europäer — persons, who in appearance obviously are, or who are generally accepted as White persons, but excluding persons who, although in appearance obviously white, are generally accepted as Coloured;

Eingeborene (Bantus) — persons who in fact are, or who are generally accepted as members of an aboriginal tribe or race of Africa;

Asiaten — natives of Asia and their descendants, mainly Indians and Pakistani, with a few thousand Chinese;

Mischlinge — all persons not included in any of the ... groups referred to above. The great majority of this group are known as Cape Coloured, but persons of mixed white and non-white blood are also included.

(Brookfield, H. C. u. Tatham, M. A. 1957 S. 44ff)

[2]) Kartentafel 1

bildet die Stadt heute ein Zentrum des südafrikanischen Wirtschaftslebens, ist sie ein Sammelpunkt sowohl für die überseeischen Verbindungen als auch für die nach Übersee drängenden inländischen Wirtschaftsströme.

Als Wahrzeichen für Schiffahrt und Luftverkehr überragt die Stadt der 143 m hoch stehende Turm der Universitätsbibliothek neben dem Howard College auf der Berea. Er ermöglicht einen prachtvollen Rundblick auf die sich längs der Küste erstreckende Stadt, die über eine Landschaft ausgebreitet ist, deren Hauptmerkmale zwei küstenparallele Höhenrücken sind, das Bluff an der Küste und die Berea Inlands, zwischen denen sich die Hafenbucht erstreckt, die nach N und S durch Alluvialebenen eingegrenzt wird, die von drei Flüssen, dem Umgeni im Norden, dem Umbilo und dem Mhlatuzana im S durchflossen werden[1]). Wie ein blau schimmerndes Auge leuchtet die weite Fläche der Bucht herauf. Ein emsiger Verkehr von Motorbooten und Seglern eilt scheinbar planlos daüber hin. Mächtige Ozeandampfer suchen sich, unterstützt von Schleppern, bedächtig ihren Weg durch die von zahlreichen Baggern offen gehaltenen, gut betonnten Fahrrinnen der bei Ebbe weithin trockenfallenden Bucht.

Zum Ozean hin schließt ein bis 120 m hoher, bewaldeter Rücken, das Bluff, die Bucht ab. Nahe der nach NE weisenden Hafeneinfahrt ragt auf dem Bluff ein Leuchtturm auf, eingebettet in dichten, nahezu ursprünglichen Busch. Nach SW lichtet sich die Vegetationsdecke, und der Höhenrücken zeigt eine lockere Bebauung mit Villen, zum Teil auch mit einzelnen, mehrstöckigen Wohnhäusern, zwischen denen sich weite Grünanlagen ausdehnen. Am Fuße des Bluff zieht eine Eisenbahnlinie entlang, die die Bekohlungsanlagen und die Öltanklager von Island View mit dem Haupteisenbahnnetz verbindet[2]). Der Blick auf die Tanklager wird zum Teil verdeckt durch eine von SE sich in die Bucht erstreckende breite dunkelgrüne ‚Zunge' — den Rest des ehemals die ganze Bucht umrandenden Mangrovendickichts mit den Bauten des Marine-Stützpunktes auf der Insel Salisbury an der Spitze.

Von NW nach SE strebt dem Bluff eine flache Sandhalbinsel entgegen, deren äußerste Spitze die Nordmole, die nordwestliche Begrenzung der Hafeneinfahrt, trägt. 'The Point' ist die Keimzelle des Hafens von Durban. Hier konzentrieren sich auch heute die Umschlagseinrichtungen für den Stückgutverkehr, hier wird der gesamte Passagierverkehr abgefertigt. Gleisanlagen für Vollportalkräne, Gleise der Eisenbahn vor, in und hinter den bis 28 m breiten Schuppen, ein zweistöckiges Kühlhaus für Südfrüchte, Büros der Hafenbehörden und Reedereien, veraltete einfache mehrstöckige Wohnhäuser, deren Farbanstrich nur noch sporadisch erkennbar ist, Reparaturwerkstätten für Kraftfahrzeuge und Maschinen, ein Dieselöl-Tanklager an der Seeseite, ein Bantu-Barackenlager aus einfachen flachen Steinbaracken mit Schlafsälen und Eßräumen, Geschäfte für seemännischen Bedarf, Bars, Hotels in überalterten Gebäuden — sie kennzeichnen das Hafenviertel von Durban[3]). Point Road, eine der ältesten Straßen Durbans, ist die Schlagader dieses geräuschvoll pulsierenden Herzens des Hafens[4]).

Ununterbrochen flutet ein Strom von Personen- und Lastkraftwagen durch sie hindurch, hasten Menschen weißer, bräunlicher und schwarzer Hautfarbe die Straße entlang, während sich unter das Hupen der Autos, das Rattern der Motoren und die Rufe der Riksha-Fahrer die gellenden Pfiffe der am Kai entlangrollenden Eisenbahn, das Rattern der Kräne, die schrillen Dampfpfeifen der Schlepper und die dunklen melodischen Signalhörner der Überseeschiffe mischen. Hier ist nichts zu spüren von der Geruhsamkeit des südafrikanischen Lebens! Die Betriebsamkeit unter der Devise:

---

[1]) Kartentafel 4
[2]) Bildtafel 4
[3]) Bildtafel 4
[4]) Kartentafel 17

Nur ein schneller Hafen ist auch ein guter Hafen! strahlt bis tief in die Stadt hinein, mündet die Point Road doch in die Hauptachsen der Stadt, jene drei E—W verlaufenden, parallelen Hauptstraßen Smith Street, West Street und Pine Street, die als älteste Straßen der 106jährigen Stadt das wirtschaftliche und gesellschaftliche Leben zum großen Teil an sich gezogen haben[1]).

Als sechsbahnige Hauptverkehrsachsen ausgebaut, prägen diese Straßen das Gesicht der Innenstadt von Durban. Von der Point Road kommend, fällt in ihnen die ungleichmäßige Bebauung auf. Bis an das Rathaus heran überwiegen Bauten aus den zwanziger Jahren. Hier herrschen Geschäfte und Werkstätten der Kraftfahrzeugindustrie und deren Hilfsindustrien vor. Zwischen den reparaturbedürftigen alten Gebäuden ragen vereinzelt Neubauten mit hellen Glasfronten auf. Der Einfluß des Hafengebietes und des nördlich der Pine Street liegenden Industrie- und Eisenbahngeländes ist unverkennbar[2]). Doch vom Rathaus westwärts wandelt sich das Bild vollständig. Moderne Hochhäuser — Banken, Versicherungen, Bürogebäude der zentralen Verwaltung und Kaufhäuser — reihen sich aneinander, nur zeitweilig unterbrochen von niedrigeren Bauten der Vorkriegszeit. Zahlreiche Baustellen zeigen die Intensität der Entwicklung, die hier augenblicklich ein verworrenes, uneinheitliches Bebauungsbild verursacht, aber deutlich einer durch moderne Bauverfahren geprägten Besiedlung der Innenstadt zustrebt. Immer mehr der alten Gebäude mit Wellblechdächern und den für Durban so typischen vorgezogenen Arkaden auf Stein- oder Gußeisensäulen weichen den Einheitsfassaden aus Glas, Beton und Sandstein. Von einer Hauptstraße zur anderen werden diese Gebäudekomplexe von Passagen durchzogen, Fußgängerwegen, die zu in den Häusern gelegenen Geschäftsstraßen ausgebaut wurden. Je weiter man nach W kommt, desto mehr ältere Gebäude sind noch erhalten. Teilstücke der Straßen mit Arkaden, deren Eisenpfosten von Rost überzogen sind und deren Farbe in großen Flächen abblättert, erinnern an das Stadtbild vor 25 Jahren, das E. Obst (1935) so plastisch geschildert hat. West Street Ecke Broad und Grey Street glaubt man sich plötzlich in eine andere Gegend der Erde versetzt: Bunte Fassaden, Zwiebeltürme, Arkaden und Umgänge bis zum zweiten Stockwerk, enge, dicht bebaute Nebenstraßen, Verzierungen an den Wänden und den Säulen der Arkaden — die Inder haben 'den Orient mit nach Durban gebracht'! Ein ganzes indisches Geschäftsviertel erstreckt sich nordwestlich des europäischen Stadtzentrums am Rande eines alten Sumpfgebietes, des Western Vlei[3]).

Farbenfreudige, etwas aufdringliche Auslagen in den Schaufenstern fallen schon in der Grey Street auf. Geht man dann aber in eine der Nebenstraßen hinein, so ist man ganz im Banne einer orientalischen Bazar-Straße: Eine Fülle fremder Eindrücke stürzt auf den Besucher ein. Mit großem Stimmaufwand werden die 'garantiert billigsten, echtesten und unübertrefflichsten' Waren angeboten. Kleine, mit Ware überladene, zur Straße hin offene Werkstatt-Geschäfte säumen den Weg. Durch heftig gestikulierende Gruppen, in denen mit südländischem Temperament um Preise gefeilscht wird, suchen sich Frauen in weiten, fließenden Saris mit unnachahmlicher Grazie den Weg. Überall fallen die kräftigen Gestalten der Zulu- und Pondo-Frauen auf, die ihre Einkäufe wie auch ihre Verkaufsartikel hochgetürmt auf dem Kopf balancieren. Kommt man zum Indermarkt, wird das Gedränge noch größer. Ein internationales Sprachengewirr aus Hindi, Tamil, Urdu, Zulu, Englisch, Afrikaans, aber auch Deutsch, Französisch, Portugiesisch verschmilzt zu einer unentwirrbaren Geräuschkulisse. Verkaufsstand reiht sich an Verkaufsstand auf diesem Markt: Bananen, Apfelsinen, Mandarinen, Zitronen, Paw Paws, Avocado Pears, Äpfel und andere Obstsorten des gemäßigten Klimas, verschiedene Gemüse, darunter

[1]) Kartentafel 17, 18, Bildtafel 3, 6
[2]) Bildtafel 8, 9, 10
[3]) Kartentafel 4, 18, 19, Bildtafel 11, 13

als besondere Delikatesse Bambusschößlinge, türmen sich neben Kisten mit lebendem Geflügel, Bänken mit fliegenumschwärmtem Rindfleisch und Fischen. In ihrer Vielfalt und Farbenpracht besonders verwirrend und anziehend zugleich sind die Auslagen von Textilien und Schmuckwaren, den bevorzugten Handelsgütern der Inder, und die Tische mit Ebenholz-, Elfenbein- und Hornschnitzereien, die großenteils von Bantus hergestellt und von den Indern in Kommission genommen worden sind.

Der Weg aus dem Inder-Markt heraus wirkt ernüchternd. Er versetzt uns zurück aus dem bunten Treiben eines orientalischen Bazars in die Geschäftigkeit einer Wirschaftsmetropole und stellt uns Durbans größtem Problem gegenüber: dem Zusammenleben von annähernd gleichgroßen, rassisch stark unterschiedlichen Volksgruppen in einer Stadt. Hinter uns liegen das europäische Stadtzentrum und Geschäftsviertel mit ihrer bunten Mischung aus modernen Hochhäusern und Bauten der zwanziger Jahre und das indische Geschäftsviertel mit seiner architektonischen Vielfalt, geprägt durch orientalische und europäische Einflüsse. Wir stehen am Western Vlei, jener 500 m—1000 m breiten sumpfigen Ebene am Fuße der Berea, die auch heute nur sehr spärlich besiedelt ist[1]). Die Schwierigkeit, das Gelände ausreichend zu drainieren, führte hier, wie auch im weiter nördlich gelegenen Eastern Vlei, zur Anlage weiter Grünflächen, die heute wertvolle 'grüne Lungen' für die Stadt bilden:

Der Royal Durban Golf Course und Greyville Race Course, auf dem jährlich das größte südafrikanische Pferderennen, der July Handicup, stattfindet; die Ausläufer des Botanischen Gartens und die Sportanlagen der benachbarten indischen Schulen nutzen diesen Boden. Nur wo — in Verlängerung der Geschäftsviertel — der Weg hinauf zur Berea und weiter nach Pietermaritzburg führt, erfolgte eine dichtere Bebauung. Ärmere Europäer, Inder und Mischlinge leben hier nebeneinander in zwei- bis dreistöckigen Gebäuden, deren Architektur auf unterschiedliche Entstehungszeiten, deren äußeres Bild aber auf einheitliche Verfallserscheinungen, auf einen einheitlichen Mangel an Geld zu Renovierungsarbeiten schließen läßt. Nur an der Berea Road, der Hauptstraße, ist das Bild geprägt durch renovierte ältere und gut erhaltene jüngere Gebäude. In diesem Viertel liegt auch der für Nicht-Europäer bestimmte Teil der Universität von Natal, in dessen Gebäude auch der — gar nicht im Sinne der Apartheid — für Europäer und Nicht-Europäer zugängliche Durbaner Teil des vor allem in Pietermaritzburg beheimateten Department of Geography untergebracht ist.

Nach N wird der Verlauf der Eisenbahnlinie und der Hauptstraßen Umgeni Road und Stamford Hill Road bestimmt durch den Verlauf des Sandstreifens zwischen den beiden Vleis. Das Siedlungsbild wird geprägt durch die Gebäude indischer, weiter nach N von denen ärmerer europäischer Händler. Nur im Erhaltungszustand ist wiederum zwischen beiden ein Unterschied zu sehen, denn die Inder haben in diesem Viertel die Gebäude europäischer Siedler aus den Jahren 1910—1920 aufgekauft. Es sind charakteristische, ein- bis zweigeschossige Bauten mit Wellblechdächern, großenteils auf Holzsäulen ruhenden Arkaden, die von Termiten meist arg zerfressen sind, Einzelgebäude mit Schnitzwerk verzierten Balkons und handgeschmiedeten Eisengittern. Einzelne neuere, plumpe 'Backsteinkästen' stehen dazwischen. Längs der Bahnlinie liegen zahlreiche industriell genutzte Gebäude, die den Charakter der Ausfallstraße noch hervorheben. Im Osten der Eisenbahnlinie liegt das Eastern Vlei. Es ist zur Seeseite begrenzt durch einen doppelten Dünenwall, in den die Snell Parade, die große Küstenstraße, hineingebaut wurde. Auch das Eastern Vlei bietet vornehmlich Platz für Grünanlagen: Sportplätze, zwei Golfplätze und den Stamford Hill Sportflugplatz, der seit 1959 außer Dienst gestellt

[1]) Vergleiche Kartentafel 4, 7, 18

ist[1]). Die einzige besiedelte Fläche ist das Gebiet der Inder- und Bantu-Baracken, einer von der Regierung und Stadtverwaltung an der Bahn errichteten Location.

Von dieser Bebauung der nördlichen Schwemmlandebene sticht ein Streifen ganz scharf ab: Auf zwei Kilometer Länge erstreckt sich vom Ansatz der Point Halbinsel nach N das 'Ferienparadies' von Durban. Dem von See her kommenden Besucher zeigt es eine amerikanische 'Skyline', geprägt von einer Reihe unterschiedlich hoher Hotelhochbauten und Appartement-Wohnblöcken, die vor allem für die über 2000 jährlichen Feriengäste der Stadt bestimmt sind. Die Bebauung ist ungleichmäßig in Höhe und Bautypus, aber die Marine Parade und die anschließende Snell Parade halten jedem Vergleich mit den Reihen von Hotel- und Wohnpalästen in mondänen Kurorten Südeuropas stand.[2]) Nur nach S, zum Point hin, stehen eine Reihe Gebäude aus den dreißiger Jahren. Nach N dehnt sich das Urlaubsviertel Durbans trotz des ungünstigen, lockeren, sandigen Baugrundes unaufhaltsam aus. Die Hotels und Wohnblocks blicken über einen grünen Gürtel und die befestigte Uferstraße hinweg auf den breiten Strand und die dunkel rauschende, in drei mächtigen Staffeln sich brechende Brandung des Indischen Ozeans. Ein buntes Strandleben herrscht praktisch während des ganzen Jahres, besonders rege in den Saison-Monaten Juni bis September. Wellenreiter tummeln sich in den Brandungswogen, Lebensretter kontrollieren ständig die Strömungsverhältnisse, um je nach den herrschenden Strömungen die Badegebiete abzustecken. Grünanlagen, farbenfrohe Blumenrabatten, Schwimmbecken, Planschbecken, Rasenkegelbahnen und Tennisplätze, eine Freiluftbühne, Kaffees und Souvenirläden beleben das Bild. Dazwischen tauchen Scharen von bunt aufgeputzten Riksha-Fahrern auf, Zulus in malerisch veränderter Tracht, die mit wilden Sprüngen, schrillen Pfiffen und lautem Rasseln ihres aus Muscheln verfertigten Beinschmuckes die Fremden zu einer Fahrt auffordern.

Der Snell Parade folgend, gelangen wir über den erst 1955 eröffneten Ellis Brown Viaduct, die östlichste der drei Umgeni-Brücken, nach Durban North. Das Stichwort 'Villenvorort' genügt, um es zu beschreiben. Über den Abhang hingestreut liegen eine Vielzahl in Parks oder große Gärten eingebetteter Ein-, selten Mehrfamilienhäuser. An der Umgeniseite, auf der Flußterrasse, sieht man das krasse Gegenteil dazu: Inder und Bantus in ärmlichen, überbevölkerten Hütten, aus 'scrap' (Abfallmaterialien) hergestellt. Nur wenige Familien bewohnen meist zu kleine, in baufälligem Zustand befindliche Häuser. Im Rücken des Villenviertels zieht sich in Verlängerung der Umgeni Road ein schmaler Industriegürtel landeinwärts. Steinbrüche und Ziegeleiindustrie beherrschen hier das Bild, umgeben von Siedlungen ihrer indischen und schwarzen Arbeiter.

Am Fuß der Berea entlang nach S zieht eine großenteils künstlich geschaffene Landschaft, die die Verbindung zu der weiten südlichen Alluvialebene herstellt. Die Eisenbahnlinien nach Pietermaritzburg und zur Südküste, die verkehrsreichen Ausfallstraßen nach S — Congella und Umbilo Road — bestimmen hier das Stadtbild in seinem Grundriß. Physiognomisch wird es beherrscht von den hafenorientierten Industrien auf der aufgeschwemmten Fläche von Congella. Gleissysteme durchziehen das vom Getreidesilo weithin überragte Gelände. Das Congella Kraftwerk erreicht als einziges Gebäude annähernd die gleiche Höhe. Zur Berea hin werden allmählich die Fabrikgebäude von Geschäfts- und Bürohäusern abgelöst. Die Häuser am Fuß der Berea ähneln stark den Bauten längs der Umgeni Road. Das ist wahrscheinlich in ihrer einander entsprechenden Lage und Bevölkerungsstruktur begründet. Das Gesicht des Industrieviertels verändert sich, sobald man Congella

---

[1]) South African Panorama Okt. 1959 S. 34, 35

[2]) Bildtafel 8, Kartentafel 18

verläßt und über den Umbilo und Mhlatuzana weiter nach S fährt. Hier werden neue Industriegebiete erschlossen. Einzelne Werke stehen schon etwas verlassen in der weiten Ebene. Von Baufahrzeugen aufgewühlte, große Flächen sind noch unbebaut. Dazwischen liegen Indersiedlungen, die auch einen Teil der South Coast Road, der Ausfallstraße nach S, begleiten;[1]) kleine, mit verrostetem Wellblech gedeckte Häuser mit mangelhaftem Farbanstrich, farbenprächtige Moscheen, etwas größere, sauber weiß gekalkte, ziegelgedeckte Gebäude bessergestellter Inder, und immer wieder dazwischen Ansammlungen von menschenunwürdigen, schmutzigen 'shacks', Wohnhöhlen aus Blechresten, Säcken und Abfallholz. Diese Siedlungen stehen auf so feuchtem Grund, daß einzelne shack-Bewohner Zuckerrohr vor ihrer Hütte pflanzen— grüne Flecken im rötlich braunen Schlamm und Schmutz.

Wie stark konstrastieren diese Siedlungen zu den geplanten, von der Stadt errichteten Housing Estates und Locationen! Im Rücken der Berea und an deren südlichen Ausläufern werden für Inder und Bantus, natürlich getrennt, Reihen kleiner, sauberer, weiß getünchter, wellblechgedeckter Häuser für eine oder zwei Familien errichtet. Fließendes Wasser und Elektrizität sind Selbstverständlichkeiten für diese an sauberen Wegen, zwischen kleinen Grünanlagen liegenden Siedlungen. Wie stark kontrastieren die shacks aber vor allem zu der Besiedlung des Osthanges der Berea, dem Hauptwohngebiet der Europäer in Durban!

Die Berea ist die 'Gartenstadt' Durbans. Eine Fülle subtropischer und tropischer Gewächse — Flamboyant, Jacaranda, Tulpenbaum, Kaffirbaum, Eucalypten, Hibiscus und Poinsettia verleihen dem Hügelrücken während des ganzen Jahres ein farbenfrohes Kleid. Villen in ausgedehnten Gärten, Wohnblocks an breiten Alleen, unterbrochen durch zahlreiche Parks und Täler mit der Edelhölzer beraubter, aber im übrigen ungestörter Regenwaldvegetation, dichtem Gehölz, belebt von Scharen von Grünen Meerkatzen, das ist das Bild des europäischen Wohnviertels, von dem der Blick weit hinabschweift über Bucht und Ozean, oder abends auf die glitzernden Lichter der Innenstadt.

Wendet man von der auf dem Kamm der Berea gelegenen Universität den Blick nach Westen, so gleitet er über eine weite Hügellandschaft hin. Am Westhang der Berea ist die Besiedlung verhältnismäßig dicht. Es sind durchweg Einzelhäuser im Bungalow-Stil, im N groß und sauber gebaut, nach S zu schnell an Größe und Qualität verlierend. Dieses Gelände wurde von Indern erschlossen und besiedelt und ist, von Ausnahmen abgesehen, auch heute noch ihr Hauptwohngebiet. Mit zunehmender Entfernung von der Berea nach W verändert sich die Besiedlung, und bald erreicht man den Südwesten der Stadt, die Hügel im Einzugsgebiet des Mkumbane—Cato Manor. Auch diese Landschaft gehört noch zur Stadt. Einstmals eine Baumsavanne, dann Gartenbauland der Inder, ist sie heute eine gelbrote, schmutziglehmige Wüste, übersät mit einer Fülle unvorstellbar primitiver Unterschlupfhöhlen aus Abfallmaterialien — der Lebensraum von Tausenden schwarzer Familien, die bisher in den Locationen nicht untergebracht werden konnten. Cato Manor ist ein sich ständig vergrößernder, kaum einzudämmender Schmutzfleck im Gesamtbild der Stadt — aber selbst größte Anstrengungen der Europäer vermögen nicht, in absehbarer Zeit diese Slums durch menschenwürdige Unterkünfte zu ersetzen.

Vom Point durch das Stadtzentrum und das indische Geschäftsviertel führte die Betrachtung längs der Berea nach N über die Vleis bis an den Umgeni heran und hinauf nach Durban North, nach S am Fuß der Berea entlang durch die sich entwickelnden Industriegebiete der Stadt. Über die Berea ging der Weg hinein in die indischen Siedlungen und endete in den Slums von Cato Manor. Damit liegt die ganze City of Durban ausgebreitet vor uns — eine Siedlung, deren Physiognomie gekenn-

---

[1]) Bildtafel 11, 12

zeichnet ist durch eine vielfältige Landschaft, die überprägt wurde durch eine buntscheckige Besiedlung, durch Ausbildung von Hafenland, Industriegebieten, Handels- und Wohnbezirken verschiedener Art, deren jeweilige Erscheinungsform von den Lebensgewohnheiten der in diesen Gebieten siedelnden Rassen geprägt wurde.

C. Die naturgeographischen Faktoren

Bei der Analyse der in einem Siedlungsgebiet geographisch wirksamen Elemente sind es meist die naturgeographischen Faktoren, die zuerst in den Blickpunkt der Betrachtung treten.

Der Untergrund, geprägt durch die geomorphologische Entwicklung, die Zusammensetzung und Lagerung der Gesteine, bestimmt weitgehend die Lage der Siedlung und ihr Erscheinungsbild. So entstehen z. B. auf Fels, Sand oder Moor Siedlungen mit grundverschiedenen Physiognomien. Die Oberflächenstrukturen fördern oder hemmen die Entwicklung einer Siedlung, regen zur Ortsgründung an oder wirken ihr entgegen.

Das Klima ist ein weiterer Faktor, der entscheidend für das Gedeihen einer Siedlung sein kann. So wirken gemäßigte Klimate durch ihren jahreszeitlichen Rhythmus und die kräftigen Temperaturschwankungen anregend auf den Europäer, während die Monotonie des Klimas besonders in tropisch-feuchten Regionen seinen Unternehmungsgeist schwächt, seine Arbeitskraft mindert. Wellington schreibt: "It is possible that ultimately the survival of the white people in South Africa may depend more on their ability to adapt themselves successfully to the atmospheric temperature than to any other somatic factor"[1]). Dementsprechend bestimmen die Abwehrmaßnahmen gegen bestimmte klimatische Einflüsse weitgehend die Bauweise der Siedlungen und der einzelnen Bauwerke. So wird das Siedlungsland indirekt vom Klima mitgeprägt.

Aber nicht nur für den Menschen ist das Klima von Bedeutung: Bodenbildung, Vegetation und Tierwelt sind von ihm abhängig und so — indirekt in diesem Falle — wiederum der Mensch. Eine bestimmte Vegetation, abhängig von Boden und Klima, hat gestaltenden Einfluß auf das Erscheinungsbild einer Siedlung. Hinzu kommt, daß erst durch die Wachstumsmöglichkeit für die der menschlichen Ernährung dienenden Nutzpflanzen ein gesundes und erfolgreiches, nicht nur durch künstliche Bedingungen gefördertes Wachstum einer Siedlung möglich ist.

Die Wirtschaft, die ihrerseits u. a. vom Relief, dem Klima und der Vegetation abhängig ist, stellt einen weiteren, die Physiognomie der Siedlung bestimmenden Faktor dar.

So verweben sich die naturgeographischen Faktoren zu einem vielseitigen Geflecht von Kausalreihen, das erst in seiner Ganzheit, verknüpft mit den vom Menschen geschaffenen kulturgeographischen Fakten, ein lebendiges Bild einer Siedlung entstehen läßt. Um aber ein klares Bild zu erhalten, müssen die einzelnen Faktoren zunächst getrennt betrachtet und ihre Beziehungen untereinander herausgestellt werden, so daß sich dann vor unseren Augen die Verbindungslinien zu einem Bild der Siedlung verknüpfen.

C I. Die geomorphologische Entwicklung Natals unter besonderer Berücksichtigung des Raumes von Durban

In weit stärkerem Maße als eine kontinental gelegene Ortschaft ist eine Hafenstadt wie Durban in ihrem Erscheinungsbild von der Landschaft her bestimmt. Das

[1]) Wellington, J. H. Bd. 1 1955 S. 219

Auftreten einer Bucht an der sonst hafenfeindlichen Südostküste Afrikas führt zu der Frage nach der Entwicklung dieser Sonderform, die eine Hafengründung an dieser Stelle ermöglichte.

Die Auffassungen über die einzelnen geomorphologischen Entwicklungsphasen dieses Raumes gehen in der Literatur sehr stark auseinander. Das mag begründet sein einerseits in der Weiträumigkeit des Landes, die eine detaillierte Forschung sehr erschwert, andererseits in dem Mangel an jungen Ablagerungen, der jede zeitliche Klassifizierung besonders im Küstenbereich vage erscheinen läßt und die Möglichkeit zu stark divergierenden Theorien gibt. Wenn hier der Versuch unternommen wird, trotzdem ein Entwicklungsbild der geomorphologischen Formung Natals und besonders des Raumes von Durban zu geben, so geschieht das auf Grund zahlreicher Untersuchungen, die von verschiedenen Autoren vorgenommen wurden, und deren Teilergebnisse so vergleichbar und parallelisierbar erschienen, daß sich ein ungefähres Entwicklungsbild danach entwerfen ließ.

Als älteste in Natal feststellbare Formation spricht King das 'archaische Bergland' an[1]), jenes Urgebirge aus Graniten, vorwiegend dem transvaalischen 'Old Granite', und Gneisen, das er ins Archaikum datiert. In der Folgezeit wird dieses Gebirge abgetragen, das Land sinkt ab und wird planiert. Von diesen Vorgängen haben wir in Natal keine Spuren[2]). Die Senkung geht so weit, daß sich in einem Flachmeer die Tafelbergsandsteine mit einer in Natal unbekannten Mächtigkeit[3]) — im 'Valley of a Thousand Hills' werden sie, stark abgetragen, mit 150 m (500 feet) angetroffen — absetzen können.[4]) Als ältestes Sedimentgestein des Kapsystems, dem Devon entsprechend[5]), liegen sie diskordant den archaischen Graniten und Gneisen auf. Von den nachfolgenden Bokkeveld- und Witteberggesteinen (Mitteldevon bis Unterkarbon) fehlt jede Spur[6]). Wahrscheinlich lag das Gebiet in dieser Zeit über dem Meeresspiegel und unterlag der Erosion[7]). In der Folgezeit werden Dwyka Tillite abgelagert und sind heute mit ihrem reichen Gehalt an gekritzten Geschieben Nachweis dafür, daß auf Südafrika vier permokarbonische Eisschilde lasteten. Mit dem Schwinden des Eises beginnt eine Senkung des gesamten Südkontinents (und eine Meeresspiegelhebung?!). Dwyka und die permischen Ecca-Schichten werden abgelagert. Während der weltweitenTransgressionen der Trias und des Jura liegt Südafrika unter einem kontinentalen Klima, das die Ablagerung weiterer Karru-Sedimente bedingt. Der Raum von Durban wurde von diesen Ablagerungen nicht betroffen. Der Nachweis weiterer Karruschichten konnte m. Ws. bisher nicht gebracht werden.

Mit Ende des Jura, Beginn der Kreide, zur gleichen Zeit, in der nach Jessen die Bildung der Lebombo-Kette einsetzt[8]) und damit die Bildung der südafrikanischen

---

1) King, L. C. 1942 S. 127ff.

2) King, L. C. 1942 S. 130

3) King, L. C. 1942 S. 128
Wellington, J. H. Bd. 1 1955 S. 21 gibt ca. 1520 m (5000 feet) für das SW Kapland an.

4) Kartentafel 6, Geologisches WNW-ESE-Profil durch Natal.

5) Zur Parallelisierung der geologischen Formationen Südafrikas und Europas vergleiche
Du Toit, A. L. 1954
Brinkmann, R. Bd. 2 1954
Wellington, J. H. Bd. 1 1955 S. 21 datiert den Tafelbergsandstein wegen der devonischen Fossilien der Bokkeveldgesteine in das Silur. Du Toit und Brinkmann datieren den Tafelbergsandstein in das Gotlandium bis Unterdevon, wobei die Hauptsedimentation im Unterdevon erfolgt.

6) King, L. C. 1942 S. 130

7) Krige, L. J. 1932 B S. 27

8) Jessen, O. 1943 S. 49

Randschwelle, nachdem intensiver Vulkanismus die Sedimentlager mit zahlreichen Doleritintrusionen (Plagioklasaugite) durchsetzt hat[1]), wölbt sich westlich von Durban, ca. 40 km von der heutigen Küste entfernt, eine große Antiklinale auf, die als Flexurachse in NNElicher Richtung Natal durchzieht.[2]) Der westliche Schenkel senkt sich dabei ca. 2^0 nach W, auf den späteren Drakensberg zu, der östliche Schenkel fällt mit 3^0—10^0, maximal 30^0 zur Küste hin ein.[3]) In der mittleren Kreide bilden sich zahlreiche Querbrüche aus[4]) und zerlegen die vorher fast ebene Oberfläche in Blöcke. Die Flexurachse wird dabei stellenweise um mehrere Kilometer nach W verlagert[5]). Ende der Kreide ist die 'polygenetische südafrikanische Rumpffläche'[6]) trotz der großen Flexur im E, den Zululand-Querbrüchen und der damit verbundenen Schollenzerlegung mehr oder weniger einheitlich, nur von einzelnen Restrümpfen überragt. An der Küste finden wir in Zululand, Natal, Pondoland und Uitenhage die Ablagerungen des aus dem Indik vorgedrungenen Kreidemeeres[7]). In dieser Zeit beginnt die erste lokale Heraushebung des Basutolandblockes, der im Paläozän — Eozän bereits die Rumpffläche als ein mächtiger Mandelsteinlavenblock überragt. Seine Steilabbrüche zur Rumpffläche sind heute noch als Reste im ca. 1000 m hohen Basutoland Escarpment erhalten.

Während die Rumpffläche im Eozän ihre größte Ausdehnung erreicht, bereitet sich die oligozäne asymmetrische Randschwellenbildung vor, die das Landschaftsbild entscheidend ändert. Vom Limpopo bis zum Oranje hebt sich der Rand des Kontinentes, das zentrale Karrubecken mit einem nach innen schwach abdachenden Schwellenhochland umgebend, so daß nur ein geringer Abfall zum Landesinneren hin entsteht, während sich zum Meere hin ein ca. 500 m großer Abfall bildet, das Great Escarpment oder die Große Randstufe[8]). Die folgende Zeit relativer Hebungsruhe wird ausgefüllt durch eine lebhafte Erosionstätigkeit, durch die das Great Escarpment zurückverlegt (an der E-Küste nach W verlegt) und seine einheitliche Front aufgegliedert wird.

---

1) Krige, L. J. 1932 B S. 28, Krenkel E. 1957 S. 279

2) Penck, A. 1908 S. 235—237
Krenkel, E. 1928 S. 595—596
Rogers, A. W. 1929 S. 20
King, L. C. 1941 S. 221 ff.
King, L. C. 1942 S. 130
Jessen, O. 1943 S. 50
Machatschek, F. Bd. 2 1955 S. 83
Wellington, J. H. Bd. 1 1955 S. 23 ff.

3) Suess, E. Bd. 1 1908 S. 507—508, Bd. 2 1888 S. 259
Passarge, S. 1908 B S. 110 und Kent, L. E. 1938 S. 22—25 führen die Entstehung der südostafrikanischen Küste auf Faltenbildungen und Brüche zurück. Penck, A. 1908 S. 235—237, Du Toit, A. L. 1922 S. 5 ff., Krenkel, E. 1928 S. 596, King, L. C. 1940 S. 145 und Valentin, H. 1952/53 S. 70 sehen in ihr eine Flexurküste, die letzten Endes durch die große Antiklinale Natals entstanden ist.

4) Kartentafel 5, Geologische Karte, Kartentafel 6, Geologische Profile

5) King, L. C. 1951 S. 302

6) Obst, E. u. Kaiser, K. 1949 S. 243 ff.

7) Krige, L. J. 1932 B S. 28

8) Vergleiche den Verlauf der 1500 m Isohypse auf Kartentafel 2 und Kartentafel 3.
Es sei hier darauf hingewiesen, daß, entgegen den Datierungen von Penck, Rogers, Du Toit, Krenkel, Obst und Kayser und Wellington, Jessen die Randschwellenbildung wesentlich früher beginnen (Wende Trias-Jura) und enden läßt (Turon). (Jessen, O. 1943 S. 49 ff.) Bei näherer Betrachtung der Küstenformen, bes. der Küstenlandrandstufe, erscheint die Datierung Jessens aber zu früh, da zwar Flexur und Brüche nur die Lager der mittleren Kreide in S-Natal gestört haben, die Lager der oberen Kreide aber auch von der Randschwellenbildung betroffen worden sind. (King, L. C. 1951 S. 302.)

Im Pliozän kommt es zur ersten en-bloc-Hebung Südafrikas und damit zur Ausbildung der ca. 3—400 m hohen mittleren Randstufe, 1000—1200 m über dem Meer. Die Erosion greift nunmehr verstärkt diese Stufe an, bewirkt die Ausbildung des unteren Randstufenniveaus, während sich die Rückverlagerung des Great Escarpment und damit die Ausweitung des oberen Randstufenniveaus verlangsamen. Die zahlreichen Geröllager (boulder beds), die besonders am Umgeni angetroffen werden, stammen wahrscheinlich aus dieser Zeit. Es sind 5—7 cm große Tafelbergsandsteingerölle in 3—6 m mächtigen Lagern in 30—60 m Höhe. Sie müssen in einer Zeit stärkerer Strömung geschaffen worden sein[1]).

Mit dem Einsetzen der ersten eiszeitlichen Meeresspiegelsenkung kommt es zu einer erheblichen Verstärkung der fluviatilen Erosion und in deren Gefolge zu einer bedeutenden Vertiefung der Flußbetten. Das folgende Interglazial führt zu einer Meeresspiegelhebung und damit einer Rückverlagerung der Küstenlinie. Die Flüsse verlieren ihre Erosionskraft, sedimentieren dafür einen Teil ihrer Mündungstäler auf. Eine zweite en-bloc Hebung Südafrikas um 150 m (500 feet)[2]) läßt nunmehr annähernd die heutige Küstenlinie entstehen. Mit verstärkter Kraft arbeiten die Flüsse an der Zerlegung der neu entstandenen Küstenlandrandstufe[3]). Der Umgeni schneidet sich tief in sie hinein. Seine küstennahen Nebenflüsse Mhlangano, Palmiet und Mbongokazi erodieren das Land in nördlicher und südlicher Richtung und präparieren so den nördlichen und den mittleren Teil der Berea aus der Randstufe heraus[4]). Weiter südlich lösen der Umbilo und der Mhlatuzana die Randstufe völlig auf und verlegen sie ca. 3,5 km in das Inland zurück. Der Mkumbane, ein linker Nebenfluß des Umbilo, stößt weiter nach N vor, und läßt so die südliche Berea entstehen. Am schwächsten arbeiten der Umlazi und der Isipingo, die die Randstufe zergliedern, aber im Gesamterscheinungsbild nicht weiter zurückverlegen. Das Flussbett des Umgeni wird 47 m (155 feet)[5]), das des Umbilo 21 m (70 feet)[6]) gegenüber dem heutigen MTNW eingetieft.

In dieser Zeit erfolgte wahrscheinlich die Anlage der als Bluff heute bekannten Halbinsel. Ihre Entstehung haben wir uns wahrscheinlich folgendermaßen vorzustellen:

Ein starker Küstenstrom verläuft entgegengesetzt der Hauptmeeresströmung, dem heutigen Moçambique-Strom, nach NE. Beladen mit den Sedimentstoffen des Umkomaas und Illovo trifft er auf die kräftigen Ströme Umlazi, Mhlatuzana, Umbilo und Umgeni, die alle auf einer Strecke von 20 km münden. Unter dem Anprall dieser Ströme wird der Küstenstrom nach ENE abgedrängt, und an der Linie des Zusammenpralls lagern sich von der Umbogintwini-Mündung NE streichend bevorzugt Sinkstoffe ab. So wird die Grundlage für eine spätere Landzunge geschaffen. Mit zunehmender Aufsedimentierung der Flüsse im Mündungsbereich läßt ihre Erosionskraft nach, und die Küstenströmung kommt wieder verstärkt zur Geltung. Die Se-

1) Krige, L. J. 1932 B S. 54; Kent, L. E. 1938 S. 18
2) King, L. C. 1941 S. 225; Fair, T. J. D. 1944 S. 225
3) Kartentafel 4, Kartentafel 6
4) Kartentafel 4
5) Krige, L. J. 1932 A S. 53. Vergleiche den Hinweis auf die Bohrung an der Umgeni-Eisenbahnbrücke.
6) Krige, L. J. 1932 A S. 53 Vergleiche den Hinweis auf die Bohrung an der Umbilo-Eisenbahnbrücke. Krige weist auf die Möglichkeit der Existenz eines stärker eingetieften älteren Bettes neben dem heutigen hin. Die spätere Ausbildung der großen Schwemmlandfläche, die heute vom Umbilo durchflossen wird, läßt dieses als wahrscheinlich erscheinen, zumal für den Umzimkulu 43 m (140 feet), den Buffalo 37 m (122 feet) Schotter unter dem heutigen MTNW gemessen wurden. — Vergleiche Krige, A. V. 1927 S. 20
Du Toit, A. L. 1922 S. 12

dimente der noch unter dem Meeresspiegel liegenden 'Landzunge' werden wieder der Erosion unterworfen, aber bevor sie zu stark abgetragen werden, kommt es zu einer Meeresspiegelhebung um 45—60 m (150—200 feet)[1]).

Diese verlagert die Halbinsel in eine Tiefe, wo sie der Erosion der Küstenströmung nicht mehr unterworfen ist, in der sie aber auf der anderen Seite stärker als vorher aufsedimentiert werden kann[2]).

Mit Übergang zum Holozän sprechen Obst und Kayser von einer verlangsamten etappenweisen Heraushebung des Landes, die zeitweilig von eustatischen Meeresspiegelschwankungen modifiziert wird[3]). Eine erste Hebung um 12—30 m (40 bis 100 feet)[4]) führt zur Trockenlegung der Kalksandsteinhalbinsel, dem heutigen Bluff[5]).

Alle Flüsse nördlich des Umbogintwini bis einschließlich des Umgeni münden so in eine nach NNE offene Bucht und entladen in diese ihre Sedimente. So kommt es zur Auffüllung des südlichen Teiles der Bucht. Das Bluff, nach SW gegabelt in das östliche Bluff und den westlichen Wentworth-Rücken[6]), wird in seinem tieferen Mittelteil zu dieser Zeit wahrscheinlich vom Umlazi vollgespült. Die zweite Hebung

---

[1]) Fair, T. J. D. 1944 S. 14

[2]) Krige, L. J. 1932 A S. 52 u. 67. Krige verweist auf die Ablagerung von Bluffkalksandstein an der NE-Ecke der Berea in Form von Küstenablagerungen. Die Brandung hat also 'Bluff-Sedimente' auf 100—120 m (350—400 feet) über dem heutigen MTNW abgelagert, d. h. dort, wo zur Zeit der Bluffbildung der Meerespiegel gelegen haben muß.

Im Gegensatz zu den flachliegenden verfestigten Sedimenten sind beim Bluff die darüber liegenden Schichten locker, mit Schüttungswinkeln von 25—30°. Die Berea-Ablagerung macht jedoch eine Erklärung dieser lockeren Schüttung als aeolisch unwahrscheinlich. Es bleibt nur die Möglichkeit, diese lockere Schüttung zu erklären durch eine Lenkung der Sedimentation durch Strömungen, die parallel zu den vorher abgelagerten älteren Sedimenten verliefen.

Kent, L. E. 1938 S. 15—18 will den Bluffkalksandstein als Dünenbildung erklären. Er führt als Hauptgründe an:

1. Die unterschiedliche Verteilung der Mineralien bei aeolischer und mariner Ablagerung. Dabei weist er aber selbst schon darauf hin, daß bei Bildung in großer Tiefe (unter 200 feet) dieser Unterschied entfällt. 2. weist er auf die Glaukonit-Spuren hin, die in marinen Sedimenten nur bei Bildungen in 300—400 feet Tiefe auftreten. Da Kent von der These ausgeht, das Bluff habe nie in Tiefen unter 100 feet gelegen, ist das Glaukonitvorkommen in den Bluffsedimenten für ihn ein Beweis für die aeolische Bildung der Halbinsel. Die hier entwickelte Theorie zeigt jedoch, daß das Bluff in Tiefen gebildet worden ist, in denen auch glaukonithaltige Sedimente entstehen können. Gar nicht in Betracht gezogen hat Kent die von Krige im Sandstein nachgewiesenen marinen Fossilien, die nach Ansicht des Verf. ein Hauptkriterium für die marine Bildung des Bluffkalksandsteins darstellen. Vergl. Anm. 5

[3]) Obst, E. u. Kayser, K. 1949 S. 244

[4]) Krige, A. V. 1927 S. 25ff.
Fair, T. J. D. 1944 S. 13

[5]) Penck, A. 1908 S. 255 vermutete, daß das Bluff ein „bewachsener Dünenwall auf einer Nehrung" sei.

Krige, L. J. 1932 A S. 51ff. wies Fossilien mariner Mollusken, durchweg heute noch an der Küste Natals lebende Formen, in den Bluffsedimenten nach. Damit kann der 'marine Ursprung' der Halbinsel als sicher nachgewiesen gelten.

[6]) Die Entstehung der Bluffgabelung ist bisher noch ungeklärt. Krige, L. J. 1932 B S. 31—32 führt sie auf zwei verschiedene Sedimentationsperioden zurück, wobei der Wentworth-Rücken der ältere sein soll. Die Frage bleibt aber offen, solange nicht geklärt ist, ob der Wentworth-Rücken auch einen Kalksandstein-'Kern' enthält wie das Bluff.

der Küste um 5—8 m (15—25 feet)[1]), die Fair an Hand der 6—9 m (19—30 feet) hohen alluvialen Brandungsterrasse nachgewiesen hat[2]), hebt einen Teil der alluvialen Anschwemmungsebene aus dem Wasser. Die Flüsse mäandrieren nun durch diesen Teil hindurch, tragen einen Teil davon wieder ab und spülen jetzt vor allem das Land zwischen dem Bluff und der südlichen Berea auf. In die Bluffgabelung dringen keine weiteren Sedimente mehr hinein. Der Umlazi sucht sich einen neuen, in die Bucht mündenden Lauf und läßt im tief gelegenen inneren Teil der Bluffgabel ein Moor zurück[3]).

Beim Abbiegen des nordöstlichen Küstengegenstromes hinter der Bluffspitze gegen die Küste entsteht eine linksdrehende Wirbelströmung, die den Umgeni nach SE ablenkt. Wechselnde NE- und SW-Winde verstärken diesen Effekt, indem sie einerseits den Küstengegenstrom stärker gegen das Land drücken, andererseits den Umgeni stärker gegen den Wirbelstrom fließen lassen. Durch diese Ablenkung wird der Umgeni genötigt, seine Sedimente an der Linie des Zusammenpralles — von seiner Mündung in einem nach SE auf die Bluffspitze zulaufenden Bogen — abzulagern, wobei von dem Küstengegenstrom mitgeführte Sande den Sedimentationseffekt noch verstärken.

Die Halbinsel 'The Point' entsteht. Zwischen Point und Bluff bleibt ein 280 bis 300 m breiter Kanal frei, durch den die Wasser der in die nunmehr fast geschlossene Bucht einmündenden Flüsse ins Meer gelangen können. Wo aber, gerade gegenüber dem Kanal, Wirbelstrom, Küstengegenstrom und die ausströmenden Wasser der Flüsse zusammenprallen, entsteht eine Sandbank, die ständig in Größe und Lage variiert. Diese Barriere direkt vor der Buchteinfahrt hat der Hafenstadt Durban manchen Kummer bereitet.

Eine letzte Hebung — mit einer Unterbrechung bei 3—5 m (9—18 feet)[4]) führt zur Ausbildung der heutigen Küstenlinie. Der Point wird über den Meeresspiegel gehoben, die Flüsse suchen sich neue, kürzere Wege zum Meer. So schafft sich der Umgeni seine heutige Mündung mit einer Mündungslagune, dem Rest einer alten Bucht[5]), die eine nach SE abgelenkte Öffnung zum Meer hat, direkt östlich seines ersten tiefen Einschnittes in die Küstenlandrandstufe. Umbilo und Mhlatuzana entwässern weiterhin in die Bucht und füllen diese langsam aber stetig weiter mit Sedimenten auf. So bildet sich infolge der Aufsedimentierung in der Bucht eine erhöhte Sumpflandhalbinsel, an deren Spitze die Insel Salisbury z. T. durch künstliche Aufschwemmung und Drainage später entstehen sollte. Zeitweilig, wenn die Lagune geschlossen ist, besonders zur Zeit der ersten Sommerregen, entwässert auch der Umgeni über die Vleis noch in die Bucht. Das Eastern Vlei kennzeichnet einen Teil seines alten Laufes. Umlazi und Isipingo mäandrieren durch die von ihnen aufgeschüttete alluviale Ebene und durchbrechen schließlich im SE an einer niedrigen Stelle den Bluffrücken.

Der Kalksandstein des Bluff, die Ecca-Schichten und Dwyka-Tillite der Berea sowie die angrenzenden Tafelbergsandsteinschichten werden von einer ca. 60 m (200 feet) mächtigen Schicht roter Sande bedeckt. Diese Sande sind z. T. marine, z. T. äolische, stark ilmenithaltige alluviale Ablagerungen. Noch heute läßt sich

---

[1]) Krige, A. V. 1927 S. 25ff.
Fair, T. J. D. 1944 S. 13
[2]) Fair, T. J. D. 1944 S. 15 u. 22
[3]) Kartentafel 4. — Vergleiche die niedrige Lage der inneren Gabel — bis — 0,5 m (—20 inch) — gegenüber den anderen Schwemmlandebenen.
[4]) Krige, A. V. 1927 S. 66
Krige, L. J. 1932A S. 67
Fair, T. J. D. 1944 S. 15
[5]) Krige, L. J. 1932B S. 38

die Ablagerung dieser Sande durch den Wind beobachten, wenn von der Küste durch den NE-Wind ganze Wolken des durch Ilmenit oft dunkelgrau gefärbten Sandes die Berea hinaufgetragen werden[1]). Längs der Flachküste wird ein Dünenwall aufgeweht. Nur das Bluff und seine durch die letzten Hebungen entstandenen Terrassen bleiben wegen des fehlenden Strandes dünenfrei.

Zur besseren Übersicht über die einzelnen Entwicklungsphasen des Raumes von Durban sei hier noch eine kurze, zusammenfassende Übersicht gegeben: Wie zur Einleitung dieses Abschnittes gesagt, kann jede zeitliche Einordnung nur ein Versuch einer Gliederung sein und keineswegs als völlig erwiesen gelten.

Im unteren Devon lagern sich Tafelbergsandsteine diskordant über das Rumpfgebirge des archaischen Berglandes. Auf sie werden im Oberkarbon unter dem permokarbonischen Eisschild Dwyka-Tillite abgelagert, die im Perm von Ecca-Schichten überlagert werden. Diese flachliegenden Schichten erfahren kräftige Störungen an der Wende Jura-Kreide, als es zur Ausbildung der großen Antiklinale Natals kommt. Die Zululand Querbrüche und damit die Blockzerlegung Natals erfolgen im Turon und Emscher. Ende der Kreide erhebt sich aus der Südafrikanischen Rumpffläche der Basutolandblock als erstes Anzeichen der im Oligozän voll sich auswirkenden asymmetrischen südafrikanischen Randschwellenbildung. Das Miozän sieht die Formung des Great Escarpment und in einer Periode relativer Hebungsruhe die Ausweitung des oberen Randstufenniveaus. Im Pliozän beginnt mit der ersten en-bloc-Hebung Südafrikas und der damit verbundenen Ausbildung der mittleren Randstufe die eigentliche Entwicklung der morphologischen Formen Durbans. Das untere Randstufenniveau wird geformt. Bei einer ersten pleistozänen Meeresspiegelsenkung schneiden sich die Flüsse tief ein und bereiten so ihre Täler vor, in denen sie nach der zweiten en-bloc-Hebung die Küstenlandrandstufe durchbrechen. Die Berea wird aus der Randstufe herauspräpariert. Unter Zusammenwirken von Fluß- und Meeresströmungen wird in das Meer hinaus die Grundlage für eine Halbinsel gelegt. Nach zeitweiliger Erosion wird unter Einwirkung einer Meeresspiegelhebung das Bluff zu seiner heutigen Mächtigkeit aufsedimentiert. Durch die erste Küstenhebung im Holozän erfolgt die Trockenlegung des Bluff und somit die Bildung einer nach NNE offenen Bucht. Die erste Phase der Aufsedimentierung der südlichen Bucht und der Bluffgabelung setzt ein. Mit der zweiten Küstenhebung fallen diese Gebiete trocken. In der zweiten Phase der Aufsedimentierung wird die große Schwemmlandebene zwischen dem Bluff und der Küstenlandrandstufe gebildet. In der Bluffgabel bleibt ein Moor als letzter Rest der Zeit der Überflutung mit Brackwasser zurück. Unter Zusammenwirken des Umgeni und des Küstenwirbelstromes wird die Point Halbinsel aufsedimentiert. Vor der Buchtmündung bildet sich eine Sandbank aus. Als letzte Phase in der Entwicklung der geomorphologischen Formen des Raumes von Durban können wir dann noch die letzte Küstenhebung verzeichnen, die den Point trocken fallen läßt. Die Flüsse suchen sich ihre neuen Läufe, die anstehenden Gesteine werden küstenwärts mit roten Sanden bedeckt.

Das Gebiet des heutigen Durban erweist sich also als eine Landschaft an einer geotektonischen Flexurküste[2]), die durch das Zusammenwirken von tektonischen Kräften, den Erosionskräften der Flüsse, der Arbeit des Meeres und des Windes entstanden ist. An eine verhältnismäßig gleichförmige Küstenlinie haben sich zwei Halbinseln angeschmiegt, die dem Meer ein kleines Stück Wasserraum abgewonnen und es dem Lande einverleibt haben, so daß eine Hafenbucht an einer Küste entstand, die sonst nur kleine Häfen in ertrunkenen Flußmündungen kennt[3]).

---

[1]) Partridge, F. C. 1938 S. 175 Der Sand enthält bis zu 84% Ilmenit.

[2]) Valentin, H. 1952/53 S. 70

[3]) In der Literatur finden sich zahlreiche Hinweise, daß Durban ein Hafen in einer ertrunkenen Flußmündung sei: Penck, A. 1908 S. 254 „die Flüsse münden in unterge-

C 2. Das Klima und die Vegetation des Raumes von Durban

Bilden die geomorphologischen Formen auch das Grundgerüst für die Landschaft, so ist es doch nicht möglich, ein Landschaftsbild zu zeichnen, ohne die Oberfläche mit der Fülle floristischer Formen zu beleben. So schreibt schon Alexander von Humboldt: „Wenn auch der Charakter verschiedener Weltgegenden von allen äußeren Erscheinungen zugleich abhängt, wenn Umriß der Gebirge, Physiognomie der Pflanzen und Tiere, wenn Himmelsbläue, Wolkengestalt und Durchsichtigkeit des Luftkreises den Totaleindruck bewirken, so ist doch nicht zu leugnen, daß das Hauptbestimmende dieses Eindrucks die Pflanzendecke ist"[1]).

Doch vor der Beschreibung der Vegetationsdecke im Raum von Durban müssen die klimatischen Verhältnisse kurz erörtert werden, ist doch das Klima für die Bodenbildung und das pflanzliche und tierische Leben von größter Bedeutung.

C 2a. Das Klima

Das Großklima Südafrikas[2]) wird bestimmt durch zwei Antizyklone über den Ozeanen beiderseits des Subkontinentes.

Im Südwinter erstreckt sich über ganz Südafrika ein Hochdruckgürtel[3]), dessen Zentren auf 27° S im Südatlantik und 32° S im Indischen Ozean liegen. Ein weiteres Hoch von ca. 1026 mb lagert sich — thermisch bedingt — über das östliche Hochland und bestimmt die Hauptwindrichtungen und damit die Niederschläge und Temperaturen des Landes. Normalerweise ist das Wetter im Bereich dieses Hochs mäßig warm, wolkenlos, in den Nächten entsprechend kalt. Es weht ein beständiger Landwind, der in den späten Nachmittagsstunden, sobald die Radiation die Insolation übersteigt, an den Küsten von thermischen Seewinden abgelöst wird[4]). Entsprechend kann es in den vom warmen Agulhas-Strom berührten südöstlichen und südlichen Küstengebieten zu Niederschlägen kommen.

Im Bereich der S- und SW-Küste wirken sich das östlich liegende Kontinentalhoch und die von W nach E wandernden Antizyklone in ständigen NW-, W- und SW-Winden aus, was zur Ausbildung einer Winterregenzeit führt. Lösen sich innerhalb des Hochdruckgürtels von der Grenze zwischen der subtropischen Hochdruckzone und der circumpolaren Tiefdruckzone Kaltluftmassen, die in der Westwindströmung ostwärts wandern, können sie von SW nach Südafrika hineingetragen werden. Dort verdrängen sie das normale Warmlufthoch auf dem Hochland. Diese Polarluft-Hochs führen zu gefürchteten Kälteeinbrüchen[5]).

---

tauchte Täler, die... nur ganz ausnahmsweise, nämlich bei Durban, den Wert von natürlichen Häfen erlangen."

Obst, E. u. Kayser, K. 1949 S. 242 „Um so auffälliger muß daher... das Auftreten junger ertrunkener Täler sein, die... als Häfen gern genutzt werden (Lourenço Marques, Durban, Port Shepston, Port St. Johns..)".

Jessen, O. 1943 S. 49 „Die Küste von Natal zeigt das für zahlreiche Flexurküsten so bezeichnende Nebeneinander von Senkungsformen (ertrunkene Flußmündungen, z. B. Durban) und Hebungsmerkmalen (gehobene Strandterrassen, junge Flußkerben)".

Nach den Ausführungen über die Entstehung des Bluff und des Point scheint es heute nicht mehr möglich zu sein, die Bucht von Durban als ertrunkene Flußmündung anzusprechen. Sie erscheint vielmehr, wie von King, L. C. 1951 S. 188 bereits erwähnt, als eine vom Meere abgetrennte Wasserfläche.

[1]) Humboldt, A. v. 1808 S. 178 cit. nach Aario, L. und Janus, H. 1958 S. 7

[2]) Wellington, J. H. Bd. 1 1955 S. 191—272

[3]) Kartentafel 8, Juli-Isobaren

[4]) Wellington, J. H. Bd. 1 1955 S. 197 Fig. 42

[5]) Verfasser erlebte einen solchen Kaltlufteinbruch am 1./2. 7. 1957. Schwere Schneestürme brachen über E-Transvaal und N-Natal herein. Die 'National Road' von

Das Südsommerklima wird ebenfalls durch das Südatlantik- und das Indik-Hoch bestimmt, doch liegen die Antizyklone in dieser Zeit weiter vom Lande entfernt und nach S verschoben[1]). (Auf 30° S im Südatlantik, auf 35° S im Indischen Ozean). Sie sind ca. 4 mb schwächer als im Winter. Von N schiebt sich ein thermisch bedingtes äquatorial-tropisches Tief über den Subkontinent[2]), während von SE, vom Westwindgürtel her, sich ein polares Tief gegen die Landmassen vorschiebt.

So trennen die beiden Tiefs die ozeanischen Hochdruckgebiete voneinander. Zwischen ihnen bleibt im S des Subkontinentes ein schmaler Gürtel frei, durch den kleinere Antizyklone von W nach E ziehen. E- und NE-Winde werden an der SE-Küste vorherrschend[3]). Sie bringen feuchte, warme Meeresluft in das Land hinein. Der Sommer ist daher, mit Ausnahme für die S- und SW-Küste, die im Bereich des Atlantikhochs liegen, die Hauptregenzeit Südafrikas. Bei einer kräftigen Ausbildung des Indik-Hochs im NE kann es zu einem Übergreifen der Antizyklone auf das Hochland kommen, so daß heiße, sehr trockene, föhnartige Fallwinde von dort in das Küstengebiet hineinstreichen.

Der Verlauf der Januar und Juli Isothermen und Isohyeten[4]) zeigt deutlich, daß die tatsächlichen Temperaturen und die Niederschläge nicht nur von den barographischen, sondern weitgehend auch von den orographischen Verhältnissen bestimmt werden.

Das östliche Hochland ist im Winter nur mäßig warm (mittlere Julitemperatur 7° C). Das über diesem Gebiet lagernde Hoch bedingt beständig schönes Wetter. So zeigen die Isothermen eine Angleichung an das Relief. (Bei gleicher Einstrahlung fallen die Temperaturen mit zunehmender Höhe, —0,6° je 100 m). Auch die Isohyeten-Karte zeigt für die Winterzeit dieses gleichförmig schöne, niederschlagfreie Wetter. Nur an der SW-, S- und SE-Küste fallen Niederschläge: im SE Regen, die durch den nachmittäglichen Seewind herangeführt werden[5]) und die in der Abstufung ihrer Quantität das stufenartige Ansteigen des Landes widerspiegeln; im S und SW die oben erläuterten Winterregen.

Im Sommer zeigen die Linien gleicher tatsächlicher Temperaturen nur noch teilweise eine Reliefbedingtheit in ihrem Verlauf. Gebiete, in die die E- und NE-Winde nicht eindringen und die dadurch auch niederschlagsfrei bleiben, erleiden auf Grund der Wolkenlosigkeit eine ständige starke Sonneneinstrahlung und zeigen so gegenüber ihrer Umgebung eine deutliche 'Überhitzung' (Kalaharibecken — mittlere Januartemperatur 27° C). Die Isohyeten verlaufen nur scheinbar unabhängig vom Relief. Das stufenförmige südöstliche Küstengebiet, das Great Escarpment und das Basutoland Escarpment wirken als Regenfänger für die feuchtigkeitsbeladenen NE-, E- und SE-Winde. Ihr Verlauf bestimmt weitgehend, wieviel Regen in das Hochveld eindringen kann. Dies zeigt sich besonders deutlich im N, wo über die sanft ansteigende 'schiefe Ebene'[6]) des Lowveldes, besonders stark entlang der Limpopo-Sabi Depressionen, die Winde weit in das Hinterland eindringen können[7]) und so

---

Durban nach Johannesburg wurde durch Schneemassen bis zu 2 m Höhe blockiert. Der von Johannesburg nach Durban bestimmte Expreß-Zug blieb im Schnee stecken. Die Schneedecke reichte bis 1300 m herunter. In Durban sank das Thermometer auf 3,8° C.

Vergl. The Natal Daily News, Durban, 2. 7. 1957 S. 1 u. 2

[1]) Kartentafel 8, Januar-Isobaren

[2]) Obst, E. 1941 S. 96

[3]) Wellington, J. H. Bd. 1 1955 S. 197 Fig. 43

[4]) Kartentafel 8, Isothermen und Isohyeten

[5]) Obst, E. und Kayser, K. 1949 S. 118

[6]) Obst, E. und Kayser, K. 1949 S. 118

[7]) Wellington, J. H. Bd. 1 1955 S. 245

auf der Breite von Pretoria im Januar 100—130 mm Regen bis 25° E in das Hochveld hineintragen.

Schon dieser kurze, stark generalisierte Überblick über das Großklima von Südafrika zeigt die Sonderstellung, die die SE-Küste im südafrikanischen Klimagebiet einnimmt. Trotz einer ausgesprochenen Periodizität der Regen- und Trockenzeit besteht hier auch die Möglichkeit gelegentlicher Winterniederschläge. Die nur 7°—8° C betragende mittlere Sommer-Winter-Temperaturspanne bei einer Jahresdurchschnittstemperatur von 20° C kennzeichnet bei einer Jahresniederschlagshöhe von 1000 mm mit einer ausgeprägten Sommerregenzeit das Klima als subtropisches

Abb.1 Abb.2

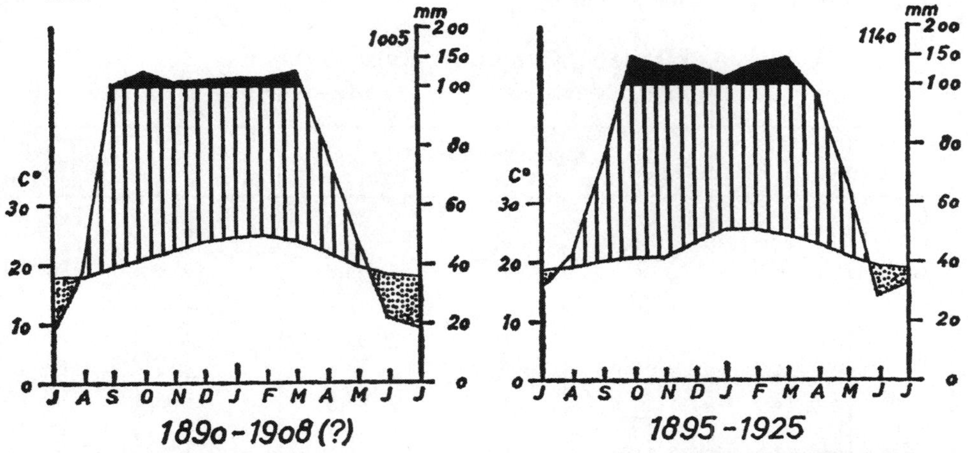

Klimadiagramme von DURBAN

Zeichenerklärung: s. Abb.3
Quellen: Abb.1 A.Knox 1911
Abb.2 Niederschlag: U.o.S.A., Dep. Irrig., Rainfall Normals up to the end of 1925
Temperatur : Colony of Natal, Rep. Port Captain 1905-1909

Sommerregenklima. Die Eigenarten dieser Klimazone sollen unter besonderer Berücksichtigung des Raumes von Durban hier kurz erörtert werden.

A. Knox entwarf für Durban eine Klimatabelle auf Grund der Angaben von 19 Jahren.[1]) Bedauerlicherweise gibt er allerdings weder die in Betracht kommenden Jahre noch die Quellen an. Auf Grund dieser Tabelle wurde für die Jahre 1890—1908 (?) ein Klimadiagramm entwickelt[2]). Ein zweites Diagramm wurde nach den Angaben

[1]) Knox, A. 1911 S. 441—444

[2]) Abbildung 1.
Die Methode der Klimadiagramm-Darstellung wurde von Walter (Walter, H. 1958) entwickelt „unter Verwendung des Temperatur/Niederschlagverhältnisses nach Bagnouls und Gaussen" (S. 8). Bei der Festlegung des Maßstabes auf 10° C = 20 mm entspricht der Teil des Jahres, in dem die Temperaturkurve über der Niederschlagskurve liegt, einer Dürrezeit, im umgekehrten Falle einer humiden Zeit. Bei Niederschlägen über 100 mm wurde der Maßstab auf 1/5 reduziert. Zur besseren Anschauung und wegen der besseren Vergleichbarkeit mit den Verhältnissen der nördlichen Halbkugel wurde, einer Anregung Walters folgend (S. 9), der Jahresverlauf von Juli bis Juni dargestellt.
Die notwendigen Umrechnungen der Tabellenwerte erfolgten hier, wie auch in allen anderen Fällen, nach den Formeln C° = 5/9 (F°—32); 1 inch = 2,54 cm. Die mitt-

des Meteorological Office[1]) und den Berichten des Hafenkapitäns von Durban[2]) zusammengestellt[3]). Diese Klimadiagramme zeigen für Durban, wie nach der Großklimalage zu erwarten war, eine deutliche Trennung in eine humide Jahreszeit mit starken Niederschlägen in den Monaten Oktober bis März (Maxima: Okt. —123 mm, resp. 147 mm; März —126 mm, resp. 146 mm) und eine kurze Trockenzeit in den Monaten Juni und Juli (Minima: Juli —19 mm, resp. 33 mm). Die Jahresniederschläge erreichen eine Höhe von 1005 mm resp. 1140 mm. Bei einer mittleren Temperatur von 17,9° C (19,0° C) im August (Juli) und 25,0° C (25,8° C) im Februar und einer mittleren relativen Luftfeuchtigkeit von 74% für das gesamte Jahr[4]) scheinen so alle Bedingungen erfüllt zu sein, das Klima von Durban als subtropisches Sommerregenklima anzusprechen.

Tabelle 1: Klimadaten von Durban
Mittelwerte der Jahre 1926—1957

	Temperaturen in C°					Niederschlag mm
	Mittl. Max.	Mittl. Min.	Mittl. T	Abs. Max.	Abs. Min.	
I	27.0	20.6	23.8	33.3	13.3	128
II	27.6	20.8	24.2	39.0	15.2	144
III	26.8	20.2	23.5	32.8	13.7	136
IV	25.5	18.1	21.8	37.1	10.8	88
V	24.0	14.9	19.4	34.7	6.3	61
VI	21.7	12.5	17.1	32.2	3.8	49
VII	21.9	11.4	16.6	33.3	4.1	37
VIII	22.1	13.3	17.7	31.4	5.3	47
IX	22.8	15.3	19.0	42.0	8.2	62
X	23.6	17.2	20.4	35.0	9.9	88
XI	24.8	18.5	21.6	39.0	11.5	108
XII	26.1	19.8	22.9	35.9	13.2	122
JM.	24.6	16.9	20.7	42.0	3.8	1070

Quellen: Union of South Africa, Dep. Irrigation, Met. Off., Rep. 1926—1939
Desgl., Dep. Transport, Div. Met., Rep. 1940—1943
Desgl., Dep. Transport, Weather Bur., Rep. 1944—1954
Aufzeichnungen des Met. Off., Louis Botha Airport, Durban für 1955 — Juli 1957

Das Klimadiagramm für die Jahre 1926—1957 ergibt jedoch ein ganz anderes Bild[5]): Dieses Diagramm weist für Durban keine Dürrezeit mehr aus! Bei ungefähr gleicher Jahresniederschlagsmenge (1070 mm) ist der Verlauf der Niederschlagskurve in diesem Diagramm ausgeglichener als in den vorher erörterten. November bis April sind die Hauptniederschlagsmonate mit einem maximalen Niederschlag von 144 mm im Februar. Im Juli liegt aber der Niederschlagswert mit 37 mm um 18 mm = 95%, resp. 4 mm = 13% höher als in den Vergleichsperioden! Da für den

leren Monatstemperaturen wurden aus den mittleren monatlichen Maxima und Minima errechnet. Tm = (Tma + Tmi):2.

[1]) Union of South Africa, Dep. Irrigation, Met. Off., Rainfall Normals up to the end of 1925
[2]) Colony of Natal, Rep. Port Captain 1905—1909
[3]) Abbildung 2
[4]) Ermittelt aus der in Anm. 1 S. 20 angegebenen Literatur für 1939—1955
[5]) Abbildung 3
Tabelle 1

gleichen Zeitraum die mittleren Monatstemperaturen im Sommer um 1,1° C, im Winter sogar um 1,5° C (Jahresmittel 1° C) niedriger liegen, bleibt auch während der Wintermonate die Temperaturkurve des Diagramms unter der Niederschlagskurve — es kommt also nicht zur Ausbildung einer Trockenzeit! Das Diagramm zeigt nicht mehr den echten Charakter eines wechselfeuchten Klimas, sondern weist auf ein

Abb. 3

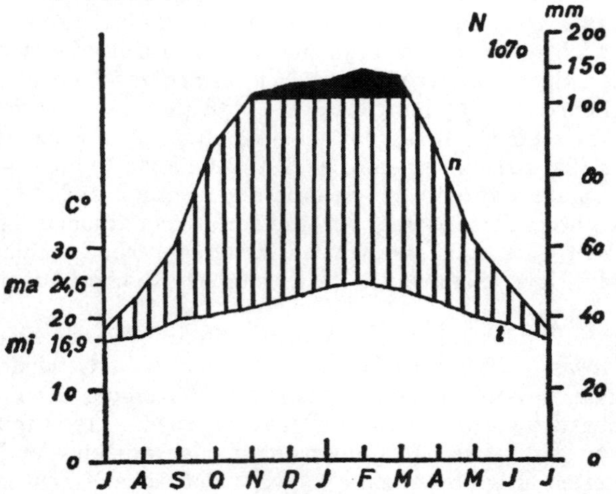

1926-1957

Klimadiagramm von DURBAN

Zeichenerklärung: ma mittlere Jahresmaximumtemperatur, mi mittlere Jahresminimumtemperatur, N mittlere Jahresniederschlagsmenge, n Kurve der mittleren Monatsniederschlagsmengen, t Kurve der mittleren Monatstemperaturen

Dürrezeit + humide Jahreszeit

Quellen: s. Tabelle 1

Übergangsklima hin, das — noch stark vom Sommerregentypus beeinflußt — die Tendenz zu einem Klima mit starken Niederschlägen zu allen Jahreszeiten aufweist, also einem Übergangsklima zwischen dem subtropischen Sommer- und dem Winterregengebiet.

Selbst unter Anrechnung der Dürftigkeit der dem Verfasser für die Daten der Zeit vor 1926 zur Verfügung stehenden Quellen[1]) ist dieser Unterschied zwischen den Diagrammen zu auffällig, um unbeachtet zu bleiben, zumal die auf vollwertigen Quellen beruhende Aussage des Klimadiagramms für 1926—1957 einigen in der Literatur geäußerten Annahmen über das Klima der Küste Natals und damit auch Durbans widerspricht[2]).

---

[1]) Vergleiche Anm. 1 S. 17, Anm. 1 u. 2 S. 18

[2]) Knox, A. 1911 S. 441—444
Köppen, W. 1931 Karte
Troll, C. 1941 S. 18
Obst, E. und Kayser, K. 1949 S. 73

Das für die Zeit von Juli 1926 bis Juli 1957 entworfene Klimatogramm[1]) soll dazu beitragen, die Frage nach dem Klimatypus — ob Sommerregen- oder Übergangsgebiet — zu klären: Schon auf den ersten Blick zeigt sich dabei, daß von 1926 bis 1938 die monatliche Verteilung der Niederschläge außerordentlich unregelmäßig ist. So liegen die höchsten monatlichen Niederschläge für 1929 (Juni — 299 mm), 1931 (Juli — 192 mm) und 1935 (Juni 430 mm!) in der Winterzeit! Entsprechend sind auch die Dürrezeiten stark unterschiedlich ausgebildet. So weisen die Jahre 1929, 1930 und 1935 keine oder doch nur minimale Dürreperioden auf. 1933, 1934, 1937, 1938, 1939, 1943 und 1951 sind die Dürreperioden sehr schwach ausgebildet und werden durch Monate starker Winterniederschläge unterbrochen. In den Jahren 1933 (Februar — 35 mm, 24.3° C), 1938 (März — 31 mm, 24.1° C), 1941 (Februar — 17 mm, 24.9° C), 1944 (Januar — 42 mm, 25.6° C), 1949 (März — 27 mm, 22.7° C), 1952 (Februar — 37 mm, 23.9° C) und 1956 (Januar — 9,5 mm! 23.1° C) treten Dürremonate während der Sommerregenperiode auf. Ab 1941 zeigt sich allerdings, bei leichter Verstärkung der mittleren monatlichen Temperaturschwankungen um 1° C[2]) eine stärkere Konzentration der Niederschläge auf die Sommerzeit, bei gleichzeitiger, wenn auch stark unterschiedlicher Ausbildung von Winterdürreperioden.

Das Klimatogramm läßt also erkennen, daß das für die gleiche Zeit gebildete Klimadiagramm ein etwas verfälschtes Bild des lokalen Klimas wiedergibt. Die Niederschläge schwanken sowohl in der monatlichen Verteilung als auch in der Jahresmenge außerordentlich stark. (Jahresniederschlag 1935 — 1700 mm, 1950 — 646 mm). Wenn auch in den letzten 16 Jahren mehr oder weniger deutlich ausgeprägte Wintertrockenzeiten aufgetreten sind, so weist doch das Klimatogramm auf eine starke Tendenz zu unregelmäßigen Niederschlägen zu allen Jahreszeiten hin. Dabei fällt die Hauptregenmenge in 80% der Jahre im Sommer. Die mittleren Monatstemperaturen zeigen einen regelmäßigen, an die Jahreszeiten gebundenen Verlauf. Es fällt aber auf, daß die Differenz zwischen den mittleren Temperaturen des wärmsten und des kältesten Monats seit 1939 um 1° C größer geworden ist. Aus den Kurvenbildern der mittleren jährlichen und monatlichen Maximum- und Minimumtemperaturen und den daraus resultierenden mittleren Temperaturschwankungen[3]) erweist sich deutlich, daß die mittleren Minimumtemperaturen gegenüber

[1]) Kartentafel 10
Das Klimatogramm wurde nach der Methode von Walter, H. 1958 entworfen. Als Quellen wurden verwandt: Union of South Africa, Dep. Irrigation, Met. Off., Rep. 1926—1939
Desgl. Dep. Transport, Div. Met. Rep. 1940—1943
Desgl. Dep. Transport, Weather Bur., Rep. 1944—1954
Aufzeichnungen des Met. Officer, Louis Botha Airport, Durban, für 1955 — Juli 1957. Das zur Verfügung stehende Matrial wird in seinem Wert gemindert dadurch, daß die Beobachtungsstation zweimal während der dargestellten Periode verlegt wurde. Die erste Verlegung erfolgte 1939 von Point nach Stamford Hill Aerodrome. Dabei wurden keine Unterschiede in Bezug auf Niederschlagshöhe, relative Luftfeuchtigkeit und Temperaturen festgestellt. Höhenlage, Exposition, Entfernung zum Meer und zur Berea entsprachen in etwa der vorherigen Position. Die Befürchtung, für die Station Point habe das Bluff als Regenfänger gedient, erwies sich als unbegründet. (Vergl. auch Colony of Natal, Rep. Port Captain 1909). Im Februar 1956 erfolgte die zweite Verlegung nach Louis Botha Airport. Die Beobachtungszeit ist zu kurz, um Aussagen über Einflüsse dieser Verlegung auf die Meßwerte machen zu können. Beobachtet wurde bisher ein Kanaleffekt auf die N und NE Winde durch das Bluff und die Berea (nach persönlichen Angaben des Met. Officer in Louis Botha Airport).

[2]) Kartentafel 9, Mittlere Jahresmaximum- und Jahresminimumtemperaturen
Mittlere monatliche Maximum- und Minimumtemperaturen

[3]) s. Anm. 2.

der Zeit 1926—1938 um 1,5° C gesunken sind, bei gleichzeitiger Verstärkung besonders der winterlichen mittleren Temperaturschwankungen um 1°—1,5° C.

Es ergibt sich nun folgendes Bild: Die Diagramme für 1890—1908 und 1895—1925 sind wegen der unzureichenden Quellen nur als bedingt richtig anzusehen. Ihr Aussagewert wird erhöht durch die sie bestätigenden Angaben einiger Forscher[1]). Danach kennzeichnen eine ausgeprägte Sommerregenzeit, bei mittleren Monatstemperaturen zwischen 23.6° C und 25.8° C und eine Winterdürreperiode bei mittleren Monatstemperaturen zwischen 17.9° C und 19.4° C und einem Jahresniederschlag zwischen 1 005 mm und 1 140 mm das Klima von Durban als subtropisches Sommerregenklima. Diese Angaben entsprechen auch den aus der vorangestellten Betrachtung des Großklimas von Südafrika sich ergebenden Schlußfolgerungen.

Aus dem Klimatogramm für 1926—1957, für das die Angaben des staatlichen südafrikanischen Wetterdienstes verwendet wurden, erweisen sich nun die oben gezogenen Schlußfolgerungen als anfechtbar: Bei Beibehaltung einer Sommerregenzeit, deren Dauer und Stärke sehr schwankend ist, können selbst starke Niederschläge während der 'Winterdürrezeit' festgestellt werden. Diese Tendenz zu einem Klima mit Niederschlägen zu allen Jahreszeiten, verbunden mit der Tendenz zur Verstärkung der mittleren monatlichen Temperaturschwankung zeigt, daß das Klima von Durban nicht mehr als reines Sommerregenklima angesprochen werden kann. Durban liegt bereits in der Übergangszone vom subtropischen Sommerregen- zum Winterregenklima der südafrikanischen Südküste[2]). Das bestätigt auch eine Aufschlüsselung der Hauptwindrichtungen nach Stunden[3]).

---

[1]) s. Anm. 2) S. 19.

[2]) Bei der Kürze der Beobachtungszeit ist es wohl nicht möglich, den Klimatypus eindeutig festzulegen. Das Beispiel zeigt, welche Fehler bei der Auswertung zu kurzer Beobachtungsperioden entstehen können, wie dies bei Walter, H. 1958 der Fall zu sein scheint. Walter gibt auf seiner Klimadiagramm-Karte von Afrika für Durban eine deutlich ausgeprägte Dürrezeit an. Seine mittlere Julitemperatur liegt mit 17,7° C um 1,1° C höher als die vom Verfasser errechnete, während sein mittlerer Juliniederschlag um 6 mm niedriger liegt. Bedauerlicherweise gibt Walter für seine Angaben keine Quellen an. Man kann zu seinem Ergebnis kommen, wenn man nur eine Periode von 10—15 Jahren vor 1950 berücksichtigt. Durch die Auswertung von einer so kurzen Periode kommt Walter zu der Eingliederung Durbans in die tropische (!) Sommerregenregion.
Ähnlich liegen die Verhältnisse bei Köppen, W. 1931, der auf Grund der Angaben von Knox, A. 1911 auf seiner Klimakarte Durban dem Cw 5 Klima zuweist.
Troll, C. 1941 S. 18 spricht von einem tropenähnlichen, frostfreien Klima des Küstengürtels. Er liefert keinen Beweis dafür, kommt zu dieser Schlußfolgerung aber auf Grund der Vegetationsdecke.
Obst, E. und Kayser, K. 1949 sprechen von einem „tropischen Seeklima" des Küstengürtels bis 300 m — 500 m Höhe (S. 73), weisen aber später (S. 118) darauf hin, daß die Wintertrockenzeit durch gelegentliche Regenfälle aufgelockert werden kann.
Schneider, I. 1941 S. 9 u. 15 weist auf die ganzjährigen Niederschläge im Küstengebiet hin. Sie bleibt aber auch wie die oben genannten Autoren den zahlenmäßigen Beweis schuldig.
Cooke, H. B. S. 1946 S. 35—38 grenzt die Klimagebiete Südafrikas nur nach den Niederschlagsmengen gegeneinander ab. Fallen mehr als 50% der Niederschläge zwischen Oktober und April, spricht er von einem Sommerregentypus, fallen über 50% zwischen Mai und September, spricht er von einem Winterregentypus, fallen in keinem Monat mehr als 12,5% oder weniger als 5% der Jahresniederschlagsmenge, spricht er von ganzjährigen Niederschlägen. Nach dieser Definition würde Durban in das Gebiet der Sommerregen gehören. Dabei bleibt aber völlig der Faktor der Verdunstung — in Betracht gezogen durch die Temperatur — außer acht. Daher scheint die Waltersche Methode, die diesen Faktor mit berücksichtigt, dem Verfasser gegenüber der Cooke'schen

Tabelle 2: Windrichtungen in Durban

	N	NE	E	SE	S	SW	W	NW	Kalmen	
Jan.	72	147	42	34	116	147	14	10	162	Windstunden
	12.3	25.3	7.2	5.8	20.0	25.3	2.4	1.7	—	% d. tatsächl. Std.
Juli	87	82	17	18	61	116	37	87	239	Windstunden
	17.2	16.2	3.4	3.6	12.1	23.0	7.3	17.2	—	% d. tatsächl. Std.
Jahr	998	1502	336	310	1059	1597	292	426	2224	Windstunden
	15.3	23.0	5.1	4.8	16.2	24.6	4.5	6.5	—	% d. tatsächl. Std.

Die Windstunden sind Mittelwerte der Angaben von 1939—1955
Quellen: s. Tabelle 1

Die nach der Großklimalage zu erwartende und für das subtropische Sommerregenklima typische Vorrangstellung der warmfeuchten NE- und E-Winde ist nicht vorhanden. Im Gegenteil ist ein leichtes Übergewicht der SW-Winde zu allen Jahreszeiten zu verzeichnen. Das bedeutet aber für Durban: stärkere Beeinflussung durch heißtrockene Hochlandwinde im Sommer, durch kalte Hochlandwinde im Winter, d. h. Unregelmäßigkeit der Niederschläge und Verstärkung der Temperaturschwankungen, was aber zum Teil wieder ausgeglichen wird durch die S-Winde, die Durban als Seewinde erreichen. Auch diese Aufschlüsselung zeigt also, daß Durban nicht mehr im Bereich des subtropischen Sommerregenklimas, sondern in einem Übergangsgebiet zum subtropischen Winterregenklima liegt.

In wieweit eine Entwaldung und Versteppung des Hinterlandes auf die Verteilung der Niederschläge und die Temperaturschwankungen Einfluß haben, kann im Rahmen dieser Arbeit nicht untersucht werden.

Neben den mittleren Temperaturen, den Niederschlägen und den Winden sind die Extremtemperaturen, die relative Luftfeuchtigkeit sowie die Lichtverhältnisse für die Beurteilung des Klimas von Bedeutung.

Die höchste, zwischen 1926 und 1957 gemessene Temperatur betrug 42,0° C (September 1946), die niedrigste 3,8° C (Juli 1957).[1] Durban ist also völlig frostfrei. Die relative Luftfeuchtigkeit beträgt in Durban im Jahresmittel 74%. Sie unterliegt dabei nur geringen Schwankungen. (Mittel der Jahresmaxima 82%, der Jahresminima 66%). Die Extremwerte betragen 93% (Dezember 1933) als maximales Monatsmittel, 54% (Juli 1954) als minimales Monatsmittel. Diese recht gleichmäßige relative Luftfeuchtigkeit in Durban resultiert in erster Linie aus der unmittelbaren Küstenlage. Die für die Vegetation aber auch für die Menschen wichtige Frage nach der zur Verfügung stehenden Lichtmenge beantwortet die Tabelle der mittleren monatlichen Bewölkung.

Tabelle 3: Mittlere monatliche Bewölkung in Durban

J.	F.	M.	A.	M.	J.	J.	A.	S.	O.	N.	D.	Jahr
60	60	50	40	40	30	30	40	50	60	60	60	50%

Mittelwerte für 1926—1954 Quellen: s. Tabelle 1

Da die Lichtmenge hier als ungefähr umgekehrt proportional der Bewölkung angenommen werden kann, läßt sich feststellen, daß in Durban im Mittel in keinem

Klassifikation überlegen, weshalb auch der Versuch gemacht wurde, den Klimatypus Durbans mittels der Walterschen Methode festzulegen.

[3]) Kartentafel 9, Windrichtungen in Durban

[1]) Tabelle 1

Monat weniger als 40% der maximal möglichen Lichtmenge zur Verfügung stehen, während in den günstigsten Monaten 70% erreicht werden.

Zusammenfassend ergibt sich für Durban und seine direkte Umgebung folgendes Klima:

In den Wintermonaten Mai, Juni, Juli und August herrscht eine starke, gleichmäßige Sonneneinstrahlung. Niederschläge fallen sehr unregelmäßig, meist in Form nachmittäglicher heftiger Konvektionsgewitter mit wolkenbruchartigen Regen oder Hagelschauern[1]). Die hohe relative Luftfeuchtigkeit wirkt bei den verhältnismäßig niedrigen Temperaturen nicht unangenehm. Die täglichen Temperaturschwankungen von 9°—10° C üben den notwendigen Reiz auf den menschlichen Organismus aus, um dessen Aktivität sich voll entfalten zu lassen. So ist dieses Winterklima für den Europäer sehr angenehm und macht Durban und die angrenzenden Küstengebiete zu den beliebtesten Erholungsorten. Aus den Hochlandgebieten, besonders Johannesburg und Umgebung, kommen die Menschen hierher, um der Kälte auszuweichen, aus dem Kapland, um den Winterregen zu entgehen. Kurzfristige Kälteeinbrüche, die in Durban das Thermometer bis auf 4° C sinken lassen können, werden wegen der fehlenden Heizmöglichkeiten als unangenehm empfunden, klingen aber meist bald wieder ab. Der Vegetation bietet sich eine genügende Kontinuität von Wärme, Licht und Feuchtigkeit, so daß subtropische und zum Teil auch tropische Pflanzen gut gedeihen können.

Das Sommerklima wird beherrscht durch das Zusammentreffen von hohen Temperaturen mit hoher Luftfeuchtigkeit. Die regelmäßigen schweren Regen bringen kaum eine Erfrischung. In der Stadt ist es dort, wo kein Wind entlangstreicht, drückend schwül. Die Arbeitskraft der Europäer ist deutlich herabgesetzt. Nur wo der NE-, E- und S-Wind hingelangen, also vor allem auf der Berea und dem Bluff, den bevorzugten Wohngebieten, empfindet man die hohen Temperaturen als nicht so unangenehm, besonders am Abend, wenn relativ kühle thermische Seewinde aufkommen. Kommt es zur Ausbildung der 'Bergwinde', der vom Hochland kommenden heißen, trockenen NW-Föhnwinde, wird das Leben in der Stadt in verstärktem Maße unangenehm. Das 'Natal-Fieber' breitet sich aus — eine starke nervliche Überreiztheit, verbunden mit dem Gefühl völliger Lustlosigkeit und Apathie[2]). Jede Bewegung wird in diesem Zustand zu einer großen Willensanstrengung. Für die tropisch-subtropische Vegetation ist dieses Sommerklima ausgezeichnet. Die hohen Temperaturen und Niederschläge gewähren den Pflanzen beste Wachstumsbedingungen.

Landeinwärts wandelt sich westlich von Durban das Klima unter dem Einfluß der steil ansteigenden Randstufenlandschaft sehr bald[3]). Schon die Berea wirkt als Regenfänger, wie die im Vergleich zum Küstensaum viel größere Trockenheit des Gebietes westlich der Berea beweist[4]). Viel stärker wirken natürlich noch die einzelnen Randstufen bis hin zum Great Escarpment und Basutoland Escarpment. In der Sommerzeit zeigt sich das in einer Abnahme der Höhe der Niederschläge mit zunehmender Entfernung vom Meer und in einer deutlichen Differenzierung der Regen- und Regenschattenseiten der Hügel. Allerdings wird diese Erscheinung auf

---

[1]) Verfasser beobachtete am 19. 10. 1957 in Durban Hagelkörner bis Pflaumensteingröße.

[2]) Vergl. die Darstellung des 'Natal-fever' in Durban Corporation, Mayor's Minute 1925

[3]) Kartentafel 9, Natal-Mittlere Jahresisohyeten
Obst, E. und Kayser, K. 1949 S. 73
Schneider, I. 1941 S. 8

[4]) Wegen der fehlenden Unterlagen ist eine genaue Angabe nicht möglich. Die Beobachtungen, daß a) die Vegetation der Westseite der Berea spärlicher und trockenheitsliebend ist, b) die kleinen Flüsse, wie der Mbongokazi, Palmiet und Mkumbane nur periodisch fließen, führten zu diesem Schluß.

weite Strecken hin überlagert durch die an den Randstufen auftretenden Steigungsregen. Im Winter macht sich die Wirkung der Geländestufen als Regenfänger so stark bemerkbar, daß von den Winterregen Durbans in Pietermaritzburg kaum etwas zu spüren ist. So weist Natal westlich des zum Gebiet des Übergangsklimas gehörenden Küstengürtels ein typisch wechselfeuchtes subtropisches Sommerregenklima auf, das mit zunehmender Höhe kühler und damit für den Europäer zuträglicher wird. Ausgeprägt ist in Mittelnatal der 'mist-belt', der Nebelgürtel zwischen ca. 650 m und 1300 m. Er begrenzt nach E ungefähr die Region, in der bereits gelegentliche Nachtfröste auftreten können, d. h. das Gebiet, in dem zahlreiche tropische und subtropische Pflanzen des Küstengürtels nicht mehr gedeihen können.

Die ausgesprochene Periodizität der Niederschläge Natals macht sich besonders in der Wasserführung der Flüsse bemerkbar. Mit Ausnahme der vom Basutoland Escarpment kommenden Flüsse sind alle anderen nur periodisch fließend[1]). Aber auch die perennierenden Flüsse schrumpfen in der Winterzeit zu kümmerlichen Bächen. Mit dem sehr heftigen Einsetzen der Regenperiode wälzen sich dann große Flutwellen dem Meere zu, zerstören Brücken und Straßen an beiden Seiten. Der Rückstau der die Mündungslagunen abschließenden Sandbänke tut noch ein übriges hinzu, um es in den Küstengebieten zu schweren Überschwemmungen kommen zu lassen[2]). Diese katastrophalen Auswirkungen des Beginns der Regenzeit sind zu einem großen Teil auf die immer stärker werdende Überweidung und die besonders in den Reservaten falsche Bodenbearbeitung (Grasbrand-Kultur, fehlendes Konturenpflügen) zurückzuführen. Durch die Zerstörung der Pflanzendecke können die starken Regen nicht mehr vom Boden aufgenommen werden. Sie wirken sich daher aus in Schichtfluten, die über breite Flächen zu Tal gehen, weite Dongas aufreißen und gewaltige Bodenmassen in die Flüsse tragen[3]). So schreibt Sutton: ".... in South Africa with its prevailingly scanty vegetation still further diminished by human agency, a large portion of rain which finally reaches the rivers rushes in torrents over the surface, carrying with it much of the best of the soil, and the rivers are in consequence muddy rain-water drains."[4])

Wie Lianen schlingen sich die bis zur oberen Grenze der Betten gefüllten schmutzig-braunen Gewässer durch das Land und tragen ihre Sandmassen weit in das Meer hinaus, wie z. B. der Umgeni, dessen brauner Mündungskegel bis zu 2000 m weit in das blaue Wasser des Indischen Ozeans hineinragt, oder sie füllen vor den Staudämmen die Becken mit ihren Sandmassen auf und verringern so rapide die Staukapazität[5]).

C 2b. Die Vegetation

Für die Pflanzendecke im Raum von Durban ergeben sich aus den vorhergehenden Abschnitten folgende Lebensbedingungen:

---

1) Kartentafel 3

2) 1957 wurden besonders schwere Hochwasserschäden Ende September—Anfang Oktober registriert. In Zululand brach unter einem Zuckerrohrzug die Tugela-Eisenbahnbrücke zusammen. (The Sunday Tribune, 29. 9. 1957 S. 1 u. 8.) Der Umfolosi trat unter dem Rückstau der St. Lucia Bay weit über seine Ufer, zerstörte Telephonverbindungen, verwüstete zahlreiche Eingeborenen-Unterkünfte, überschwemmte weite Flächen der Zuckerrohrfarmen und vernichtete ca. 10000 t geschnittenes Rohr. (The Natal Daily News, 5. 10. 1957.) Südlich Durban zerstörte der Ifafa eine Brücke der direkt an der Küste verlaufenden Eisenbahn und verursachte ein schweres Unglück. Weiter landeinwärts wurde ein PKW mit seinen Insassen von der heranstürzenden Flutwelle auf einer Brücke erfaßt und mit dieser in den Abgrund gerissen. (The Natal Daily News, 3. 10. 1957.)

3) Obst, E. und Kayser, K. 1949 S. 118

4) Sutton, J. R. 1922 S. 43

5) Adler, E. D. 1957 S. 123—129

1. Nach den klimatischen Gegebenheiten sind subtropische Formen der indo-afrikanischen Paläotropis zu erwarten[1]).

Sie müssen unregelmäßig auftretende Dürre vertragen können sowie zeitweilige, wenn auch frostfreie Kälteeinbrüche.

2. Nach den Bodenverhältnissen sind gute Lebensbedingungen für die Hygrophyten, besonders halophytische Formen, gegeben. Auch für Meso- und Xerophyten ist ein günstiger Lebensraum vorhanden.

So zeichnen sich im Raum von Durban folgende Vegetationsfolgen ab:[2])

A) Halophile Strandvegetation — psammophiler Küstenbusch — Grassavanne, die überleitet zu a) trockener Baumsavanne — Dornsavanne, b) feuchter Baumsavanne — subtropischem Wald.

B) Halophile Strandvegetation — Barringtonia-Assoziation — hygrophiler Küstenbusch — feuchte Baumsavanne, die überleitet zu a) trockener Baumsavanne — Dornsavanne, b) subtropischem Wald.

C) Mangroven-Busch — Vlei-Assoziation — Tambookie-Assoziation — hygrophiler Küstenbusch.

1. Die halophile Strandvegetation.

Nahe dem Wasser, von Hochfluten zeitweilig überspült, wächst die Scaevola-Cyperus-Assoziation. Die langen Rhizome der dickblättrigen Scaevola lobelia befestigen den Dünensand. Die Vergesellschaftung mit Cyperus natalensis verstärkt den Effekt und gibt der Assoziation die notwendige Dichte, um auch Flugsand sammeln zu können. Gefolgt wird diese Pflanze von der Pes-Caprae-Assoziation, deren Charakterpflanze die auf dem verfestigten Sande kriechende Ipomaea pes-caprae (I. biloba) ist. Bilden diese beiden Assoziationen nur eine recht lückenhafte grüne Decke über dem Sand, so schließt die folgende Mesembryanthemum Assoziation diese Decke vollständig. Mesembryanthemum edule ist eine Sukkulente, die eine dichte Vegetationsdecke über den Sand zieht bis heran an

2. den psammophilen Küstenbusch.

Dieser besteht vorwiegend aus niedrigen Bäumen, verfilzt durch eine Vielzahl von Lianen, weist aber kaum Unterholz auf. Die Dünen, an deren Seeseite die kriechende flache Strandvegetation bis 15 m (50 feet) heraufkriechen kann, erhalten so durch den höheren Küstenbusch in der Physiognomie eine kräftige Betonung in der Vertikalen. Ihre tatsächliche Höhe wird daher auf größere Entfernung leicht überschätzt. Der stark sandige Boden, die Seenähe und der dadurch bedingte Mangel an Süßwasser führen zu einer xerophytischen Ausbildung des halophilen Küstenbusches. Mimusops caffra — Red Milkwood, Scolopia zeyheri — Thornpear, Apodytes dimidiata — White Pear, Erythrina caffra — Kafirboom, Carissa grandiflora — Natal plum, Phoenix reclinata — Wilde Dattelpalme, Hyphaene crinita — Ilala-Palme, Jubaeopsis caffra — eine endemische Kokosnußpalme des Pondolandes, Aloe supra laevis, Aloe thraskii, Eugenia capensis, sowie Strychnos spinosa — Kafir Orange sind die hauptsächlich vertretenen Bäume[3]). Es gibt kaum dominante Formen. Alle Bäume sind mehr oder weniger gleich hoch gewachsen (9—12 m), haben dicke, fleischige Blätter und werden dicht verfilzt durch Lianen, wie die bis Unterschenkeldicke Vitis capensis — Affenschaukel, Entada natalensis oder auch die dornige Acacia natalensis. Kletternde Farne wie Polypodium phymatodes nutzen die letzten

---

[1]) Diels, L. 1945 S. 133—137 u. 164

[2]) Die Darstellung der Vegetationsformen folgt im Wesentlichen den Darstellungen von Bews, J. W. 1912; Bews, J. W. 1920
Eine malerische Darstellung der Vegetation Natals enthält Brooks, H. 1876 S. 166—190

[3]) Wellington, J. H. Bd. 1 1955 S. 303

freien Winkel dieses undurchdringlichen Dickichts. Wie ein mit einem grünen Pelz überzogener Wall zieht sich dieser Busch die Küste entlang, nur die Flußmündungsästuare freilassend, und erst nachdem man ihn durchdrungen hat, steht der Weg in

3. die Grassavanne offen[1]).

Schon am Rande des Busches, wo dieser etwas auslichtet, finden sich Stenotaphrum glabrum und Dactyloctenium aegypticum, zwischen die sich zahlreiche Eragrostis- und Sporobolus-Arten mischen, die Pioniere unter den Gräsern. Anthistiria imberbis (Themeda foskalii), Andropogon hirtiflorus, Pollinia villosa u. a. kennzeichnen den tropisch-subtropischen Charakter dieser Savannenlandschaft. Wo durch Feuer der Busch oder auch die Grasfläche zerstört worden sind, finden sich im Schatten des Buschrandes große Kolonien von Pteris aquilina — Adlerfarn und Erlangea spp. — hohen Kompositenstauden als Brandfolgevegetation.

Diese Grassavanne der Küste ist instabil. Sie hat stark die Tendenz, in

4. die Baumsavanne überzugehen.

Hier sind es vor allem die breitschirmigen Acacien, die schlanken Euphorbien, Cussonias, Albizzia fastigiata — die mächtige Flatcrown, Rhus longifolia und Dichrostachys nutans, die die Physiognomie der mit einzelnen verstreuten Bäumen oder Baumgruppen überzogenen Savanne bestimmen. Bevorzugt werden von ihnen Termitenhügel besiedelt, wo der Boden bis zu 7 m Tiefe von den Termiten gelockert worden ist[2]). Er hat so eine verstärkte Durchlüftung und Wasserführung, und die auf ihm siedelnden Bäume sind außerdem wegen des fehlenden Grasunterwuchses vor Bränden geschützt. Die Grasdecke der Savanne besteht vor allem aus Themeda spp., Tristachya spp., Digitaria spp., Bothriechloa- und Aristida-Arten. Eugenia cordata — Waterboom und diesem folgend Strelitzia augusta, eine übermannshohe Scitaminaceae, kolonisieren vor allem die feuchtere Grassavanne. Wo dagegen das Bild der Baumsavanne von der mächtigen Acacia arabica bestimmt wird, ist der Untergrund sandig und trocken. So bietet die Baumsavanne ein abwechslungsreiches Bild: Die Grassavanne ablösend, finden sich zuerst einzelne verstreute Baumgruppen, die immer dichter wachsen können und schließlich unter Aufnahme zahlreicher Arten, darunter des mächtigen Podocarpus elongata — Yellowwood, Trichilia emetica — Natal Mahagoni, Heywoodia lucens — Kap-Ebenholz, Buxus macowani — Cape Box[3]), Buschwerk, Kräutern und Lianen zu

5. einem immergrünen subtropischen Wald verfilzen[4]), oder sie bleiben so weitständig und licht und gehen von einer Trockensavanne über in

---

[1]) In der Literatur finden sich unterschiedlichste Ausdrücke für die Vegetation dieser Art. Am häufigsten findet man Grasveld, Bush, Bushveld, Treeveld, Thornbush, Thornveld, Savannah und Grasland. Um zu einer Vereinheitlichung der Begriffe und dadurch zu besserer Verständlichkeit zu gelangen, wurde hier in Anlehnung an die Definition von Jaeger, F. Bd. 1 1954 S.121 ff. und Troll, C. 1950 der Begriff der Savanne gesetzt für die wechselfeuchten Gras- und Baumfluren der Tropen und Subtropen, d. h. der Begriff Savanne beschreibt nur einen klimatischen Vegetationsgürtel. Physiognomisch müssen daher wiederum Grassavannen und Savannenwälder unterschieden werden, innerhalb deren die Gliederung dann sinngemäß erfolgt in Feuchtsavannen, Trocken- und Dornsavannen.

[2]) Es sind dies vor allem Termes trinervius Rambur, T. lateriticus Haviland, T. natalensis Haviland und Hodotermes havilandi Sharp.
Bews, J. W. 1912 S. 290

[3]) Wellington, J. H. Bd. 1 1955 S. 303

[4]) Der immergrüne subtropische Regenwald unterscheidet sich vom tropischen Regenwald vor allem durch seinen geringeren Formenreichtum. „Die Großblättrigkeit wird selten, die Plankengerüste sind verschwunden, holzige Lianen und Epiphyten treten zurück, Kauliflorie kommt nicht mehr vor". Diels, L. 1945 S. 80

6. eine Dornsavanne, die von weitem schon kenntlich ist an der weit ausladenden Schirmkrone der Albizzia fastigiata — Flatcrown, der flachkronigen Sclerocarya caffra und der runderen Krone von Rhus longifolia. Dazwischen finden sich vielfach — an Höhe den Bäumen oft gleichkommend — die bizarren Formen der schlanken Kandelaber-Euphorbien.

Neben dieser für das offene Küstenland geltenden Vegetationsfolge zeigen die Flüsse, deren Mündungsästuare und die Bucht von Natal noch einige Besonderheiten: An den Flußmündungen, auf nassem sandigem Boden im Bereich des Süßwassers, direkt anschließend an die halophile Strandvegetation, lebt

7. eine Barringtonia-Assoziation.

Barringtonia racemosa, Eugenia cordata — Waterboom und Voacanga dregei, hygrophile Bäume, sind die Charakterpflanzen dieses die Lagunen und Flußmündungen säumenden Busches. Die leuchtenden Blüten des Hibiscus tiliaceus geben dieser Formation ein farbenfrohes Kleid. Auch hier fehlen die Ipomaea-Arten nicht, die die Barringtonia-Gesellschaft dicht verfilzen. Wo der Boden etwas trockener wird, kann sich

8. ein hygrophiler Küstenbusch entwickeln, der durch hohen Baumwuchs gekennzeichnet ist. Der Waterboom, Voacanga dregei, Rauwolfia aethiopica — Waxberry, Ficus capensis — Buschfeige, Ficus natalensis — Wilde Feige und Macarenga capensis finden hier ihre optimalen Lebensbedingungen. Mit abnehmender Feuchtigkeit lichtet sich dieser Küstenbusch und geht über in die feuchtere Baumsavanne.

In der Bucht von Natal hat sich eine halophile, stark hygrophytische Vegetationsformation erhalten:

9. der Mangroven-Busch.

Das dichte Gewirr aus Stämmen, die wie Stelzen aus dem Boden ragen, eng miteinander verschlungenen Ästen und vertikal emporgestreckten Atemwurzeln, sogenannten Pneumatophoren[1]), verstärkt noch durch die am Boden wachsenden Polster von Salicornia sp. und Chenolea sp., sieht von ferne aus wie ein grünes, filziges Polster, das rund um die Bucht wuchert. Die dominierende Pflanze ist Avicennia officinalis, die Weiße Mangrove. Vereinzelt finden sich dazwischen Rhizophora mucronata — Rote Mangrove und Bruguiera gymnorhiza, ebenfalls aus der Familie der Rhizophorae. Wo das Wasser flacher wird und damit auch süßer, geht der Mangrovenbusch über in

10. die Vlei-Assoziation.

Als Vlei bezeichnet man jene Flächen, die bei starker Wasserführung der Flüsse überschwemmt sind, bei geringer Wasserführung hingegen trocken liegen. Leersia hexandra, Setaria aurea, Eragrostis namaquensis var. robusta, Polopogon spp. sind die typischen Vlei-Gräser. Kaum ein Baum gedeiht im Vlei, aber zahlreiche Orchideen, Eulophia spp. und Habenaria spp., verwandeln zur Blütezeit das Vlei in ein Blumenmeer. Je trockener das Vlei wird, desto stärker wandelt es sich zur

11. Tambookie-Assoziation.

Andropogon spp. — Tambookie Gras und Panicum spp. werden vorherrschend. Hygrophile Bäume und Sträucher wie Eugenia cordata, Voacanga dregei, Rauwolfia natalensis und Ficus spp. siedeln sich an und leiten so zum hygrophilen Küstenbusch über.

Aus diesen Vegetationsformationen und -successionen bestand — soweit man das heute noch rekonstruieren kann — wahrscheinlich die ursprüngliche Vegetationsdecke im Raum von Durban. Ihre Veränderung durch das Eingreifen des Menschen wird im Teil D der vorliegenden Arbeit erörtert.

---

[1]) Diels, L. 1945 S. 77

C 3. Die ursprüngliche Physiognomie der Umgebung der Bucht von Natal.

Aus der Darlegung der drei wichtigsten landschaftsformenden Elemente — Geomorphologie, Klima und Vegetation — ergibt sich für den Raum von Durban folgendes Bild für den Zustand der Landschaft während ihrer ersten Besiedlung:

Die ca. 16 qkm große Bucht von Natal ist in ihrem südlichen Teil zu $^1/_3$ aufgesandet und von dichtem Mangrovenbusch überzogen, durch den sich die schmutzigbraunen Wasser des Umbilo und des Mhlatuzana ihren Weg in die Bucht suchen, die bei jeder Ebbe großenteils bis auf wenige Wasserlachen und Rinnsale trocken fällt, bei Flut aber wie ein blau schimmerndes Auge zwischen vier verschiedenen Landschaften eingebettet liegt. Im E erhebt sich der mächtige, bis zu 120 m hohe, von roten Sanden bedeckte Kalksandsteinrücken des Bluff. Psammophiler Küstenbusch zieht sich an ihm empor und hüllt ihn in ein mächtiges dunkelgrünes Waldkleid. Seeseitig schließt den Busch ein schmaler Saum von halophiler Strandvegetation ab, buchtseitig geht er über in eine feuchte Baumsavanne, die hinüberleitet zur Mangrove, die die gesamte südliche Bucht ausfüllt. Nach S erstreckt sich daran anschließend ein weites, 1—2 km breites, fast 10 km langes mit Vlei-Assoziationen und Tambookie überzogenes Sumpfland, das die ganze Alluvialebene ausfüllt. Es ist unterschiedlich feucht, ungleichmäßig in seiner gesamten Ausbildung, ein wahrer Tummelplatz für Insekten — bes. die Anopheles-Mücke, aber auch Lebensraum für Flußpferde, Nashörner, Krokodile und eine Vielzahl von Sumpfvögeln.

Nur an der Küste zieht sich wie eine grüne Mauer bis zur Mündung des Umlazi und Isipingo der Küstenbusch auf dem Rücken des Bluff entlang. Im W steigt steil die Küstenlandrandstufe auf 120 m empor. Die Flüsse haben sich bis auf wenige Meter über MTNW in sie hineingeschnitten. In ihren schotterreichen Tälern zieht ein dichter hygrophiler Küstenbusch stromauf, nur die flachen Flußbetten freilassend. Die Hänge der Randstufe sind seeseitig dicht bewaldet mit immergrünem subtropischem Wald, dessen undurchdringliches Dickicht erfüllt ist vom Gezwitscher unzähliger Vögel und dem durchdringenden Geschrei der Grünen Meerkatzen (Blue-face monkey). Landseitig breitet sich die weite trockene Baumsavanne aus. Ihre Grasflächen sind der Lebensraum großer Antilopen-, Zebra-, Büffel- und Elefantenherden, das Jagdrevier von Großkatzen, Hyänen und Schakalen. Die perennierenden Flüsse Umgeni und Umlazi bieten in dem quellenarmen Gebiet eine gute Tränke. Die Baumsavanne überzieht die Riedellandschaft des Tafelbergsandsteins 40—50 km landeinwärts bis an die Mittlere Randstufe, ja teilweise bis an das Great Escarpment heran. Sie wird allerdings — je weiter landeinwärts, desto stärker — unterbrochen durch die Dornsavanne, die ihrerseits jetzt die trockenen W-Hänge besiedelt. Im N der Bucht von Natal erstreckt sich in der bis zu 1,5 km breiten, 5 km langen alluvialen Schwemmlandebene des Umgeni ebenfalls eine flache, sumpfige Vlei-Landschaft mit einzelnen offenen Wasserstellen im Gebiet des alten Umgeni-Laufes. Sie ist nach E begrenzt durch die von psammophilem Küstenbusch und Strandvegetation überzogenen, bis zu 10 m hohen Dünen, nach W durch die bewaldeten Abhänge der Berea. An der Mündung des Umgeni gewinnt die Barringtonia-Assoziation die Überhand und drängt die Vlei-Gräser weiter ins Land zurück. Am Gegenufer, dem heutigen Durban North, bietet die Landschaft ein ähnliches Bild wie auf der Berea-Seite.

So zeigt der Raum von Durban das Bild einer stark sumpfigen, flachen, durch einen breiten Dünengürtel und einen dicht bewaldeten Höhenzug gegen die See abgegrenzten, über eine offene Riedellandschaft vom Land her leicht zu erreichenden Bucht. Flaches Wasser mit wenigen tieferen Rinnsalen ist dort, wo heute Ozeandampfer fahren, Küstenbusch und Vlei sind dort, wo heute die Innenstadt, und

Sumpfland dort, wo das Industriegebiet von Durban liegen. Dichter Wald bekleidet das Areal der heutigen Wohnviertel. Genießbares Wasser ist nur aus den Flüssen — je weiter landeinwärts, desto besser — zu gewinnen. Die Zahl der für Menschen genießbaren Pflanzen ist minimal. Es sind vor allem Wurzelknollen verschiedener Gräser, Feigen und Palmfrüchte. Die großen Herden in der Savanne sind der einzige sichtbare Reichtum dieser Landschaft[1]).

In diesen Raum drang der Mensch ein und gestaltete das Landschaftsbild nach seinen Bedürfnissen zu dem heutigen großen Eisenbahnhafen Durban um. Der Umwandlungsprozeß, der dazu notwendig war, soll im folgenden dargestellt werden.

D. Die Entwicklung Durbans in geographischer Sicht

Zum Verständnis des heutigen Siedlungsbildes der Stadt Durban war es notwendig, die landschaftsgestaltenden naturgeographischen Faktoren im Einzelnen herauszuarbeiten. Um aber der Komplexität der ein Siedlungsbild bestimmenden geographischen Kräfte gerecht zu werden, müssen nunmehr die kulturgeographischen Faktoren in ihrer Wirkungsweise analysiert werden, um so, durch Verknüpfung mit den naturgeographischen Faktoren, das kausale Zusammenwirken aller siedlungsgeographischen Kräfte zu erkennen.

Die hier zu erörternden kulturgeographischen Faktoren treten zum Teil von den ersten Anfängen der Siedlung an auf, zum Teil erscheinen sie nach und nach mit dem Wachstum des Ortes. Eine Einzelbehandlung der Faktoren würde daher unvermeidlich eine Fülle von Wiederholungen mit sich bringen. Auch wäre es unzweckmäßig, so eng miteinander verflochtene Dinge wie z. B. die Bevölkerungs- und die Wirtschaftsentwicklung voneinander zu trennen.

So bietet sich die Darstellung der sich gegenseitig bedingenden Wachstumsvorgänge im Entwicklungsgang als die zweckmäßigste zur Erörterung der Wirkungsweise der kulturgeographischen Faktoren an.

D 1. Die prähistorischen Wohnplätze im Raum von Durban

Um eine Fehlbewertung späterer Erscheinungen im Siedlungsbild im Rahmen des Möglichen zu vermeiden, erweist es sich als notwendig, soweit als möglich die Anfänge der Entwicklung der Siedlung zurückzuverfolgen.

Für den Raum von Durban sind wir in der glücklichen Lage, bereits für die Zeit des Spätacheulien (Riß-Würm-Interglazial)[2]) eine Besiedlung nachweisen zu können[3]).

In der Zeit vor der Ablagerung der Roten Berea-Sande bis zur Ablagerung von deren oberen Schichten (Würmvereisung), entsprechend dem europäischen Aurignac, besiedeln wahrscheinlich sowohl in den trockenen als auch in den feuchten Perioden Menschen der Stellenbosch-Faustkeil-Kultur das Land. Die Art der Werkzeuge: einfache Faustkeile, Schaber, lanzettartige Steine und Handäxte zeigt uns eine reine Wildbeuter- und Sammlerkultur. Die Menschen leben auf den nahe dem Trinkwasser gelegenen Abhängen der Hügelzone des Unteren Randstufenniveaus. So finden sich Steinkeile des Unteren Stellenbosch, die aus feinen „quarzitischen Sandsteinen" in einfacher Stein-gegen-Stein-Technik hergestellt wurden, auf den Flußterrassen des

[1]) Brooks, H. 1876 S. 106—165 gibt eine umfassende Darstellung der Fauna Natals.

[2]) Brien, P. G. 1935 B. S. 648
Brinkmann, R. 1954 Bd. 2 S. 299—300
Alle Korrelationen zu europäischen Begriffen sind nur zeitlich zu verstehen.

[3]) Cramb, J. G. 1935

Umlazi, 16 km südlich von Durban, 5 km westlich der Küste[1]). Hier steht den Bewohnern gutes Trinkwasser reichlich zur Verfügung, während der Wildreichtum der Sümpfe und besonders der weiten Baumsavanne eine unerschöpfliche Nahrungsquelle darstellt.

Das gleiche gilt für die Mittlere Stellenbosch-Kultur, die besonders in den sehr feuchten gelben Tonen in Durban North, wiederum am Hang oberhalb des Flusses, nachgewiesen werden konnte[2]). Ähnliche Funde im Umkreis von 80 km um Durban zeigen, daß für die Stellenbosch-Menschen Trinkwassernähe und Wildreichtum

Tabelle 4: Zeitliche Korrelation der in Natal nachgewiesenen Steinzeit-Kulturen zu entsprechenden europäischen Kulturstufen, unter besonderer Berücksichtigung der Funde in Durban North

Erdzeitalter		Kulturstufe		
Europa	Afrika	Europa		Natal
				Microlithicum-Smithfield C = Späte Jungsteinzeit
	Nakuran Postpluvial	Neolithicum		
		Mesolithic.	Campignien	Smithfield A = Späte Jungsteinzeit
			Tardenoisien	
	Trockenperiode		Azilien	(Wilton) Frühe Jungsteinzeit
Postglazial	Makalian Postpluvial	Jung-palaeolithic.	Magdalénien	Späte Mittelsteinzeit
				Aberrantes Oberes Stellenbosch = Altsteinzeit
			Aurignac	Frühe Mittelsteinzeit
Würm	Gamblian Pluvial	Mittel-palaeolith.		Mittel Stellenbosch = Altsteinzeit
Riß-Würm Interglazial	Interpluvial		Moustérien	Unteres Stellenbosch = Altsteinzeit
			Spätacheulien	

Quellen: s. Anm. 2) S. 29

der Umgebung maßgebende Faktoren bei der Wahl der Siedelplätze waren. Eine ganze „Werkzeug-Fabrik" des Oberen Stellenbosch mit tausenden bearbeiteter und roher Steinkeile liegt am Tugela, 95 km nördlich von Durban, 3 km von der Küste entfernt[3]). Charakteristischerweise wurde sie in dieser feuchten Periode des Jungpaläolithikums auf einem Hügel neben dem Fluß, also in Trinkwassernähe bei optimaler Schutzlage vor den Hochwassern des Flusses, angelegt. Die Formen der Faustkeile sind feiner als die der vorhergehenden Perioden und aus einem härteren Sandstein als jene hergestellt. Leider leiten sie in keiner Form über zu der nächstfolgenden Periode, der afrikanischen Frühen Mittelsteinzeit, doch zeigen Miniatur-

[1]) Cramb, J. G. 1935 S. 488, 489
[2]) Cramb, J. G. 1935 S. 489
[3]) Cramb, J. G. 1935 S. 489

Faustkeile dieser Zeit in ihren frühen Phasen einzelne Charakteristika des Oberen Stellenbosch. Sie bilden dadurch ein Bindeglied zwischen diesen beiden sich in ihren End- resp. Frühphasen parallel entwickelnden Kulturen[1]).

Die afrikanische Späte Mittelsteinzeit zeigt eine Fortentwicklung der Geräte; Streitäxte und Lanzenspitzen treten in verbesserter Form bzw. neu auf — und sie zeigt eine von Rhodesien kommende neue, feinere Bearbeitungstechnik — Bambata[2]). Dieses sowie die Tatsache, daß die Bambata-Technik von Natal bis ins Kapland wanderte, zeigt, daß die Menschen der afrikanischen Späten Mittelsteinzeit engeren Kontakt miteinander gehabt haben müssen, als es vorher der Fall war. Vom geographischen Gesichtspunkt ist von besonderem Interesse, daß auch in dieser Zeit die Menschen ihre Wohnplätze am Hang der Küstenlandrandstufe und auf den Flußterrassen anlegen, soweit sich das aus den Fundplätzen ersehen läßt[3]).

Das kennzeichnet die Bedeutung der Grenzlage der Küstenlandrandstufe sowie der Flußterrassen zwischen der wildreichen offenen Baumsavanne und dem buschbewachsenen feuchten Niederungs- und dem Sumpfland, das bei Gefahr als Rückzugsgebiet dienen konnte.

Auch im Mesolithikum ändert sich die Lage der Wohnplätze nicht, da die unerläßlichen naturgeographischen Grundlagen für eine Siedlung: trockener Wohnplatz und Trinkwassernähe, die Menschen immer wieder zur Wahl der gleichen Siedelplätze führten. Es sind immer wieder die gleichen Fundorte, an denen Spuren der einzelnen Kulturstufen entdeckt werden. Allerdings ist die Kontinuität der Kulturschichten nicht gewahrt. So sind m. W. s in Natal bisher keine Relikte des dem Frühen Mesolithikum zeitlich entsprechenden Wilton nachgewiesen worden[4]). Desto interessanter sind die Funde der Smithfield-Kultur (Neolithikum), die wahrscheinlich in Natal entsteht und in abgewandelter Form als Smithfield C aus dem Hochland wieder zurückkehrt[5]).

Mit den feinen Formen des microlithischen Smithfield C endet die Reihe der Zeugen einer vorgeschichtlichen Besiedlung des Raumes von Durban. Sie zeigen, daß der Höhenrücken der Berea an den Stellen, wo gutes Trinkwasser zur Verfügung steht und dichter Busch Herberge und Schutz zugleich bietet, also an den Flußdurchbrüchen, schon in ältester Zeit als Wohnplatz genutzt wird. Gleichzeitig halten die weiten, dicht bewachsenen alluvialen Sümpfe den Menschen vom Meer fern und lenken sein Interesse auf das leichter zu durchstreifende Hügelland, das das Hauptnahrungsreservoir der Menschen bildet.

D 2. Die Entwicklung des Raumes von Durban bis 1815

Für die Zeit zwischen dem Ende des Neolithikums und dem 15. Jahrhundert fehlen m. W. s Nachweise über die Bevölkerung und deren Lebensweise in dem hier diskutierten Gebiet. Erst die von J. F. Schofield[6]) ausgewerteten Töpferarbeiten der Eingeborenen, deren Reste im Umkreis von 16—50 km um Durban gefunden wurden, sowie Rekonstruktionen der Geschichte der einzelnen Stämme durch Auswertung der mündlichen Überlieferung und sprachanalytische Untersuchungen geben einigen Aufschluß über das Leben im Raum von Durban seit dem 15. Jahrhundert, einer Zeit, in der man in Europa bereits reges Interesse am Afrika südlich der Sahara bekommt.

[1]) Brien, P. G. 1935A S. 499
Cramb, J. G. 1935 S. 493
[2]) Brien, P. G. 1935A S. 495, 497
[3]) Vergleiche die bei Brien, P. G. 1935A S. 494—495 angegebenen Fundorte.
[4]) Brien, K. 1935 S. 500
[5]) Brien, K. 1935 S. 503, 505
[6]) Schofield, J. F. 1935

Herodot spricht dem Pharao Necho (609—525 v. Chr.) die Ehre zu, eine Expedition phönizischer Segler ausgesandt zu haben, um die afrikanische Küste zu erkunden. Er soll, nach Herodot, der Erste gewesen sein, der nachwies, daß der als 'Libya' bekannte Kontinent vom Meer umgeben war[1]).

Diego Caõ erreicht 1484 das Kreuzkap an der südwestafrikanischen Küste und errichtet dort ein Steinkreuz mit der Inschrift: 'Seit Erschaffung der Welt sind 6684 und seit Christi Geburt 1484 Jahre verflossen, als der erhabene Don João von Portugal befohlen hat, daß durch Jacobus Canus, seinen Ritter, diese Säule hier gesetzt werde'[2]).

Die erste Berührung zwischen Schwarz und Weiß gibt es in Südafrika 1486, als Bartholomeo Diaz nahe dem 'Cabo tormentoso'[3]) dem heutigen 'Kap der Guten Hoffnung', landet. Er trifft dort zuerst auf 'strandlopers', besitzlose Hottentotten des Stammes Goringhaiqua[4]). Im Hinterland leben zu dieser Zeit, wahrscheinlich weit ausgedehnt, Hottentottenstämme, deren Einflußbereich an der Ostküste bis nach dem heutigen Port St. Johns reicht, wo er, wie aus den Töpfereifunden von Schofield geschlossen werden kann, an den Lebensraum der Buschmänner angrenzt. Im Gebiet von Durban leben zu dieser Zeit also Buschmänner. Sie haben eine reine Wildbeuter- und Sammler-Kultur, bestreiten ihren Lebensunterhalt durch das Graben von Wurzeln und die Jagd und verfügen über keinen festen Wohnsitz. Die weite, wildreiche Baumsavanne in der Riedellandschaft zwischen dem Great Escarpment und der Küstenlandrandstufe, die begünstigt ist durch ein ausgesprochen mildes Klima und reichliche Niederschläge, ist der bevorzugte Lebensraum der Buschmänner. 1497 sichtet Vasco da Gama am ersten Weihnachtstage (dies natalis) die Ostküste Afrikas und gibt dem Land seinen Namen: Natal[5])! Damit beginnt die Zeit der langsamen Erkundung der Küste. Für die Buschmänner, die keine Schiffahrt betrieben, war die Bucht von Natal ohne Interesse gewesen. Für die von der See her an das Land herankommenden Europäer, die zuerst spärlich, dann immer häufiger die Bucht aufsuchen, gewinnt sie für die Indienfahrer Interesse als Zufluchtsort vor den gefürchteten Stürmen des Indischen Ozeans.

Zwischen 1500 und 1550 beginnt eine neue Phase in der Geschichte der Bevölkerung von Natal: Eisen und Kupfer kommen in Gebrauch. Die Menschen dieser Zeit sind Mischlinge aus Buschmann- und Bantu-Elementen[6]). Schon früher waren, von N kommend, viehzüchtende Bantus in diesen Raum eingedrungen. Sie brachten wahrscheinlich die Kenntnis des Gebrauchs von Eisen und Kupfer mit. Außerdem erschlossen sie eine neue Nahrungsquelle: Fische. Die Fangmethoden waren einfach: Aus Buschwerk wurde eine Reuse gebaut, in die die Fische durch die Strömung hineingetrieben wurden und in der man sie dann bequem speeren konnte. Besonders gut ließ sich diese Methode in der flachen Bucht von Natal anwenden, wo das Trockenfallen des größten Teiles der Bucht bei Ebbe das Fangen der in den Reusensystemen verfangenen Tiere noch erleichterte. Damit gewannen die Wohnplätze am Abhang

---

1) Methven, C. W. 1892
2) Irle, 1906 S. 5 cit. nach Passarge, S. 1908A S. 5
3) Paul, J. 1927 S. 9
Brooks, H. 1876 S. 191
4) Maingard, L. F. 1935 S. 479
5) Brooks, H. 1876 S. 192. Nach Theal, S. M. "it is uncertain what part of the coast he (Vasco da Gama) was then sailing along, the only indication given by an early Portuguese writer placing it a little north of the Umzimkulu River". cit. nach Delightful Durban (1924) S. 7
Methven, C. W. 1892 schreibt dagegen: „Die Geschichte jedoch erwähnt den Hafen von Durban nicht, bevor er von Vasco da Gama Weihnachten 1497 gesichtet wurde".
6) Schofield, J. F. 1935 S. 519, 521

der Küstenlandrandstufe und natürlich auch auf den höher gelegenen Flußterrassen verstärkte Bedeutung.

Spanische und portugiesische Seeleute, deren Schiffe an Natals Küste zwischen 1552 und 1647 strandeten, überlieferten uns die ersten Berichte über den Fischfang der Eingeborenen[1]).

Die ersten Bantu-Vortrupps verschmelzen mit den Buschmännern zu einer Mischlingsbevölkerung, die Sammelwirtschaft und Jagd nur noch in geringem Umfang betreibt und deren Haupterwerbszweige Viehzucht (Rinder, Fettschwanzschafe) und Fischfang sind. Daneben betreiben sie Ackerbau. Schofield erwähnt den Anbau von Mais (wahrscheinlich im nördlich des Sabi gelegenen Monomotapa durch Jesuiten eingeführt)[2]), Hirse (Kafirkorn-Sorghum Cafrorum), Bohnen (wahrscheinlich aus Abessinien), Zuckerrohr (wahrscheinlich wildes Rohr[3])), und Erdnüssen[4]).

Die Vielseitigkeit dieser Wirtschaftsform läßt Orte wie die Berea oder andere Abhänge der Küstenlandrandstufe als ideale Wohnplätze erscheinen. Sie bieten genügend Wasser, genügend Feuerholz, weite Savannen für Viehzucht und Jagd und ausgedehnte Grasflächen, die für den Ackerbau nutzbar gemacht werden können, und deren unterschiedliche Exposition den verschiedenen Feuchtigkeitsanforderungen der Feldfrüchte gerecht werden kann.

Ende des 16. Jahrhunderts geraten die Sofala-Bantu, die nördlich des Sabi leben, in stärkere Bewegung. Der große Zug der Bantus nach S beginnt. Die Nguni, eine Teilgruppe der Südost-Bantu, wählen den Weg östlich der Großen Randstufe entlang und dringen gegen Natal vor. Die Lala, Vorläufer der eigentlichen Nguni, erreichen das Land etwa zwischen 1575 und 1600.[5]) Sie sind mit der Kunst der Eisenschmelze vertraut. Die in Natal ansässigen Mischlinge werden von ihnen aufgesogen, und ein Teil der Buschmann-Elemente bleibt so in ihnen erhalten[6]). Sehr bald folgen den Lala die Mbo (1620) und bald danach kommen die eigentlichen Nguni ins Land[7]), in denen größtenteils die vorher dort lebenden Bevölkerungselemente aufgehen. Die Nguni, von N nach S längs der Küste heute aufgegliedert in die Swazi, Zulu, Pondomise, Pondo, Thembu und Xhosa[8]), haben die gleiche Wirtschaftsform wie die vorher dort ansässige Bevölkerung. Viehzucht, Fischfang und Ackerbau bilden ihre Lebensgrundlage.

Während am Kap der Guten Hoffnung mit der Landung Jan van Riebecks 1652 die Entwicklung der späteren Kapkolonie beginnt und damit die Europäer in Südafrika festen Fuß fassen, grenzen in Natal die Stämme der Nguni in steten Kämpfen ihre Gebiete gegeneinander ab. Durch das ständige Anwachsen der Herden und das ständige Verlegen, Roden und Auflassen der Felder beginnt in noch gemäßigter, aber trotzdem schon spürbarer Form der Angriff auf die ursprüngliche Vegetation. Vor allem der lichtere Küstenbusch und die Savanne haben darunter zu leiden. Auch macht sich der wachsende Holzeinschlag in den Randgebieten des Regenwaldes und im Busch bemerkbar. Die Nguni brauchen große Mengen Holz nicht nur als Feuerholz, sondern vor allem zum Bau ihrer bienenkorbartigen Rundhütten, die vollständig aus Buschwerk gefügt sind. Auf den kahlgeschlagenen Flächen und den auf-

[1]) Schofield, J. F. 1935 S. 520
[2]) Hector, J. M. 1933 S. 58
[3]) Hattersley, A. F. 1936 S. 68 Anm. 1
Mann, R. J. 1859 S. 42
[4]) Schofield, J. F. 1935 S. 520
[5]) Westermann, D. 1952 S. 417, 418
[6]) Schofield, J. F. 1935 S. 520
[7]) Westermann, D. 1952 S. 418
Nach Bryant, A. T. 1929 S. 10—13 waren „pure Nguni" schon 1593 in der Nähe Durbans anzutreffen. Beide Datierungen sind unsicher.
[8]) Westermann, D. 1952 Karte S. 439

gelassenen Äckern breitet sich eine Sekundärvegetation aus, die je nach dem Austrocknungsgrad des Bodens aus Sukkulenten und Dornsträuchern oder aus Hartgräsern besteht, deren Nährwert gering ist. Selten gelingt es der ursprünglichen Vegetation, den verlorenen Boden zurückzugewinnen.

Von dem Leben im Raum von Durban wissen wir nur sehr wenig aus dieser Zeit. Mögliche Spuren von Siedlungen (Kraals) — die wir hier nach der vorher herausgestellten Beliebtheit als Wohnplatz vermuten können — wurden durch die Wirren der Schreckensherrschaft des Zuluherrschers Chaka vernichtet. So bleiben uns nur die Berichte der Seeleute, die, meist unfreiwillig, die Bucht von Natal aufsuchten und sie beschrieben. Als erster Europäer, der an der Bucht gelebt hat, muß wohl Rodrigo Tristao, ein Überlebender der portugiesischen Galleone 'San João', gewesen sein, der 1552 als Einziger den Untergang des Schiffes überlebte, sich an der Bucht an Land rettete und ein Leben unter den Eingeborenen führte[1]).

1684 besuchte Captain Rogers mehrfach die Bucht von Natal und sagt von ihr, in der Annahme, sie sei eine Flußmündung: „Sie öffnet sich außerordentlich weit und ist für kleine Schiffe tief genug. Aber an der Flußmündung ist eine Barre, die nicht über 10 oder 11 Fuß (ca. 3 m) Wasser während einer Springtide verfügt, obgleich in der Mündung Wasser genug ist[2])".

1685 gelangen Überlebende des englischen Schiffes 'Good Hope' zur Bucht von Natal und siedeln sich auf dem Bluff an[3]). Die Wahl des Bluff als Siedelplatz ist aus mehreren Erwägungen heraus zu verstehen: 1. bietet das Bluff in seiner Höhe und Meeresnähe die beste Möglichkeit, anderen Schiffen zu signalisieren. 2. bietet das Bluff einen besseren Baugrund als der entweder sandige oder sumpfige Point. 3. bietet das hohe Bluff eine gute Schutzanlage gegen Angriffe von Eingeborenen. Schon nach drei Monaten werden die Überlebenden der 'Good Hope' von einem anderen englischen Schiff übernommen. Fünf Mann ziehen es jedoch vor, auf dem Bluff zu verbleiben!

Sie bleiben nicht lange allein: 1686 scheitert der holländische Ostindienfahrer 'Stavenisse' vor der Bucht von Natal und dreizehn Überlebende retten sich auf das Bluff. 1687 stoßen weitere neun Mann, Überlebende des englischen Schiffes 'Bonaventura', zu ihnen. Zusammen gelingt es ihnen, am Ufer der Bucht ein eigenes Schiff, die 'Centaurus', zu bauen, und mit diesem Boot segeln zwanzig Mann vom Bluff in zwölf Tagen nach Kapstadt[4]). Vier Engländer und ein Franzose bleiben freiwillig auf dem Bluff zurück. Sie werden 1689 von dem holländischen Schiff 'Noord' an Bord genommen.

Der Besuch der 'Noord' hat für uns zweifache Bedeutung: 1. liegt die erste Lotung der Barre vor: Der Kapitän des Schiffes maß 2 engl. Faden (3,70 m) Wassertiefe an der flachsten Stelle der Einfahrt bei Niedrigwasser[5]).

2. wurde der erste Kaufvertrag für die Bucht von Natal mit einem örtlichen Häuptling abgeschlossen. J. Gerbrantzer erwarb von diesem Chief die Bucht und ihr Umland für die Holländische Ostindien Companie für Waren im Realwert von £ 50, denen ein Wert von £ 1.650 zugesprochen wurde[6]). Als jedoch 1705 das hollän-

[1]) Durban 1954 S. 6
[2]) Methven, C. W. 1892
[3]) Gordon-Brown, A. 1954 S. 37
[4]) Smith, R. u. Lindsay, G. 1941
Brooks, H. 1876 S. 192
Mann, R. J. 1859 S. 12
Tabelle 6
[5]) Methven, C. W. 1892
[6]) Bryant, A. T. 1929 S. 501
Paul, J. 1927 S. 25
Brooks, H. 1876 S. 193

dische Schiff 'Postlooper' in der Bucht vor Anker ging, um den Bestand an Edelhölzern und die Handelsmöglichkeiten auszukundschaften, erkannten die Zulus den Vertrag nicht mehr an. Trotzdem wurde 1721 an der Bucht eine kleine holländische Faktorei errichtet, die sich aber nicht lange halten konnte[1]).

Für fast hundert Jahre versinkt die Bucht von Natal damit wieder in die Vergessenheit. Während sich am Kap eine blühende Kolonie entwickelt, und Kapstadt von einer Versorgungsstation zu einem Ort der Ruhe und Erholung für die Indien- und Australien-Fahrer wird, segeln nur sehr selten Schiffe die Bucht von Natal an, deren tückische Barre für die ständig größer werdenden Schiffe zu einer wachsenden Gefahr wird.

In dieser Zeit wandert der Clan der amaTuli, der auch zu den Nguni gehört, zur Küste und siedelt sich an der Berea und in der Bluffgabelung an. Als die amaTuli zuerst von der Berea nach E blickten, lag wie ein glänzendes Oval die Bucht von Natal vor ihnen. In ihrer unvergleichlich plastischen Sprache hatten sie sogleich einen Namen dafür: iTeku, d. h. das Ding mit einem Hoden. Und so nennen die Zulu auch heute noch die Stadt Durban iTekwini[2]).

Mit Beginn des 19. Jahrhunderts wendet sich das Blatt in der Geschichte des Landes Natal. Das Land, von dem Bryant schreibt:

"Natalia erat omnis in partes tres divisa, quarum unam Dlamini, aliam Lalae, tertiam Debae incolebant"[3]) erhält nun eine Bevölkerungsgruppe, die von See her kommt: die Europäer.

Tabelle 5: **Übersicht zur Entwicklung Durbans**

1552	Rodrigo Tristão überlebt den Untergang der 'San João' und lebt an der Bucht von Natal.
1684	Capt. Rogers besucht mehrfach die Bucht von Natal
1685	Überlebende der 'Good Hope' siedeln auf dem Bluff
1686	Dreizehn Überlebende der 'Stavenisse' retten sich auf das Bluff
1687	Neun Überlebende der 'Bonaventura' siedeln auf dem Bluff Rückkehr von zwanzig Mann nach Kapstadt mit der selbstgebauten 'Centaurus'
1689	Besuch der 'Noord' J. Gerbrantzer kauft die Bucht von Natal
1705	'Postlooper' in der Bucht von Natal
1721	Errichtung einer holländischen Faktorei an der Bucht
1820—23	Zulu-Krieger erobern unter Chaka Natal
1823	Farewell kauft die Bucht von Natal und ihr Hinterland von Chaka
1825	Die 'Julia' erreicht mit den ersten Siedlern Port Natal
1833	Flucht der Siedler zum Umzimkulu aus Furcht vor den Kriegern Dingaans
1835	Fünfzehn Bürger unter Vorsitz von A. F. Gardiner gründen den Ort D'Urban
1837	Die Buren unter Piet Retief dringen nach Natal ein
1838	Dingaans Krieger vertreiben die Europäer für neun Tage aus Durban Britische Truppen besetzen den Ort
1839	Britische Truppen aus Durban abgezogen Durban wird burisch
1841	Ein amerikanisches Handelsschiff läuft Durban an, um mit den Buren Handelsbeziehungen aufzunehmen
1842	Die Engländer besetzen Durban

[1]) Paul, J. 1927 S. 51
[2]) Bryant, A. T. 1929 S. 500
[3]) Bryant, A. T. 1929 S. 232. Die Dlamini gehören zu den eMbo oder Mbo, die Lala zu den Tonga Nguni oder reinen Nguni.

1843 Natal wird englische Provinz
1844 Natal wird ein Teil der Kapkolonie
1846 'Sarah Bell' im Hafen von Durban. Das erste Schiff, das Durban direkt von Europa kommend, anläuft
1848—51 Byrne's Emigration Scheme
1850 Milne wird Hafeningenieur
1851 Beginn der Arbeiten an der Nordmole
1852 'Sir Robert Peel' eröffnet den Liniendienst nach Kapstadt
1854 Durban wird zur 'Borough of Durban' erklärt
1856 Natal wird selbständige Kolonie
1860 Beginn der Inder-Einwanderung.
Eröffnung der ersten südafrikanischen Eisenbahn in Durban
1865 Ende der amerikanischen Sezessionskriege.
Wirtschaftsdepressionen in Südafrika.
Einwanderungsverbot für Inder
1867 Diamantenfunde am unteren Vaal
Erneute Einwanderungserlaubnis für Inder
1869 Eröffnung des Suezkanals
1870 Coode wird Hafeningenieur
1879 Zulukriege
1880—81 Erster Burenkrieg
1880 Bahnverbindung Durban-Pietermaritzburg
1881 Gründung des Natal Harbour Board
Inne wird Hafeningenieur
1884 Beginn einer zunehmenden Vertiefung der Hafenbarre
1886 Goldfunde am Witwatersrand
1888 Durban wird Postschiff-Hafen
1889 C. W. Methven wird Hafeningenieur
1892 Südmole fertiggestellt.
'Kaiser' der D. O. A. L. eröffnet in Durban den Deutschen Südafrika-Dienst
1895 Der erste seetüchtige Saugbagger 'Octopus' wird in Dienst gestellt
1898 Fertigstellung der Nordmole
1899—1902 Zweiter Burenkrieg
1914—1918 Erster Weltkrieg
1925 Seemannsstreiks im Commonwealth
1929—1932 Weltwirtschaftsdepression
1932 Eingliederung weiter Außenbezirke in die Borough of Durban
1935 Erhebung der Stadt zur 'City of Durban'
1939—1945 Zweiter Weltkrieg
1950 Erlaß der Group Areas Act
1954 Hundert-Jahr Feier der Stadt Durban

D 3. Die Gründung der Stadt Durban (1816—1853)

Im Jahre 1816 übernimmt Chaka die Herrschaft über die Zulu, eine unbedeutende Gruppe der Tonga Nguni zwischen den Flüssen Mkumbane und Zololo im N Natals. Kräftig, energisch und skrupellos, dazu mit Organisationstalent und Weitsicht begabt, wird er zum größten Herrscher der Bantus. Durch eine Neugliederung des 'Heeres' in Kampfgruppen, Impis, die er statt nur mit Wurfspeeren vor allem mit kurzen Stoßspeeren ausrüstet und in geschlossenen Reihen kämpfen läßt, gewinnt er schnell eine überaus schlagkräftige 'Truppe'. Mit dieser durchzieht er mordend und brennend von 1820—1823 Natal[1]). Seine Gegner rottet er aus: Alle Männer werden erschlagen, nur die kampffähigen Jünglinge in die Zulu-Impis eingegliedert. Frauen und Kinder werden entweder getötet oder in die Sklaverei entführt, das Vieh wird geraubt, die Kraals werden verbrannt, ebenso die Felder und die Erntevorräte, die nicht transportiert werden können. So wird seine 'Truppenmacht' immer größer, das Land ringsum aber eine menschenleere, verbrannte Steppe. Um 1824 leben zwischen den Flüssen Tugela und Umzimvubu, in einem früher dicht besiedelten Land[2]) noch etwa 5—6000 halbverhungerte Menschen, die sich in verlassenen Gegenden herumtreiben[3]). Zu diesen zählen auch die Reste der amaTuli, die sich vor den Horden Chakas in einen verborgenen Winkel am Ende der Bluffgabelung inmitten dichten Busches zurückgezogen haben[4]).

Die Kunde von der Schreckensherrschaft Chakas in Natal dringt schnell bis zum Kap. Die Buren in den Grenzgebieten bereiten sich auf neue Kämpfe mit den heranwogenden Massen schwarzer Flüchtlinge vor, bei den Engländern aber erwacht der Geist des Kaufmanns zu neuer Aktivität. Der Wunsch, mit dem mächtigen Eingeborenenherrscher Handel zu treiben, gibt den Anstoß zur Suche eines geeigneten Hafens an der Küste von Zululand. Mit der Brig 'Salisbury' machen sich Lieutenant James King und Lieutenant Francis George Farewell auf den Weg. Auf der Rückfahrt nach ergebnisloser Suche zwingt sie ein Sturm, in einer ihnen unbekannten Bucht Schutz zu suchen. Der Anker der 'Salisbury' sinkt in den Grund der Bucht von Natal vor der späteren Insel Salisbury[5]). Eine genaue Erkundung der Bucht und ihrer Umgebung zeigt, daß man den gesuchten Hafen gefunden hat. Für den Vorteil, einen solchen Naturhafen nutzen zu können, nehmen King und Farewell die 240 km Entfernung zu Chakas Hauptsitz gern in Kauf.

Damit ist im Jahre 1823 schon die Entscheidung gefallen. Englischer Kaufmannsgeist, Seefahrermut und ein klarer Blick für die Erkenntnis naturgeographischer Gegebenheiten führten zur Festlegung des Ortes für den heute größten Handelshafen der Südafrikanischen Union. Die kommerzielle Notwendigkeit, einen Hafen zu bekommen, führte zur Ausnutzung der geographischen Vorteile, die sich an diesem Platz anboten. Die kommerzielle Notwendigkeit war dabei bisher einseitig: Sie kam über See von Europa, im Zuge der Kolonisierung, unter dem Gesichtspunkt der Ausbeutung der Vorräte an Edelmetallen, Edelhölzern und Elfenbein in den fernen, nichtzivilisierten Ländern, verbrämt mit dem Deckmantel der Christianisierung der heidnischen Völker.

Farewell nimmt Verbindung mit Chaka auf und schließt mit ihm am 8. August 1824 folgenden Vertrag:

"I, Inguos Chaka, King of the Zulus und the Country of Natal, ... do hereby . . . . of my own free will and in consideration of divers goods received, grant, make over and sell to F. G. Farewell and Company the entire and full possession in perpetuity of the Port or Harbour of Natal. . . . and the surrounding country as herein described, viz.: the whole of the neck of land or peninsula on the south-west entrance and all the country ten miles to the southern side of Port Natal, as pointed out, and extending along the seacoast to the northward and eastward as far as the river known by the native name Gumgelote (Umhloti), beeing about twenty-five miles of sea-coast to the north-east of Port Natal, together with all the country inlands, ... extending

1) Bryant, A. T. 1929 S. 236
2) Bryant, A. T. 1929 S. 82 u. 236 schätzt die Bevölkerung Natals für 1816 auf 100000 Menschen, davon 75000 in Zululand lebend.
3) Paul, J. 1927 S. 48; Westermann, D. 1952 S. 420—421
4) Bryant, A. T. 1929 S. 505
5) Durban 1954 S. 7
Mann, R. J. 1859 S. 12

about hundred miles backward from the seashore, with all rights to the rivers, woods, mines and articles of all denominations contained therein....''[1]).

1825 treffen an Bord der 25 t großen 'Julia' die ersten Siedler in der Bucht von Natal ein: 26 Handwerker und Kaufleute unter Führung des 21jährigen Henry Francis Fynn. Wenig später folgt ihnen die 'Ann' unter Farewell[2]). Da sie Handel treiben wollen und deshalb die Verbindung zum Hinterland brauchen, landen sie nicht, wie seinerzeit die Schiffbrüchigen, am Bluff, sondern gehen am Point an Land, durch dessen dichten Busch sie zuerst eine Verbindung zum Höhenzug der Berea suchen. Sie finden diesen trockenen Weg zwischen dem Western und dem Eastern Vlei[3]). So beschließen sie, die neue Siedlung zwischen dem Western Vlei und dem Point anzulegen, in einem Gebiet, das von dichtem Küstenbusch überwuchert ist, dessen Abgrenzung zur Bucht hin aus Sumpfland mit Vleigräsern und Mangrovendickichten besteht. Nach dem Tagebuch von Fynn werden die ersten Gebäude — Hütten aus Mangrovenholz und Lehm — auf eine Rodungslichtung gesetzt, ungefähr dort, wo heute der Bahnhof steht[4]). So wird zum ersten Mal in der Geschichte der Bucht von Natal an ihrem Ufer eine Dauersiedlung angelegt, werden die Herden von mächtigen Elefanten, Nashörnern, Flußpferden aus ihren altgewohnten Revieren vertrieben, werden die Affenscharen und die Vielfalt tropischer und subtropischer Vögel aufgescheucht durch den Klang der Axt.

Für die Kaufleute gilt es, nach den ersten Handschlägen in der neuen Siedlung, vor allem Handelsbeziehungen anzuknüpfen. Sie unternehmen die ersten Reisen durch das für europäische Begriffe wegelose Land und tauschen gegen Tuchballen u. ä. von den Eingeborenen Elfenbein und Edelhölzer ein. Diese Waren können sie in unregelmäßigen Abständen mit kleinen Küstenseglern mitgeben, die den Verkehr zwischen Kapstadt und Port Natal bewerkstelligen, da ihnen die Überquerung der Sandbarre vor der Hafeneinfahrt keine Schwierigkeiten macht[5]).

Mit großer Aufmerksamkeit verfolgen die Siedler die Bewegungen der Zulus. Als 1828 Chaka ermordet wird und sein Bruder Dingaan die Herrschaft antritt, erfaßt eine große Unruhe die Zulu-Stämme. Das wirkt sich auch auf die Beziehungen zu den Europäern aus. Der Handel geht schleppend, und er stagniert völlig, als 1829 F. G. Farewell bei einer Handelsreise durch Pondoland von dem amaQuabe Chief Nqetó ermordet wird[6]). Nur wenige Männer kommen während dieser Jahre neu in die Siedlung. Eine stete Angst vor einem Überfall der Impis Dingaans breitet sich aus. Als 1833 einige Impis dicht an Port Natal vorüberziehen, kommt es durch ein Mißverständnis zu einem kurzen Kampf. Die Europäer bleiben dank ihrer Feuerwaffen Sieger, aber aus Furcht vor der Rache Dingaans verlassen sie zusammen mit den Eingeborenen, die sich unter ihren Schutz gestellt haben, die Ansiedlung und ziehen sich bis südlich des Umzimkulu zurück. Nur die dreißig in der Bluffgabelung lebenden amaTuli bleiben zurück[7]). Erst neun Monate später normalisiert sich wieder das Leben in Port Natal.

---

[1]) Bryant, A. T. 1929 S. 581

[2]) Nach Brooks, H. 1876 S. 194 kam die 'Julia' unter Farewell nach Port Natal, während Fynn über Land vorausgereist war. Die 'Ann' wird nicht erwähnt. Vergl. dazu auch Mann, R. J. 1859 S. 12. Nach Durban 1954 S. 4 erreichte Fynn an Bord der 'Julia' die Bucht.

[3]) Kartentafel 4

[4]) Durban 1954 S. 7
Nach Brooks, H. 1876 S. 194 errichtete Fynn die Hütten dort, wo heute der Marktplatz ist. (Kartentafel 17)

[5]) Durban 1954 S. 25

[6]) Bryant, A. T. 1929 S. 395

[7]) Bird, J. 1888 Bd. 2 S. 310—313
Bryant A. T. 1929 S. 239, 502ff. Nach Mann, R. J. 1859 S. 15 handelte es sich um

Als im Kapland Piet Uys, Gert Maritz, van Rensburg und Piet Retief die Vorbereitungen für den Großen Treck treffen, hat die kleine Siedlung an der Bucht von Natal ca. 35 europäische Einwohner (1835)[1], fast ausschließlich Männer. Ihre Häuser, die weit verstreut zwischen dem Western Vlei und dem Point liegen, einige Einzelgänger haben sich sogar auf der Berea (Sea View und Botanic Gardens) und am Bluff angesiedelt[2]), unterbrechen kaum den dichten Busch. In der Nähe des heutigen Zentrums stehen ein aus Stein errichteter und ein aus Holz gefügter Laden (store). Alles andere sind einfache, nach Eingeborenenart errichtete Hütten, aus Weiden oder Mangrovenstangen konstruiert, mit Vleigras gedeckt und mit 'daub', einer Mischung aus Lehm oder Termitenhügelerde und Sand, bestrichen. Die Fußböden bestehen aus Lehm oder in wenigen Fällen aus getrocknetem Kuhdung. Einige wenige Hütten haben schon Fußböden aus ungebrannten Ziegeln[3]). Diese Streusiedlung im wörtlichen Sinne verfügt bereits über so etwas wie zwei 'Vororte': Am Fuße der Berea, vor der Siedlung der Weißen, hatte Chaka einen schon 1821 angelegten Viehkraal zu einer Kriegersiedlung ausgebaut als Sicherung gegen Feindseligkeiten der Siedler. uKangel'amaNkengane — d. h. 'Bewache die Vagabunden' wurde dieses Lager genannt, nach dem später ein Stadtteil 'Congella' getauft wurde[4]). In der ersten Hälfte des Jahres 1835 verhilft Captain Allen Francis Gardiner Port Natal zu dem zweiten 'Vorort': Nach einer mißglückten Missionsreise zu Dingaan kommt er an die Bucht von Natal und errichtet auf dem die Bucht überragenden Höhenrücken — wahrscheinlich dort, wo der alte Friedhof an der Ridge Road liegt — eine Schule und Kirche[5]). Den Höhenrücken nennt er nach dem in der Apostelgeschichte 17, V. 10 erwähnten Zufluchtsort des Apostels Paulus Berea. Gardiners Initiative ist es auch zu verdanken, daß in diesem Jahr die Ansiedlung nach langen Debatten endlich einen Namen erhält: Am 23. Juni 1835 wird von einer Versammlung von den Bürgern des Ortes unter Vorsitz von Gardiner die ungefähre Ausdehnung der Siedlung geplant, der Verlauf der Straßen wird festgelegt[6]), Kommunal- und Kirchenland werden abgesteckt, und ein Stadtkommitee wird gewählt. Die ganze 'Traumstadt im Busch' wird nach dem britischen Gouverneur des Kaplandes, Sir Benjamin D'Urban, benannt[7]).

Damit ist der erste entscheidende Schritt voran in der Stadtentwicklung getan. Auffällig ist dabei, daß die Planung der Siedlung die Berea nicht mit einbezieht, wie auch vorher nur wenige Individualisten sich auf der Berea ansiedelten. Zwei Gründe mögen dafür in Frage kommen: Einmal war die Berea damals noch mit dichtem Regenwald bedeckt. Sowohl die Wege zu den wenigen Häusern als auch die kahlgeschlagenen Grundstücke waren der steten Gefahr des Wiederzuwachsens ausgesetzt. Hinzu kam, daß der Bereawald von wilden Tieren bewohnt war, die ebenfalls eine Gefahrenquelle für die Neusiedler bildeten. Zweitens fehlten auf der Berea perennierende Quellen, so daß die Versorgung mit Trinkwasser schwierig wurde.

---

eine von Dingaan gegen den Chaka-Freund Fynn ausgesandte Strafexpedition, da Fynn einer Einladung Dingaans in dessen Kraal aus gutem Grund nicht gefolgt war.

[1]) Gordon-Brown, A. 1954 S. 759

[2]) Kartentafel 7
Bryant, A. T. 1929 S. 566, 584

[3]) Hattersley, A. F. 1936 S. 64—65

[4]) Bryant, A. T. 1929 S. 503, 644

[5]) Bryant, A. T. 1929 S. 675

[6]) Die Planung eines Straßennetzes nach dem Schachbrett-Schema prägt heute noch das Bild der City von Durban.
Kartentafel 17

[7]) Brooks, H. 1876 S. 306
Durban 1954, S. 8

Die weitere Entwicklung Durbans wird weitgehend bestimmt durch die politischen Ereignisse der folgenden Jahre. 1837 dringen die Buren unter Piet Retief mit ca. 1000 Wagen über De Beer's, Bezuidenhout's und Olivier's Paß nach Natal ein[1]). 1838 wird Retief mit seinen Begleitern von Dingaan ermordet und im folgenden 'Blutbad von Weenen' kommen fast 400 Buren ums Leben[2]). Nach dem Blutbad ziehen Dingaans Impis mordend und brennend durch Natal und vertreiben für neun Tage die weißen Siedler aus Durban! Die Brigg 'Hornet' und die Insel Salisbury müssen den überraschten Bürgern Schutz vor den Zulus geben[3]).

Am 16. 12. 1838 gelingt es Andries Pretorius mit seinen Buren, Dingaan entscheidend zu schlagen. Damit ist der Weg frei für ca. 640 Männer und 3200 Frauen und Kinder in ein von den Kriegerscharen Chakas und Dingaans fast menschenleer gefegtes Land. Um einer burischen Besetzung des einzigen Hafens von Natal zuvorzukommen und die Buren vom Ozean abzuschneiden, entschließt sich der Gouverneur des Kaplandes, Napier, auf eigene Faust Durban besetzen zu lassen. So landen am 4. 12. 1838 britische Truppen unter Major Charters in Durban und errichten nördlich des heutigen Bahnhofes, außerhalb des Bereiches des damaligen Stadtzentrums, ein kleines Fort, besser eine aus Sand und Gestrüpp gebaute Bastion[4]). Das folgende Jahr wird ein Jahr des Triumphes für die Buren: Pietermaritzburg, 1838 gegründet, wird zur Hauptstadt der Burenrepublik Natal erklärt. Unter dem Druck der Kolonialregierung in London muß Gouverneur Napier seine Truppen aus Durban wieder abziehen, und so bekommen am 24. 12. 1839 die 12000 in Natal lebenden Buren endlich ihren ersehnten Hafen[5]). Die englischen Siedler der jungen Hafenstadt, die durch den Strom von vor den Impis Dingaans geflüchteten Negern eine beträchtliche Vorsiedlung an den Ufern des Umgeni bekommen hat[6]), werden nolens volens der Burenrepublik einverleibt. Auf Grund des großen Importbedarfes der Neusiedler erhoffen sie sich eine Belebung der Handelstätigkeit und dadurch ein Aufblühen des Hafens. Überseeischer Importbedarf von Kolonialprodukten und inländischer Importbedarf von europäischen Artikeln bilden ein Spannungsfeld aus, das den Anreiz zur Entwicklung eines gut arbeitenden Hafens geben kann. Diese Hoffnung der Einwohner Durbans bekommt Auftrieb, als 1841 ein amerikanisches Handelsschiff Durban anläuft und Handelsbeziehungen zu den Buren anknüpft[7]). Das ist für die Engländer ein nicht zu übersehendes Warnsignal. Grenzunruhen zwischen Buren und Pondos sind der gegebene Anlaß, um eine Gruppe von 263 Soldaten unter Führung von Captain T. C. Smith nach Natal zu entsenden[8]). Smith dringt über Land bis Durban vor und errichtet 1842 an Stelle des kleinen Forts von 1838 ein dauerhaftes Befestigungswerk, das Old Fort, in dem er bald darauf von den Buren eingeschlossen wird[9]). Dem englischen Siedler Dick King gelingt es, bei

---

[1]) Paul, J. 1927 S. 51ff.
[2]) Paul, J. 1927 S. 52; Westermann, D. 1952 S. 422
[3]) Williams, B. u. Mauck, M. 1939 Bd. 1 S. 56
Mann, R. J. 1859 S. 18
[4]) Mann, R. J. 1859 S. 20
Paul, J. 1927 S. 53ff.
[5]) Paul, J. 1927 S. 52ff.
Williams, B. u. Mauck, M. 1939 Bd. 1 S. 56
[6]) Bryant, A. T 1929 S. 546
[7]) Paul, J. 1927 S. 55
[8]) Williams, B. u. Mauck, M. 1939 Bd. 1 S. 58
[9]) Brooks, H. 1876 S. 221—222
Mann, R. J. 1859 S. 21
Kartentafel 11
Vom geographischen Gesichtspunkt ist die Wahl des Ortes für das Fort unverständlich. Mitten in der Alluvialebene in sandigem Busch gelegen, war es von allen Seiten

Nacht die Bucht zu überqueren und über die Insel Salisbury und das Bluff an den burischen Wachen vorbeizukommen. In 10 Tagen reitet er 970 km nach Grahamstown, und weitere 10 Tage darauf trifft in Durban bereits HMS 'Southampton' ein und befreit die Eingeschlossenen[1]). Damit ist Durban wieder englisch, und mit der Annektion Natals 1843, bei der Natal zu einer englischen Provinz erklärt wird[2]), wird der Weg frei, daß Durban sich zur ,,englischsten Stadt" Südafrikas entwickeln kann, zumal nur 500 Burenfamilien in Natal wohnen bleiben, während die anderen in den Freistaat oder nach Transvaal zurücktrecken.

Die Hafenstadt, die somit in englischen Besitz kommt, bietet 1843 noch ein recht armseliges Bild: Das 'Stadtzentrum' wird von einer größeren Anzahl von Gebäuden gekennzeichnet, die dem geplanten Verlauf von West Street und Smith Street folgen. Ein Marktplatz ist noch nicht angelegt. Wenige Steinhäuser mit großen, dicht bewachsenen Veranden ragen aus den alten 'wattle and daub'-Hütten der Gründungszeit heraus. Hugh Mac Donald baut in der Smith Street ein 'Hotel' dort wo heute das Royal Hotel steht. Catos Laden, Ausspann- und Auktionsplatz und Dick King's Schlachterei sind die wichtigsten Geschäfte in der West Street. Keine Post, keine Bank und kein Gericht hat die Siedlung aufzuweisen[3]). Lediglich der rege Warenumschlag von Cato weist auf die Funktion des Ortes hin. Der Point, Hauptlandeplatz, da gegenüber der Siedlung das Gelände versumpft und von Mangroven bewachsen ist, ist als solcher nur durch die Lagerung von ein paar Booten gekennzeichnet, mit denen die Passagiere und Waren von der Outer Bay oder Roadsted, dem Ankerplatz auf der Reede vor der Hafenbarre für die Schiffe, die die Barre nicht passieren können, geholt werden. Kein Landungssteg ermöglicht ein trockenes An-Land-gehen. Das Bluff und die Berea sind, bis auf ganz wenige Gebäude von Einzelgängern, völlig unberührte, mächtige Waldrücken, ein Tummelplatz für das Wild, besonders die Elefanten, die noch in Herden die Gegend durchstreifen[4]). Lediglich das nördliche Flachlandgebiet, die Uferstreifen des Umgeni und die Hänge von Durban North zeigen größere, von der natürlichen Vegetation entblößte Flächen, die Siedlungs- und Ackerbaugebiete der zahlreichen Bantus, die sich in der Nähe der Europäer niedergelassen haben. In dieser Zeit entwickelt sich wahrscheinlich die Grundlage zu einer der größten Industrien Durbans: C. Bristow bemerkt die gute Brennbarkeit des in Durbans Umgebung reichlich vorkommenden Lehmes und legt die Grundlagen zur Ziegelei-Industrie[5]).

1844 wird Natal zu einem Teil der Kapkolonie erklärt[6]). Im gleichen Jahr erhält Durban, unter dem Einfluß des durch die politische Sicherheit steigenden Handels, seine erste Bank, — das erste Zeichen einer sich anbahnenden zentralen Funktion des Ortes, wenn man diese nicht schon in dem Auktionsplatz von Cato erblicken

zu erreichen, konnte aber weder die Siedlung, noch den Hafen schützen. Das Fort war nicht in der Lage, den Zugang zur See offenzuhalten, noch beherrschte es einen der Höhenzüge. Truppenbewegungen des Gegners vom Fort aus zu beobachten, war unmöglich.

[1]) Brooks, H. 1876 S. 225—226
Paul, J. 1927 S. 54
Ein Dick King-Denkmal wurde 1915 am Victoria Embankment nahe der Stelle, wo King wahrscheinlich den Weg über die Bucht antrat, errichtet.

[2]) Paul, J. 1927 S. 54
Williams, B. u. Mauck, M. 1939 Bd. 1 S. 58

[3]) Durban 1954 S. 8
Hattersley, A. F. 1936 S. 64, 72, 94

[4]) Hattersley, A. F. 1936 S. 71

[5]) Durban 1954 S. 34

[6]) Bryant, A. T. 1929 S. 237
Paul, J. 1927 S. 54

will, der in seiner Zeit der einzige Umschlagplatz für die Güter des Inlandes und die Artikel von Europa und aus dem Kapland war.

Groß ist der Jubel in der Stadt, als 1846 die 158 t Brigg 'Sarah Bell' trotz nur 1,80 m Wasser über der Barre in den Hafen segelt. Sie ist das erste Schiff mit Ladung von Europa direkt für Durban[1]). Damit ist der abseits der bisherigen Indien- und Australienroute liegende Hafen nunmehr nicht nur für den Küstenverkehr von Bedeutung, sondern er hat Anschluß gewonnen an die Welthandelsschiffahrt. Allerdings mußte dieser Anstoß von außen an ihn herangetragen werden, eine Tatsache, die typisch für die ganze Südafrikanische Union ist, deren Entwicklungsanstöße stets von außen kamen — so hat die S. A. Union bis heute nur eine Küstenflotte, erst in allerjüngster Zeit hat sie begonnen, auch Überseeschiffe in Dienst zu stellen[2])!

Mit dem wachsenden Schiffsverkehr wird aber eine Sorge Durbans immer größer: die Barre erlaubt kaum die Einfahrt für Schiffe bis zu 200 t und ist wochenlang oft völlig unpassierbar. Größere Schiffe müssen so auf der Reede ankern, ständig in Gefahr, von einer heftigen Böe ans Ufer gedrückt zu werden[3]), ganz abgesehen von den Schwierigkeiten beim Löschen und Laden in der ständig rollenden Dünung. So wird der Ruf nach einem leistungsfähigen Hafen für die aufblühende Kolonie immer lauter.

Gleich zwei Interessengruppen melden ihre Forderungen in dieser Hinsicht an: Die ständig wachsende Kolonie wünscht eine engere Verbindung mit dem Mutterland, zumal die Inbetriebnahme der ersten Zuckermühle in Compensation, 45 km nördlich von Durban 1847[4]) das Startzeichen für eine gewinnversprechende Industrie mit Export- und Importbedarf (Maschinen) gibt. Zum anderen kommt die Forderung nach besseren Landemöglichkeiten von den Einwanderern: Von 1848 bis 1851 erreichen 4500 englische Einwanderer unter Byrnes Emigration Scheme auf 57 Schiffen Natal[5]). Sie alle werden in Durban mit kleinen Hafenbooten an Land gebracht, meist völlig durchnäßt von den in die Boote schlagenden Wogen der sich auf der Barre brechenden Dünung. Am Point erwartet sie kein Landungssteg. Kräftige Negerarme gewähren etwas Stütze beim Balancieren über eine schmale, vom Boot an Land gelegte Planke. Am Landeplatz ist der Busch etwas weggeschlagen worden. Hier stehen die 'Empfangsgebäude': Ein Zollhaus, ein Gasthaus, d. h. eine Hütte, in der es etwas Eßbares zu kaufen gibt, eine Militärwache und dazu noch eine halbverfallene Blockhütte, alle Gebäude mit Vleigras gedeckt[6]). Auf dem freien Sandplatz liegen Gepäckstücke, Ladungsteile, Reste von Wracks in einem malerischen Durch-

---

[1]) Durban 1954 S. 25

[2]) Die Handelsflotte umfaßte 1956 — 120000 t.
Kayser, K. 1958 S. 319

[3]) Von 1845 bis 1886 wurden 65 große Segelschiffe auf der Reede von Durban durch plötzliche Böen von ihren Ankern gerissen und zerschellten am Strand.
Natal Harbour Board, Chairman's Minute 1886

[4]) Durban 1954 S. 34
Nach Buchanan, W. K. 1957 S. 43 wurde die erste Zuckerrohrplantage von E. Morewood in Compensation 1847 angelegt. Die erste Ernte erfolgte 1850. 1851 wurde der erste eigene Zucker in größeren Mengen gewonnen. Die erste handgetriebene Mühle wird 1847 wohl Rohr der Eingeborenen verarbeitet haben.

[5]) Durban 1954 S. 34
Mann, R. J. 1859 S. 26
Hattersley, A. F. 1936 enthält zum größten Teil Berichte von Einwanderern, die mit Byrne's Emigration Scheme nach Natal kamen.

[6]) Durban 1954 Abb. S. 10
Hattersley, A. F. 1936 S. 47

einander. Von der Stadt ist nichts zu sehen. Ein Pfad, breit genug für die Durchfahrt des einzigen Verkehrsmittels, eines Ochsenwagens, führt in den Küstenbusch hinein. Nach 2 km mühsamen Weges durch tiefen Dünensand mündet er in eine Lichtung: Hier, etwa West Street Ecke John Milne Road[1]) liegt das Einwanderer-Lager, ein von Busch gesäuberter Platz, übersät mit einem Gewirr kleiner Hütten, Zelte, Lagerfeuern, Stapelplätzen von Gepäck[2]). Das Lager bildet die Ostseite des Ortes, den spitze Zungen als 'Sand-Bad' bezeichnen. Zwei parallel angelegte Straßen, die so breit sind, daß ein sechzehn-spänniger Ochsenwagen darin wenden kann, die Smith und die West Street, führen in den Ort hinein. Dort hat das durch die Einwanderer hineinströmende Kapital zu einem beträchtlichen Aufschwung geführt[3]). Die anlaufende Ziegelproduktion ermutigte die Bürger 1849, etwas nördlich der West Street den Bau der St. Paul's Kathedrale zu beginnen. Ihr gegenüber wird eine rechteckige Sandfläche als Marktplatz abgesteckt, eingegrenzt von den beiden Hauptachsen der Stadt. Zwischen den Pionierhütten ragen immer mehr Steinbauten auf. So finden wir in der West Street Mac Donalds Commercial Hotel, heute das Masonic, Britannia Inn und einen in Eisen- und Holzkonstruktion errichteten Bau von R. Acutt neben den älteren Geschäften von Cato und King. Payne errichtet ebenfalls ein großes Geschäft. In der Smith Street, Ecke Gardiner Street[4]), errichten Middleton und Wirsing das erste doppelstöckige Gebäude der Stadt. Damit ist auch endlich Raum geschaffen für Post und Gericht, die im Obergeschoß untergebracht werden. Das einzige regierungseigene Gebäude ist zu diesem Zeitpunkt nur die Militärwache am Point, wenn man von der im gleichen Jahr in der Fieldstreet errichteten Public School absieht. Diese, eine von der anglikanischen Kirche errichtete Schule, und das Mechanic's Institute (1851 errichtet) bilden die drei Fortbildungsstätten in Durban[5]). Die ganze Ansiedlung versinkt förmlich im Sand. Wenn es aber einmal kräftig regnet, findet das Wasser keinen geregelten Abfluß und verwandelt die Straßen in einen Morast, besonders an den tiefer gelegenen Stellen der West und Smith Street, dort, wo diese den alten Umgenilauf durch die Alluvialebene queren und das Land sowieso recht feucht ist[6]). Trotz allem steigen die Grundstückpreise in der Stadt und veranlassen immer mehr Menschen, sich außerhalb des engen Zentrums anzusiedeln. Durch die feuchte, teilweise sumpfige Ebene im N wird die Ausbreitungsrichtung nach W gerichtet, zieht an die Berea heran — dabei das Western Vlei überspringend — und an der Berea, den Wald ständig weiter zurückdrängend, langsam aber stetig empor[7]). Trotzdem sind die Berea und ihr Hinterland noch der „Paradeplatz der wilden Tiere"[8]), wenn auch der letzte Elefant schon 1850 abgeschossen worden ist[9]). Die größte Umwandlung erfährt in dieser Zeit das Umgeni Tal: Nach erfolgreichen Versuchen von E. Morewood in Compensation werden in dem Springfield-Gebiet nordwestlich der Berea

---

[1]) Kartentafel 17
[2]) Hattersley, A. F. 1936 S. 87
[3]) Durban 1954 S. 8
Kartentafel 11
[4]) Kartentafel 17
[5]) Durban 1954 S. 8
Hattersley, A. F. 1936 S. 65ff., 99
Mann, R. J. 1859 S. 110
[6]) Kartentafel 12
[7]) Hattersley, A. F. 1936 S. 89
[8]) Hattersley, A. F. 1936 S. 89
[9]) Bryant, A. T. 1929 S. 106
Nach Bird, J. 1888 Bd. 1 S. 57 zogen noch Anfang des Jahrhunderts Herden von 500 und mehr Tieren über die Berea.

Zuckerrohr-Plantagen angelegt, desgleichen auch im Raum nördlich von Isipingo[1]). Die vielfältige Vleigras- und Buschvegetation muß den eintönigen Rohrfeldern weichen. Dadurch gibt es reichlich Arbeit für die zahlreichen Bantus beiderseits des Umgeni, doch erweisen sie sich als ungeschickte, kaum brauchbare Arbeiter in den Pflanzungen[2]). Außer im Bauwesen zeigt sich der Aufschwung, den die kleine Siedlung um 1850 nimmt, noch in zwei weiteren Dingen:

1. in der verstärkten Handelsaktivität, die sich äußerlich ausgeprägt in der ersten Agricultural Society Show[3]), vergleichbar einer Landwirtschaftsausstellung oder Messe.

2. in der erhöhten Aufmerksamkeit, die man endlich dem Ausbau des Hafens schenkt. John Milne wird zum ersten Hafeningenieur ernannt und damit beauftragt, einen Plan zum Ausbau des Hafens vorzulegen[4]). Die Überwindung der Sandbarre vor der Einfahrt stellt dabei das Hauptproblem dar. Milne plant nun die Errichtung zweier Steinmolen, die die Einfahrt auf 500 ft (150 m) verschmälern sollen[5]), um so den Tidenstrom zu verstärken, damit entweder dieser die Barre zerschneide und so einen genügend tiefen Kanal schüfe, oder aber die Barre weiter nach draußen, in tieferes Wasser verlagert würde. Dabei berücksichtigt er nicht den Sandversatz durch die S-N Küstenströmung und die Beeinflussung der Barre und der Sandablagerung durch die Wellenrichtung. Die notwendigen Untersuchungen über diese Zusammenhänge, die schließlich Milne's Plan in dieser Form zum Scheitern brachten, waren damals noch nicht angestellt worden.

Außerdem sieht er die Einfassung des Liegehafens mit Gerölldämmen vor. Mit einem Kostenvoranschlag von £ 77.743 ist es ein gewaltiges Unternehmen, das sich die junge Kolonie, die nur über ein Jahressteueraufkommen von £ 33.112 verfügt, vornimmt[6]). Trotzdem wird mit den Arbeiten am Point 1851 begonnen.

Während die ersten Arbeiten zum Ausbau des Hafens in Gang kommen, entwickelt sich in der Siedlung ein echtes Stadtleben. J. Cullingworth gibt mit der 'Natal Times' die erste Zeitung in Durban heraus. Etwas später erscheint der 'Natal Mercury'. Das gesellschaftliche Leben findet seine Zentren in der Philharmonic Society und im Glee Club. 1852 wird das erste Pferderennen abgehalten, das als 'July Handicup' noch heute ein jedes Jahr gefeiertes großes gesellschaftliches Ereignis ist[7]). Der am Abhang der Berea eingerichtete Botanische Garten spiegelt die ganze Farbenpracht der subtropischen Flora wieder, die sich im sandigen Durban nicht so recht entfalten kann.

Die wirtschaftlichen Entwicklungen zeigen sich in anderen Ereignissen: 1851 wird der erste selbstgepflanzte Zucker gewonnen. Für den Transport des Zuckers zum Markt nach Durban sind noch keine Brücken und Wege vorhanden, was den

---

[1]) Hattersley, A. F. 1936 S. 68, 94
Mann, R. J. 1859 S. 71
Kartentafel 7

[2]) Schneider, I. 1941 S. 17

[3]) Durban 1954 S. 8

[4]) Hattersley, A. F. 1936 S. 67
Port Natal 1897
Ausführliche Darstellungen der Entwicklung des Hafens von Durban finden sich in Coode, C. E. 1870, Methven, C. W. 1914, Smith R. u. Lindsay, G. 1941. Coode und Methven (S. 3) weisen darauf hin, daß die Berichte aus der Zeit vor 1870 unzuverlässig und ungenau sind.

[5]) Kartentafel 13 — Die Molenbaupläne

[6]) Methven, C. W. 1892

[7]) Durban 1954 S. 8
Mann, R. J. 1859 S. 110—111

Absatz sehr erschwert[1]). Der Weg nach Pietermaritzburg, der Hauptstadt Natals, ist zu einer europäischen Siedlungsgasse geworden, die quer durch Eingeborenenland führt. Der Weg verläuft in der gleichen Richtung wie heute die National Road[2]), von einigen Änderungen abgesehen. So zieht der Weg geradeswegs über die Berea (Berea Road) und folgt dann der Wasserscheide von Umgeni und Umbilo, so nach Möglichkeit die geringsten Steigungen nutzend, bis nach Kloof, an die eigentliche Randstufe heran, wo der Weg dann — anders als heute — in großer Steigung bergauf zog. Dieser Weg ist die Hauptverkehrsader, die Durban mit dem Hinterland verbindet. Durbans Verbindung nach Übersee wird am 15. August 1852 wertvoll bereichert: 'Sir Robert Peel' ein 234 t großes, schraubengetriebenes Dampfschiff mit Schonertakelung, überquert an diesem Tage die Barre und läuft in Durban ein. Damit eröffnet das Schiff einen regelmäßigen Liniendienst nach Kapstadt, der Anschluß an den Postschiff-Liniendienst von dort nach England hat[3]). So ist Durban zwar noch nicht in die Überseeschiffahrt nach Indien und Australien eingereiht, aber zumindest ist schon eine regelmäßige Verbindung nach Europa hergestellt.

1824 von Chaka gekauft, 1825 mit ein paar Hütten besiedelt, 1835 auf den Namen D'Urban getauft, ist die kleine Ansiedlung in dreißig Jahren mächtig herangewachsen. Zentraler Warenaustausch, Postdienst und Bankverkehr, Wegverbindungen ins Hinterland, die sich mit den Verbindungen zum Mutterland in Durban wie Adern im Herzen treffen, erste Anzeichen einer Gliederung in Wohn- und Geschäftsviertel (Berea — West Street und Smith Street), Ausstellungen oder Messen der Farmer aus der näheren und weiteren Umgebung — das alles sind Anzeichen, die darauf hindeuten, daß die kleine Siedlung an der Bucht städtischen Charakter anzunehmen beginnt, einer Entwicklung, der 1854 auch politisch Rechnung getragen wird.

D 4. Der Marktflecken Durban (1854—1934)

Am 15. Mai 1854 wird die 31 qkm (12 sqmiles) große, 1204 europäische Einwohner zählende Ortschaft zur 'Borough of Durban' (Marktflecken) erhoben[4]). Die Grenze dieses Marktfleckens ist weit gezogen. Sie verläuft von der Umgeni-Mündung landeinwärts bis zum Fuß der Berea, folgt deren Kamm längs der Linie South Ridge Road — King George V Avenue — Ridge Road, führt dann hinunter zum Umbilo und folgt dessen Lauf bis an die Bucht heran, ca. 500 m südlich des Trockendocks[5]). Damit sind die Bürger der Stadt, wie nicht anders zu erwarten ist, ihrem alten Siedlungskern treugeblieben[6]). Die Grenzen des Marktfleckens folgen der naturräumlichen Umgrenzung der nördlichen alluvialen Tiefebene. Daß man den Kamm der Berea als Grenze wählte, geschah wohl mehr aus Bequemlichkeit als aus der Erwägung heraus, dieses klimatisch begünstigte Gebiet als potentiellen Siedlungsraum für Europäer in die Siedlung mit einzubeziehen. Das Gelände der Stadt

---

1) Mann, R. J. 1859 S. 71, 73

2) Als 'National Road' bezeichnet man in der südafrikanischen Union solche Verbindungsstraßen zwischen den Städten, die zu 3 bis 6-bahnigen Teerstraßen ausgebaut worden sind. Sie gleichen in der Funktion den deutschen Autobahnen. Für die National Roads in Natal vergl. Kartentafel 3

3) Durban 1954 S. 27
Murray, M. 1933 S. 18

4) Hattersley, A. F. 1936 S. 95—96
City of Durban, Mayor's Minute 1935

5) Kartentafel 7
Durban Housing Survey 1952 S. 17—19

6) Kartentafel 12

ist noch bei weitem nicht besiedelt. Ca. 400 Häuser haben die Europäer errichtet. Daneben stehen zahlreiche Hütten der Eingeborenen, die als Arbeiter und Dienstkräfte in der Stadt tätig sind. West-, Smith- und Allival Street sind die Hauptstraßen, "an almost continuous, but very irregular row of stores and shops", in denen neben zahlreichen Geschäften vor allem Hotels und Lagerhäuser neu entstehen[1]). Durch Umbauung hat man versucht, des Sandes auf dem Marktplatz Herr zu werden. An der Kathedrale wird weiter gebaut. An ihrer S-Seite, am Rande des Marktes, wird der Grundstein für das Rathaus gelegt, das 1885 fertiggestellt wird[2]), ein repräsentativer, zweigeschossiger Bau mit hohem, zentralem Turm. Ein Einwanderer aus dem Jahre 1855 gibt uns eine plastische Beschreibung Durbans: "... the town, though really possessing many good houses, and numbers of large mercantile establishments, appeared like a confused mass of dwellings, pitched out indiscriminately—here an extensive store, brick and slated, with plate glass front, and costly stock of goods, and close by a miserable thatched cottage, built of the abominable 'wattle and daub'. There too would be pretty villas, standing in well cultivated gardens, abounding with oranges, and lemons, pineapples, bananas, coffee, cotton und indeed every known production from the English water-cress to the rare exotic; and all round the lovely garden would be public houses, retail shops, Caffre huts, inhabited by filthy Hottentots, pigsties, and what else I know not; while to complete the picture of misery, the sand was allowed to drift at pleasure over the whole town, so that in many cases the streets were next to impassable[3])". Schwerwiegender

Abbildung 4

Die mittlere jährliche Tiefe der Sandbarre vor der Einfahrt zur Bucht von Natal bei MTNW

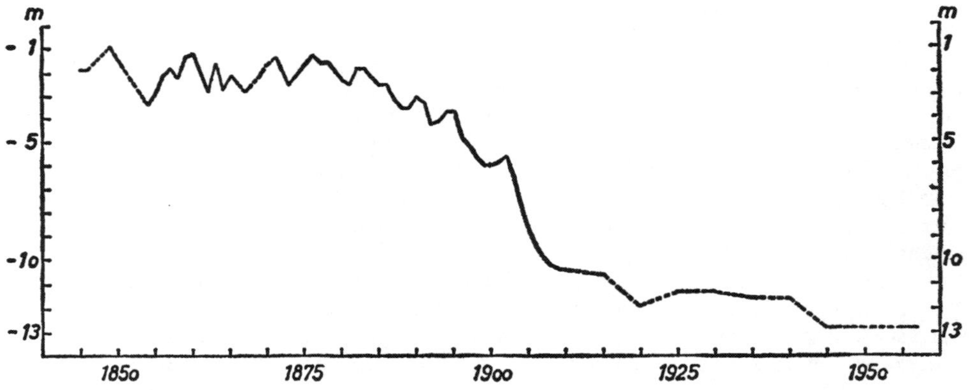

Quellen: s. Tabelle 6

noch als der Sand in den Straßen macht sich die mangelnde Trinkwasserversorgung bemerkbar. Bisher war es für die wenigen Einwohner leicht gewesen, das benötigte Wasser vom Umgeni zu holen, aber für die Bevölkerung des Marktfleckens ist dies kaum möglich. Trotzdem muß es vorläufig geschehen, denn die Brunnen in der Stadt sind — wenn sie Trinkwasser enthalten — zu flach und daher sehr schnell

[1]) Bildtafel 2
Mann, R. J. 1859 S. 109—110

[2]) Durban 1954 S. 14

[3]) Hattersley, A. F. 1936 S. 82

verschmutzt oder sie enthalten, wenn sie tiefer gebohrt werden, nur Brack- bzw. Salzwasser[1]).

Erfreuliche Fortschritte macht in dieser Zeit der Molenbau. 1854 sind 715 m der Nordmole am Point fertiggestellt[2]). Auf die Barre hat dieses kleine Bauwerk noch keinen Einfluß, und ihre ständig zwischen 1,50 m und 3,00 m MTNW schwankende Tiefe[3]) wird mit wachsender Unruhe beobachtet. Tage und Wochen ist die Barre unpassierbar, eine schwere Belastung für den wachsenden Schiffsverkehr.

Tabelle 6: Die mittlere jährliche Tiefe der Sandbarre vor der Einfahrt zur Bucht von Natal

1684 —	ca. 10 feet	— ca. 3,00 m*	
1689 —	ca. 12′	— ca. 3,70 m	
1825 —	ca. 10′	— ca. 3,00 m	
1835 —	ca. 10′	— ca. 3,00 m	
1845 —	ca. 6′	— ca. 1,80 m	
1850 —	ca. 5′	— ca. 1,50 m	
1855 —	9′ 4″	— 2,80 m	
1860 —	4′ 3″	— 1,30 m	
1865 —	7′ 3″	— 2,20 m	
1870 —	5′ 5″	— 1,70 m	
1875 —	5′ 8″	— 1,70 m	
1880 —	7′ 6″	— 2,30 m	
1885 —	8′ 4″	— 2,50 m	
1890 —	10′ 1″	— 3,10 m	
1895 —	12′ 1″	— 3,70 m	
1900 —	19′ 8″	— 6,00 m	
1905 —	28′ 8″	— 8,80 m	
1909 —	34′ 3″	— 10,50 m	
1915/16 —	35′	— 10,70 m	(äußerer Kanal)
1919/20 —	39′ 3″	— 12,00 m	
1924/25 —	37	— 11,30 m	
1929/30 —	37′	— 11,30 m	
1934/35 —	37′ 9″	— 11,50 m	
1939/40 —	37′ 9″	— 11,50 m	
1944/45 —	42′	— 12,80 m	
1949/50 —	42′	— 12,80 m	
1954/55 —	42′	— 12,80 m	

* Umrechnung auf 10 cm genau

Quellen: Natal Harbour Board, Chairman's Minute... 1890
Colony of Natal, Rep. Port Captain 1900—1909
Union of S. A. Dep. Railways and Harbours, Rep. Gen. Manager 1916—1955
Methven, C. W. 1892

Die folgenden Jahre der Entwicklung der Stadt Durban werden geprägt einerseits durch die politischen Ereignisse, die das Wirtschaftsleben entscheidend mit beeinflussen, andererseits durch das zähe Ringen der Hafeningenieure um die Beseitigung oder Durchbrechung der Barre sowie einen stetigen Ausbau des Hafens, wobei finanzielle Schwierigkeiten nicht das kleinste zu überwindende Hindernis

---

1) Hattersley, A. F. 1936 S. 96
2) Kartentafel 13 — Die Molenbaupläne Port Natal 1897
3) Tabelle 6 Abbildung 4

bilden. Aber für einen guten Hafen, der dringend benötigt wird, ist die Kolonie zu großen Opfern bereit[1]).

Die politischen Verhältnisse in Natal bleiben bis 1879 verhältnismäßig ruhig. 1856 wird Natal selbständige Kolonie[2]) und für das Land beginnt eine rasche Aufwärtsentwicklung, die sich u. a. auch in der Zuckerproduktion widerspiegelt.

Tabelle 7: Die Zuckerproduktion in Natal

1851 —	Erstes selbstgepflanztes Zuckerrohr gewonnen	
1856 —	Erster Zuckerverkauf auf dem Markt von Durban	
1868 —	10000 t	Jahresertrag
1876 —	14000 t	„
1880 —	18045 t	„
1910 —	82000 t	„
1919 —	150214 t	„
1956 —	938980 t	„

aus Buchanan, W. K. 1957 S. 43ff.

Abbildung 5

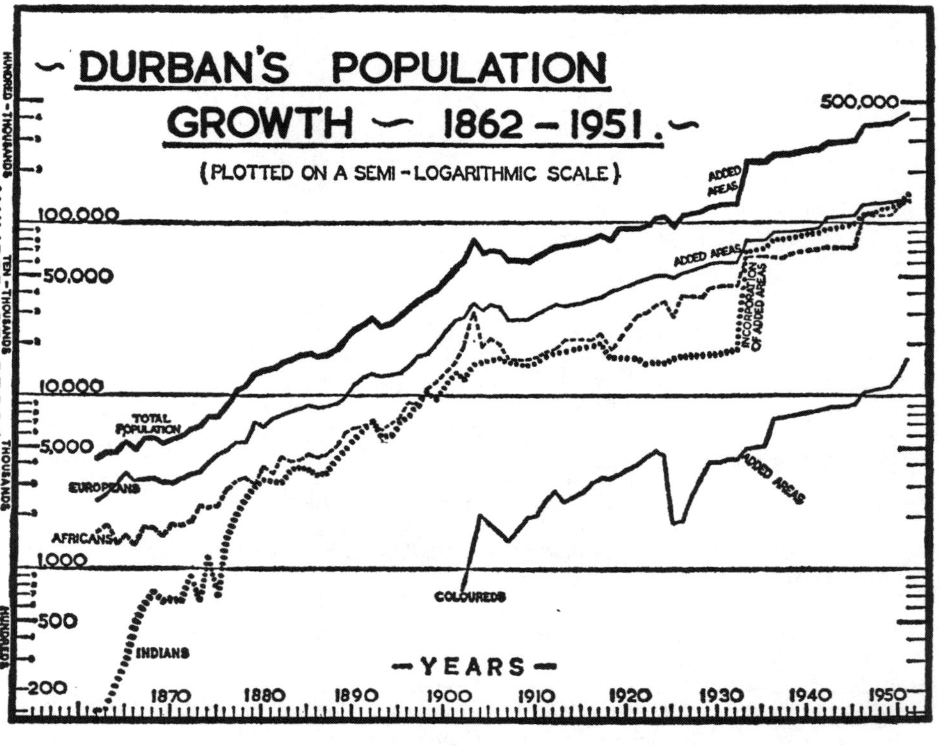

aus Kuper L., Watts H. und Davies R. 1968 S. 53

Das Ende der amerikanischen Sezessionskriege macht sich allerdings auch in Natal bemerkbar, und 1865 ist es besonders Durban, das die Wirtschaftsdepression

[1]) Mann, R. J. 1859 S. 106

[2]) Gordon-Brown, A. 1954 S. 39

aufzufangen hat[1]). Das ist für die junge, mitten in der Entwicklung begriffene Hafenstadt nicht einfach. Das Stadtbild hat sich gegenüber 1854 beachtlich gewandelt. Die Stadt ist auf 5284 Einwohner, davon 3467 Europäer, 1520 Bantus und 288 Asiaten angewachsen[2]).

Tabelle 8: Die Bevölkerung von Durban

	Europäer	Bantus	Asiaten	Mischlinge	Total
1864/65	3 476	1 520	288	+	5 284
1869/70	3 147	1 766	668	+	5 581
1874/75	4 564			+	
1879/80	6 736			+	13 852
1883/84	8 543	4 220	3 867	+	16 630
1889/90	11 529	6 302	5 892	+	23 723
1894/95	13 451			+	
1898/99	18 733	11 429	10 036	+	40 198
1904	31 302	18 929	15 631	1 980	67 842 Z
1910	29 836	16 489	16 131	2 039	64 495
1911	31 903	17 750	17 015	2 497	69 165 Z
1915 §	34 540	20 800	18 600	2 860	77 000
1921	46 113	29 011	16 400	4 000	95 524 Z
1926	53 347 Z	38 000	16 804	1 881	110 032
1931	61 300 Z	43 750	17 860	4 240	127 150
1936	88 062	63 547	80 486	7 417	239 512 Z
1941	93 313	71 382	89 806	8 264	262 765
1946	117 228	104 585	106 604	10 830	339 247 Z
1951	132 654	137 976	147 264	16 654	434 548 Z
1954/55	145 689	163 422	164 968	18 817	492 896
1956/57	153 260	175 880	171 200	19 260	519 600

Z — Staatliche Bevölkerungszählung
§ — Grobe Schätzungswerte
Quellen: Durban Corporation, Mayor's Minute 1865—1899
City of Durban, Mayor's Minute 1955—1957
Durban Housing Survey 1952 S. 35
Union of S. A., Office of Census and Statistics, Population Census 1921, 1926, 1931, 1936, 1946, 1951

Ein Besucher berichtet in dem 'Cape Monthly Magazine', IV 1872 S. 70 über das Durban von 1864: "Durban looks to a stranger, at first, as though a number of one-to-two-storied buildings had been peppered down upon a sandy waste... Sand prevails everywhere; sand lines the streets from side to side; sand buries one's feet, enters one's eyes, dazzles one's vision, and sometimes seems, when it blows hard, to get into one's brain"[3]). Durbans Zentrum ist also etwas in die Höhe gewachsen. Das innere Wachstum der jungen Stadt bekommt seinen äußeren Ausdruck durch die Gründung der Durban High School 1866 in der Smith Street, gegenüber Green-

[1]) Hattersley, A. F. 1936 S. 190
[2]) Tabelle 8; Abbildung 5
Von 1862 bis 1902 führte die Durban Municipality jährlich eine Bevölkerungszählung durch. Von 1903 bis 1957 stammen die Bevölkerungszahlen von Schätzungen des City Health Department, mit Ausnahme der Werte aus den Jahren, in denen die Regierung der Südafrikanischen Union eine Zählung durchführen ließ.
(Nach Kuper, L., Watts H. u. Davies, R. 1958 S. 51.)
[3]) Hattersley, A. F. 1936 S. 67

acre's Passage[1]). Die inoffizielle Westgrenze des Stadtzentrums ist seit 1858 Grey Street[2]), aber mehr und mehr weichen die Europäer auf die Berea aus, das Western Vlei überspringend. Die steigenden Grundstückspreise auf der Berea spiegeln das wachsende Interesse wieder[3]). Der Point, noch teilweise von dichtem Busch bedeckt, ist so unentwickelt geblieben wie vor 10 Jahren, nur daß die alten Gebäude noch baufälliger geworden sind[4]). Schlecht steht es um die Springfield Sugar Estate am Umgeni. Die mit so großen Hoffnungen angelegte Plantage wurde durch eine Hochflut des Flusses 1856 verwüstet[5]). Die Pflanzer zogen z. T. daraufhin in sicherere Gebiete längs der Küstenzone Natals und überließen das Springfield-Gebiet den ab 1865 dort siedelnden Indern. Dampfgetriebene Zuckermühlen[6]) verhelfen den Zuckerfarmern seit 1856 zu einer besseren Auswertung ihrer Ernten und geben ihnen so eine verbesserte Existenzgrundlage. Schwierig wird für sie in diesen Jahren die Frage der Arbeitskräftebeschaffung. Die Bantus sind nicht ausdauernd genug bei der Arbeit und kaum für längere Verträge zu gewinnen[7]). So werden schließlich ab 1860 Inder niederer Kasten nach Natal in die Zuckerrohrplantagen geholt[8]). Sie erhalten Fünf-Jahreskontrakte, nach deren Ablauf es ihnen freisteht, in Natal zu siedeln oder in die Heimat zurückzukehren[9]). Damit dringt von nun an das dritte und letzte wichtige Bevölkerungselement in Durban ein und bringt seinerseits eine Fülle kultureller Elemente neu in die Stadt.

Dieser Einwanderungsstrom bedeutete — neben dem Anwachsen der Einwohnerzahl, das teilweise dadurch bedingt wurde, und dem Wachsen der Agrarproduktion der jungen Kolonie — einen erneuten Antrieb für die Entwicklung des Hafens. Der Bau der 3,2 km langen Eisenbahn vom Point zur Stadtmitte — die Strecke ist heute noch vom Straßenbild deutlich abzulesen[10]) — bedeutete 1860 eine Sensation, war dies doch die erste Eisenbahn in Südafrika[11])!

Damit verkehrte das erste Mal ein leistungsfähiges Verkehrsmittel zwischen dem 'Hafen' und der Stadt. Aus diesem ersten Schienenstrang entwickelte sich in den folgenden Jahrzehnten das Gleisgewirr des Eisenbahnhafens Durban. Die Arbeit an den Molen war starken Schwankungen unterlegen durch Geldmangel und fehlende Initiative, vor allem aber durch das steigende Mißtrauen der Stadtväter an dem Erfolg der Arbeit — die Barre wurde von Jahr zu Jahr flacher! So wurde 1857, in dem gleichen Jahr, in dem Rennie den ersten regulären Küstendienst zwischen Durban und Kapstadt eröffnete[12]), die Arbeit an der Nordmole eingestellt[13]), und es

---

1) Sunday Tribune 26. 5. 1957
2) Kartentafel 12
Hattersley, A. F. 1936 S. 127
3) Hattersley, A. F. 1936 S. 67
Mann, R. J. 1859 S. 110
4) Hattersley, A. F. 1936 S. 100
Mann, R. J. 1859 S. 104
5) Mann, R. J. 1859 S. 72
6) Hattersley, A. F. 1936 S. 68
7) Hattersley, A. F. 1936 S. 68
Schneider, I. 1941 S. 17
8) Hattersley, A. F. 1936 S. 68
Buchanan, K. M. u. Hurwitz, N. 1949 S. 441
9) Williams, B. u. Mauck, M. 1939 Bd. 1 S. 82
10) Kartentafeln 15, 16, 17
11) Tabelle 9
Abbildung 6
12) Murray, M. 1933 S. 31
13) Methven, C. W. 1892
Methven, C. W. 1914 Fig. 4

Abbildung 6

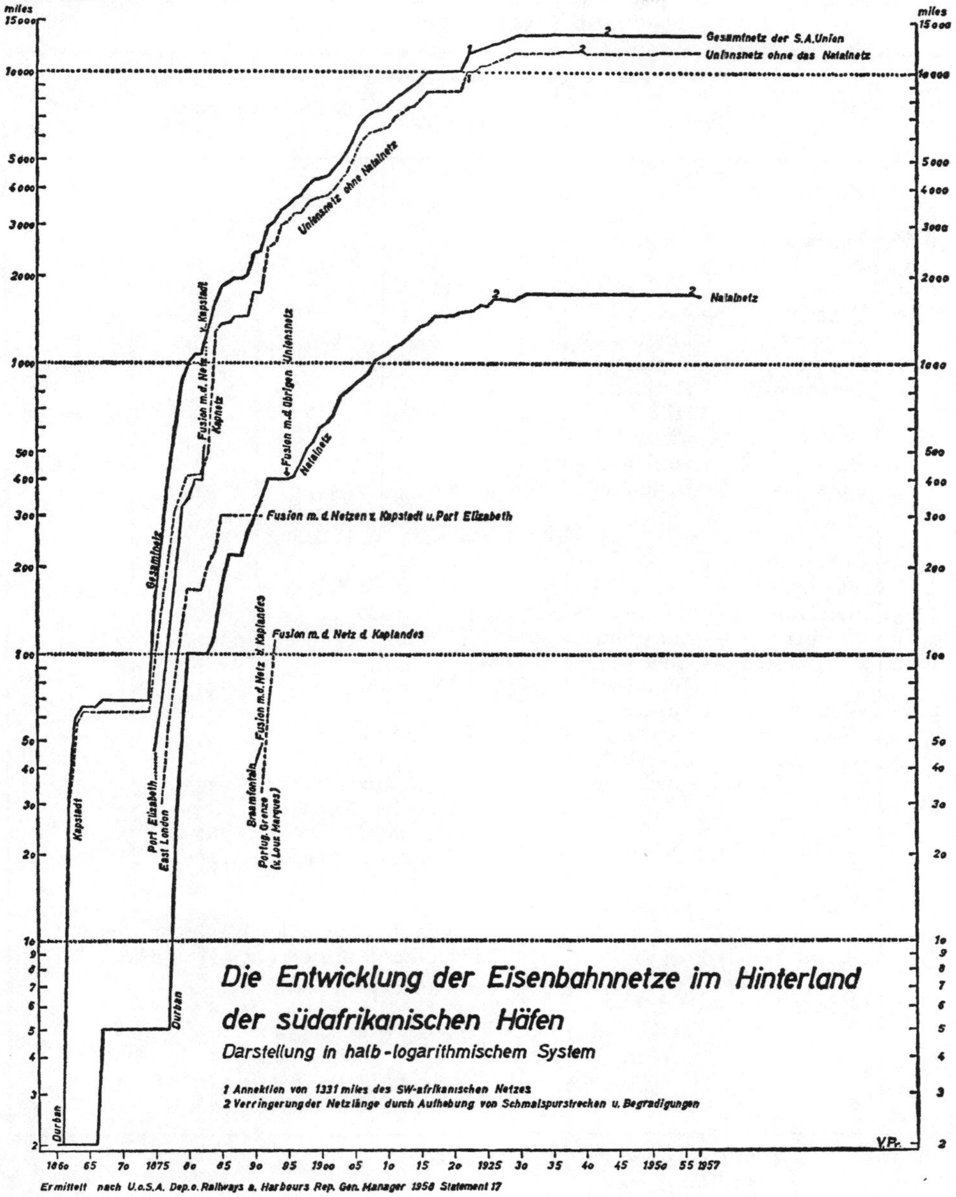

begann eine Zeit der Planung und des Experimentierens. Captain Vetsch lieferte 1859 einen Bericht[1]), aufgrund dessen 1860 die Arbeiten wieder aufgenommen wurden. Nach dem Plan von Vetsch und Abernethy sollte durch zwei umfassende große Molen ein Außenhafen geschaffen werden, so daß man die Barre nicht zu queren

[1]) Coode, C. E. 1870
Port Natal 1897

Tabelle 9: Die Entwicklung der Eisenbahnnetze im Hinterland der südafrikanischen Häfen.

Jahr	Schienennetz in km* ausgehend von						
	Durban			Kapstadt	Port Elizabeth	East London	Port. Grenze
1860	Point	— Durban	3	—	—	—	—
1862			3	48	—	—	—
1867	Durban	— Umgeni	8	101	—	—	—
1875			8	176	74	—	—
1876			8	240	110	48	—
1878	Umgeni	— Avoca					
	Durban	— Pinetown	42	495	285	130	—
1879	Avoca	— Verulam					
	Pinetown	— Botha's Hill	84	578	520	198	—
1880	Botha's Hill	— Pietermaritzburg					
	Rossburgh	— Isipingo	161	655	547	270	—
1884				Fusion der Netze v. Kapstadt u. P. Eliz.			
	Pietermaritzburg	— Merrivale	185	2060**		363	—
1885	Merrivale	— Escourt	283	2180		475	—
1886	Escourt	— Ladysmith	357	2220		475	—
1889	Ladysmith	— Glencoe Junction	424	2360		475	—
1890	Glencoe Jt.	— Talana					
	Glencoe Jt.	— Newcastle	493	2810		475	—
1891	Newcastle	— Charlestown	544	2810		475	53
1892				Fusion der Netze von Kapstadt und P. Eliz. mit dem v. E. London. Witwatersrand erreicht!			
	Danskraal	— Harrismith	640	4000			114
1894				Fusion der Netze der Kaplandhäfen mit dem Netz von Lourenço Marques			
			640	4780			
1895	Charlestown	— Natal — Transvaal Grenze	642	5040			
				Vereinigung des Netzes von Natal mit dem übrigen südafrikanischen Netz.			

* Umrechnung 1 mile = 1,609 km auf 1 km genau

** Umrechnung auf 10 km genau

Quelle: Union of S. A., Dep. Railways and Harbours, Rep. Gen. Man. 1958 Statement 17

brauchte. Die durch die auf 240 m eingeengte Hafeneinfahrt erzeugte Strömung sollte langsam die Barre abtragen[1]). Dieser Plan ist beinahe eine Kapitulation des Menschen vor der Natur: Da sie die Barre schwerlich schnell bezwingen können,

[1]) Kartentafel 13 — Die Molenbaupläne
Methven, C. W. 1914 Fig. 5

sind die Ingenieure bereit, einen großen Naturhafen nicht auszubauen und ein künstliches Hafenbecken mit all seinen Nachteilen zu schaffen! Die Arbeit am nördlichen Vetsch-Pier wurde in Angriff genommen, was bei dem immer stärker werdenden Schiffsverkehr dringend notwendig war[1]). Den Bau des Vetsch-Pier stoppte man 1861, nachdem man ihn schon weit ins Meer vorgetrieben hatte, und begann im gleichen Jahr mit dem Bau der vom Bluff ausgehenden Südmole[2]). Vetsch-Abernethys Plan erweist sich aber bald als viel zu kostspielig, und so werden 1864 neue Untersuchungen von Captain Gordon und Paterson vorgenommen[3]).

Dies ist die Situation, in der die Stadt sich befindet, als 1865 die Wirtschaftsdepression über sie hereinbricht. Die ersten Folgen der Depression sind ein Einwanderungsverbot für die Inder 1866[4]) und der Stop der Hafenarbeiten. Damit stagniert die Entwicklung von Stadt und Hafen[5]).

Die Diamantenfunde am unteren Vaal 1867[6]) lassen die Hoffnung auf eine Besserung der Wirtschaftslage wieder aufblühen und regen zu neuer Initiative an. Die Berea Road wird befestigt, um sie mit Pferdebahnen befahren zu können[7]). Gordon und Paterson fertigen einen zweiten Bericht über die Situation des Hafens an[8]). Die Inder erhalten wieder Einwanderungserlaubnis, so daß sich ihre Zahl bis 1869 auf 5000 erhöht[9]). Die Durbaner Eisenbahn, die seit 1862 ein erheblich größeres Gegenstück im Kapland hat, erhält 1867 eine 5 km lange Verlängerung nach dem Umgeni[10]), um den Zuckerrohrtransport zu übernehmen.

1869 werden alle südafrikanischen Häfen aufgeschreckt: der Suezkanal wird eröffnet, und damit ist der Mittelmeer-Weg nach Indien und Australien frei. Doch tritt der zuerst erwartete Rückgang im Schiffsverkehr nicht ein, im Gegenteil, der Schiffsverkehr nimmt derart zu, daß Kapstadt an eine Hafenerweiterung denken muß[11]), während in Durban Sir John Coode als Hafeningenieur versucht, das Barren-Problem beschleunigt zu lösen[12]). Seine Pläne von 1870 und 1877 bauen auf den Plänen seiner Vorgänger auf, und schließlich werden auch die Point-Nordmole und die Bluff-Südmole 490 m weit ausgeführt[13]). Der Zulukrieg von 1879 und der erste

---

[1]) Ein Merkmal für das Anwachsen des Schiffsverkehrs ist es, daß Durban im gleichen Jahr seinen ersten Schlepper, den 92 t großen 'Pioneer', erhält, der das Ein- und Auslaufen vor allem der Segelschiffe vereinfachen und beschleunigen soll. (Durban 1954 S. 27.)

[2]) Hattersley, A. F. 1936 S. 67

[3]) Coode, C. E. 1870

[4]) Hattersley, A. F. 1936 S. 68

[5]) Export aus Durban in £ (aus Brooks, H. 1876 S. 314)

	Total	Zucker	Felle
1864	220 267	94 208	2 083
1865	210 254	76 355	1 942
1866	203 402	66 191	1 052
1867	225 671	70 563	2 559

[6]) Paul, J. 1927 S. 78

[7]) Hattersley, A. F. 1936 S. 70

[8]) Coode, C. E. 1870

[9]) Buchanan, W. K. 1957 S. 44

[10]) Tabelle 9
Abbildung 6

[11]) Talbot, W. J. 1959 S. 71

[12]) Coode, C. E. 1870

[13]) Kartentafel 13 — Die Molenbaupläne
Methven, C. W. 1914 S. 8
Port Natal 1897

Burenkrieg 1880—1881 verzögern die weitere Entwicklung etwas. 1881 wird aber der Natal Harbour Board ins Leben gerufen und unter seiner Aufsicht beginnt Inne den Kampf gegen die Barre[1]). Inne plant, die Nordmole zu verlängern, eine leicht geschwungene, diese überragende Mole am Bluff zu errichten und außerdem eine 'training bank', einen Steinwall in der Bucht zu errichten, der den Tidenstrom dirigieren soll[2]).

Zu der Zeit, als diese Arbeit mit viel Energie in Angriff genommen wird, ist Durban schon zu einer richtigen kleinen Stadt herangewachsen. Der Ort hat 16630 Einwohner (1883), davon 8543 Europäer, 4220 Bantus und 3857 Asiaten. Dieser Bevölkerungszuwachs spiegelt sich in der Stadtbebauung wieder. Die Hauptgeschäftsstraßen weisen geschlossene Häuserzeilen auf. Die alten Grasdächer sind verschwunden. An ihre Stelle treten Ziegel- oder Blechdächer. Viele Häuser haben über den Bürgersteig hinwegreichende Dächer und bilden so schattige Arkaden, die abends von Paraffinlampen erhellt werden[3]). (In der Stadt sind 1884 304 Paraffinlampen aufgestellt)[4]). Die Ochsenwagen rumpeln in den Hauptstraßen über festgefahrenen Schotter. Aber nur das Zentrum, überragt vom Turm des Rathauses, zeigt eine so enge Bebauung. Ein Gemälde von Th. Baines aus dem Jahr 1873 zeigt uns das übrige Durban als Streusiedlung an das Western Vlei heranziehend[5]). Dieses, die Congella-'Sümpfe' und die sumpfige Küste der Bay bilden eine 'grüne Zange', in die die Stadt eingebettet liegt, am Rande durch zahlreiche Grünflächen aufgegliedert. Es sind meist einstöckige, weißgetünchte einfache Kolonistenhäuser, die hier am Rande der Stadt stehen, während die Berea nach der Schilderung von Methven „spotted with villas"[6]), also als Siedlungsraum für die Europäer erschlossen worden ist, was auch die Einrichtung einer Pferdebahn (Doppeldeckerwagen mit drei Pferden) von Russel Street nach Berea Road beweist[7]). Eine weitere Pferdebahn verkehrt von Russel Street zum Point. Der Point zeigt noch immer einen dichten Buschbewuchs, ist aber stellenweise schon stark gelichtet. Ein altes Zollhaus, ein „schäbiges Hafenbüro", ein „halbverfallener Eisenschuppen, der seine Pflicht als Bahnhof tut", einige „Gebäude verschiedener Zustandsformen" und — zum Besten der Passagiere — ein „Landungssteg, der um Entschuldigung bittet" bilden nach Methven (1892) die ganze Bebauung des Point. Eine neue Häusergruppe fällt im NW der Stadt, am Rande des Western Vlei nach N streichend auf: Es sind Inder, die sich als Gemüsegärtner oder Geschäftsleute niedergelassen haben, und mit den Europäern und den Bantus, besonders mit letzteren, einen schwunghaften Handel betreiben. Mit dem Gemüseanbau übernehmen sie gleichzeitig eine wichtige Versorgungsfunktion für die Stadtbevölkerung. Diese Funktion erfüllt ein Teil der indischen Bevölkerung auch heute noch[8]). Auch andere Versorgungsprobleme sind in der Zwischenzeit gelöst worden. So wurde 1879 in der Nähe des heutigen Botanischen Gartens[9]) von Mr. Currie am Fuße der Berea ein Brunnen erbohrt, der die Trinkwasserversorgung der Bevölkerung erleichterte[10]). Ferner konnte die Versorgung

---

[1]) Natal Harbour Board 1886 s. Anm. 13 S. 53.
[2]) Methven, C. W. 1914 Fig. 8
[3]) Bildtafel 2
[4]) Durban Corporation (im folgenden abgekürzt D. C.), Mayor's Minute 1884
[5]) Durban 1954 Abb. gegenüber S. 8
[6]) Methven, C. W. 1892
[7]) Hattersley, A. F. 1936 S. 70
[8]) Troll, C. 1941 S. 20
Wegen der fehlenden quantitativen Kontrolle der Verkäufe auf dem Indermarkt können keine Daten angegeben werden.
[9]) Kartentafel 20
[10]) Hattersley, A. F. 1936 S. 96

mit frischen Landprodukten erheblich verbessert werden, nachdem die Bahnverbindung nach Pietermaritzburg 1880 hergestellt worden war, und die Plantagenbahn längs der Küste bis Verulam nach N und Isipingo nach S verlief[1]). So wird in dieser Zeit auch der Handel durch die besseren Verkehrsverhältnisse intensiviert. Natal produziert 1880 18045 t Zucker[2]), der zum größten Teil per Bahn an die Absatzmärkte gebracht wird. Teepflanzungen sind 1878 versuchsweise angelegt worden[3]). Black Wattle, Acacia mollissima, 1864 von Australien durch J. und C. Vanderplank eingeführt, wird versuchsweise in Camperdown angepflanzt, und ihre tanninreiche Rinde verspricht ein gutes Exportprodukt zu werden[4]). In Durban haben sich verschiedene Primärindustrien angesiedelt, die versuchen, besonders auf dem Gebiet der Baumaterialien, Möbelfabrikation und des Wagenbaues den Bedarf des Landes unter Verwendung von Landesrohprodukten — vor allem Holz, Lehm und Stein — auf den genannten Gebieten zu decken.

Die meisten übrigen Fertigwaren, vor allem alle Maschinen und Ersatzteile, müssen importiert werden. Wichtig ist für Durban der Beginn der Ausbeutung der 1838 in NW-Natal gefundenen Kohle. (1872 — 512 t, heute über 5 Mio. t Jahresförderung)[5]). Diese Kohle sichert dem Hafen neue Interessenten: Indien- und Ostafrikafahrer, die vor der Heim- oder auch Weiterreise bunkern wollen! Um so wichtiger wird daher die Aufgabe, schnellstens die Hafenbarre zu beseitigen, um einen sicheren Hafen zu erhalten.

Der Weg bis zur endgültigen Beseitigung der Barre führt über manche Irrtümer und Hindernisse hinweg. Die Barre behindert nicht nur den Schiffsverkehr in Durban, sie verzögert auch indirekt die Entwicklung der Stadt und des Hafens und die Erschließung des Hinterlandes, besonders die eisenbahntechnische Erschließung, so daß letzten Endes dem Hafen von Durban wichtige, in seinem natürlichen Einzugsbereich liegende Handelsräume verloren gehen.

Nach Innes Plänen beginnt der Natal Harbour Board 1882 mit dem Ausbau der Südmole in der Verlängerung des Bluff, die nur langsam auf dem felsigen Untergrund vorwärtskommt. Die Nordmole wird schnell vorangetrieben. 1887 hat man aber die Südmole 210 m weiter als die Nordmole vorgezogen, um so zu versuchen, durch Hinausleiten der mit der Küstenströmung küstenparallel wandernden Sande in tieferes Wasser die Barre auszuhungern[6]). Dabei berücksichtigt man aber nicht die Strudelwirkung am Molenkopf und die von NE auf die Mole drückende Brandung. Diese beiden Faktoren bewirkten eine Verlagerung der Barre — an die Nordmolenspitze. Die Wanderung des Sandes wurde nicht gestoppt.

So mißlingt der Plan, wenn auch seit 1884 kein ernsthafter Rückschlag in Bezug auf die Barrentiefe erfolgt ist. 1889 läßt der Nachfolger Innes, C. W. Methven, die beiden Molen gleichlang bauen, und es gelingt ihm dadurch, die Barre etwas in tieferes Wasser hinaus zu drängen und so tiefer zu legen[7]). 1887 wird zum ersten Mal von dem Einsatz von einem Saug- und einem Eimerbagger im Hafen berichtet[8]). Sie werden vor allem benötigt zur Entfernung einer Barriere aus stark verfestigten, ilmenithaltigen Sanden in 3,30 m Tiefe im Hauptfahrwasser. Die Frage der endgültigen Molenlänge, die immer noch zur Debatte steht, kann noch nicht entschieden werden, da die Barre noch nicht entscheidend flacher geworden ist. Die NEliche

---

1) Tabelle 9
2) Tabelle 7
3) Gordon-Brown, A. 1954 S. 40
4) Shaw, H. 1957 S. 62ff.
5) Durban 1954, S. 34
6) Methven, C. W. 1914 S. 9
7) Methven, C. W. 1914 S. 13
8) Natal Harbour Board 1887

Küstenströmung bringt laufend neuen Sand heran, der in seiner Ablagerung in unberechenbarer Weise von der meist NElichen Brandung beeinflußt wird. 1890 macht Methven neue Vorschläge: Er behält die Linienführung von Innes Nordmole bei, krümmt aber die Südmole stärker nach NE, um so einen 'Fanghaken' für die Sande zu schaffen. Gleichzeitig schlägt er die Konstruktion einer 'training bank' von der Südmole längs des Bluff bis auf die Höhe des Point vor, um so den Tidenstrom stärker auf die Hauptfahrwasserrinne zu konzentrieren[1]). Die von den nunmehr fünf Baggern ausgehobenen Kanäle in der Bucht und die von ihnen geschaffene Fahrrinne zwischen den Molen verändert das Bild der Tidenströmung zu Gunsten einer Erhöhung der Strömungsgeschwindigkeit. Der Erfolg bleibt nicht aus, doch noch ist die Barre so flach, daß 75% (1890) der einkommenden Dampfer auf Reede liegenbleiben müssen[2]).

Die endgültige Überwindung der Barre gelingt erst 1898. 1892 hatte man mit einer Gesamtlänge von 790 m die Südmole fertiggestellt. 1898 wird auch der Bau der Nordmole abgeschlossen[3]). Entscheidend für den Erfolg der Arbeiten Methvens war aber der seit 1895 mögliche Einsatz des seetüchtigen Saugbaggers 'Octopus' direkt auf der Barre[4]). Unter Dauereinsatz dieses 500 t Baggers gelingt es, 1898 die Barre auf einer mittleren Tiefe von 5,65 m MTNW zu halten. Das ist noch nicht tief genug für alle Schiffe, die Durban anlaufen, aber 1. wird von diesem Jahr an der Kanal in der Barre von Jahr zu Jahr tiefer, 2. sind die Molenarbeiten abgeschlossen, so daß die Aufmerksamkeit des Hafeningenieurs sich voll auf den dringend erforderlichen Ausbau des Hafens richten kann. Wir haben somit einen Wendepunkt in der Geschichte Durbans vor uns, der umso charakteristischer erscheint, als außer durch die Bezwingung der Barre auch von politischer Seite, durch den Beginn des Burenkrieges 1899, neue Impulse an den Hafen herangetragen werden, der einer Zeit stürmischer Entwicklung entgegensieht. Es erscheint daher zweckmäßig, das Durban von 1898 zu skizzieren und sein Werden seit 1881 aufzuzeigen, um danach die weitere Entwicklung besser charakterisieren zu können.

Das Bild der Siedlung wird maßgeblich beeinflußt durch die Hafen-, Eisenbahn- und Bevölkerungsentwicklung. Sie seien deshalb hier für die Zeit 1881 bis 1898 getrennt dargestellt:[5])

Für einen Hafen hat die Bucht von Natal einen großen Nachteil: sie ist viel zu flach. Bis auf die von den Flüssen Umbilo und Mhlatuzana eingeschnittenen Rinnsale und die Haupt-Abflußrinne der Tide (Mittlerer Tidenhub 1,50 m — 1890)[6]) fällt die Bucht bei Niedrigwasser nahezu trocken. Methven schätzt, daß das mittlere Niveau der Bucht 0,9 m unter dem MTHW und 1,1 m über MTNW liegt[7]). So ist an einen Hafenausbau ohne Baggerarbeit gar nicht zu denken. Die Bagger haben vordringlich für die Schaffung eines Kanals zwischen den Molen zu sorgen. Daneben ziehen sie eine nach E, vor der Insel Salisbury vorüber laufende Tiefenrinne (Island Channel), die einen verstärkten Tidenstrom bewirken soll und gleichzeitig, besonders vor der Insel, Ankergrund genügender Tiefe bietet, ferner einen Kanal in Richtung

---

1) Kartentafel 13 — Die Molenbaupläne
Methven, C. W. 1914 Abb. 12
Natal Harbour Board 1890

2) Natal Harbour Board 1890

3) Methven, C. W. 1914 S. 19

4) Methven, C. W. 1914 S. 23

5) Kartentafel 13 — Der Hafen von Durban 1893

6) Natal Harbour Board 1890

7) Methven, C. W. 1914 S. 2

Stadt, und sie schaffen eine Rinne vor dem Kai, der endlich am Point entsteht[1]). Bis 1897 entstehen dort, wo heute die Schuppen A — C sich befinden[2]), 180 m Zement-Kai mit 7 m tiefem Fahrwasser (MTNW) und 800 m Holz-Kai mit 4,60 m bis 6,10 m tiefem Wasser (MTNW). Das ist im Vergleich zu Kapstadt (2000 m Kai)[3]) noch sehr wenig und vermag keineswegs der Steigerung des Schiffsverkehrs gerecht zu werden[4]).

Eine Vergrößerung der Kaianlagen ist zunächst aber nicht möglich, da vorerst mit Hilfe der Baggersande am Point, am Bluff und in Congella Neuland durch Aufschwemmung gewonnen werden muß[5]). Es liegt in der Naturbeschaffenheit Durbans, daß hier für einen Hafen zu wenig Land und zu wenig Wasser vorhanden ist. Erst durch das Eingreifen des Menschen kann aus der amphibischen Bucht ein genügend großer Hafenwasserraum und ein weiter, ebener Hafenlandraum geschaffen werden[6]). Dafür benötigt man Zeit und Geld, letzteres wird aber vordringlich für die Molenbauten benötigt. Die ungenügenden Liegeplätze im Hafen sucht die Stadt auszugleichen durch erhöhte Umschlaggeschwindigkeiten. So wird die Zahl der Schlepper von 1885 — 2 auf 8 Stück 1890 heraufgesetzt, während im gleichen Jahr 30 Schuten und Leichter für den Umschlag im Fahrwasser und auf Reede zur Verfügung stehen[7]).

6 Dampfkräne und 3 Dampfwinschen stehen an den Kais für den Umschlag bereit, der seit ca. 1888 direkt in die am Ufer entlang laufende Bahn oder in die drei Lagerschuppen erfolgen kann. Diese Lagerschuppen basieren in ihrem Bauplan auf Vorschlägen Methvens (1914 S. 28): Grundfläche 30,5 · 124 m; Zementboden, angehoben auf die Höhe der Eisenbahnwagenböden; ein durchlaufendes Gleis; Plattform zum Kai hin; Wellblechwände; Schiebetüren; Holzdach[8]). 30 cwt bis 3 t Kräne, letztere hydraulische Vollportalkräne, sollen den Umschlag bewerkstelligen. So gut ausgerüstet sind die Schuppen 1890 noch nicht, aber sie können mit zusammen ca. 12000 qm Lagerfläche wenigstens einen der Teil Umschlaggüter aufnehmen[9]). Der erste Schuppen enthält zusätzlich die 'Zoll-Waage'. Eine Umrüstung der Kais auf hydraulische Kräne und elektrische Beleuchtung wird 1890 in Angriff genommen, ebenso eine Ausrüstung der Kais mit Hydranten für die Trinkwasserversorgung der Schiffe[10]). Große Sorge macht den Behörden auch die Versorgung der Schiffe mit

[1]) Natal Harbour Board 1886, 1890
Die Errichtung der Hafenanlagen direkt vor der Stadt war nicht möglich wegen des zu stark versumpften Geländes.

[2]) Kartentafel 17

[3]) Port Natal 1897

[4]) Tabelle 10: Durban wurde angelaufen

1885	von 344	Schiffen mit insgesamt	212 017 NRT.
1890	— 553	— — —	522 246 NRT.
1898	— 776	— — —	1 279 902 NRT.

Alle Angaben ohne Kriegsschiffe.

[5]) Methven, C. W. 1892

[6]) Das Wasserareal der Bucht betrug 1897:
1,185 sq. miles — 3,08 qkm bei MTNW,
7,546 sq. miles — 19,5 qkm bei MTHW, 1,80 m über MTNW. (Port Natal 1897)

[7]) Tabelle 11
Natal Harbour Board 1886, 1890

[8]) Crofts, C. J. 1914 Fig. 6

[9]) Importgüter sind vor allem Holz, Maschinen und Eisenbahnzubehör. Exportgüter sind Wolle, Felle, Häute und Gerbrinden (vergl. Tabelle 10). Die Unterbringung in Lagerhäusern ist für diese Güter unter den herrschenden klimatischen Bedingungen nicht so dringend erforderlich wie etwa in Nord- und Mitteleuropa, aber sie ist bei längerer Lagerzeit, besonders während der Sommerperiode, wünschenswert.

[10]) Natal Harbour Board 1890

Tabelle 10: Schiffs-, Passagierverkehr und Güterumschlag im Hafen von Durban

Jahr		1890	1898	1915	1924/25	1934/35	1944/45	1957/58
Schiffsverkehr:[1])								
Dampfer	Anzahl	326	550	902	1 248	1 021	727	855
Motorschiffe	„	—	—	—	—	321	123	1 167
Segler	„	180	125	23	6	2	1	—
Küstenfrachter	„	} 47				1	123	415
Walfänger u. Trawler	„		101	106	3	—	870	1 310
Gesamt	Anzahl	553	776	1 031	1 257	1 345	1 844	3 747
Gesamt-NRT		522 246	1 279 902	2 851 538	4 000 678	5 469 196	3 385 812	10 767 489
Gesamt-BRT		—	—	4 547 725	6 541 860	9 219 857	5 611 190	18 817 048
Passagierverkehr:								
Einreisende	Anzahl	19 635	17 484	5 516	22 533	27 851	5 403	39 770
Ausreisende	„	6 809	9 593	11 898	12 632	26 914	5 388	21 732
Gesamt	Anzahl	26 444	27 077	17 417	35 165	54 765	10 791	61 502
Güterumschlag:								
IMPORT:								
Holz	hb. t[2])	19 836	67 552	55 838	131 739	159 649	74 582	157 866
Getreide	„	5 288	8 623	14 821	53 268	17 487	1 988	22 646
andere Nahrungsmittel	„	14 415	64 441	—	—	—	—	—
Eisenbahnmaterial	„	[6])12 975	21 265	—	136 003	32 661	18 678	103 196
Schweres Heizöl	„	—	—	—	50 218	256 680	370 763	2 212 458
Sonstige	„	130 936	274 547	670 441	718 723	1 030 628	1 063 268	2 075 189
Gesamtimport	hb.t	183 450	436 428	741 100	1 089 951	1 497 105	1 529 279	4 571 355
EXPORT:								
Holz	hb. t	—	—	—	1 293	422	482	—
Mais und Maismehl	„	—	—	—	134 171	375 725	4 064	507 654
Getreide	„	—	150	126 280	5 876	3 768	341	30 644
andere Nahrungsmittel	„	—	—	2 390	213 742	883	1 146	134 737
Wolle	„	B 67 346	B 64 963	[5])	55 225	80 105	16 047	59 921
Felle und Häute	„	B 7 081	B 35 203	[5])	[5])	19 832	3 805	21 723
Gerbrinden u. -extrakte	„	317	K 95 091	[5])	[5])	102 633	115 703	123 335
Früchte — Citrus	„	—	} P 18 298	[5])	4 335	49 727	9 902	48 156
andere	„	—		[5])	839	918	—	—
in Konserven	„	—	—	—	—	1	523	5 026
Zucker	„	—	1 404	[5])	[5])	214 161	281 908	425 924
Kohle — n. S. A. Häfen	„[3])	5 489		211 495	878	10	17 983	—
n. Übersee	„	—	} 201 358	219 788	1 520 601	978 391	1 568 968	264 036
gebunkert	„	6 709		930 687	1 283 538	754 150	563 975	17 478
Schweres Heizöl	„	—	—	—	3 461	15 760	104 179	962 993
Erze und Mineralien[4])	„	—	—	—	—	87 280	82 231	384 143
Sonstige	„	—	—	261 254	129 460	130 379	629 731	679 945
Gesamtexport	hb. t	—	—	1 751 894	3 416 419	2 814 145	3 400 988	3 683 715
Umschlag Schiff/Schiff	hb. t	—	4 825	35 036	13 901	20 969	186 595	103 222
Gesamtgüterumschlag	**hb. t**	—	—	**2 528 030**	**4 520 271**	**4 332 219**	**5 116 862**	**8 358 292**

[1]) ohne Kriegsschiffe, [2]) 1 hb. t = 1 harbour ton = 2 240 lbs = 1 016 kg, [3]) bei Kohle 1 hb. t = 907 kg, B = Ballen, K = Körbe, P = Packungen, [4]) ohne Gold, [5]) enthalten in Sonstige [6]) mit anderen Maschinen. — Quellen: Natal Harbour Board, Chaiman's Minute 1890; Colony of Natal, Rep. Port Captain 1899; Union of South Africa, Dep. Railways and Harbours, Rep. General Manager 1915, 1925, 1935, 1945, 1958.

Tabelle 11: Die technische Ausrüstung des Hafens von Durban

Jahr	1890		1915/16		1924/25		1934/35		1944/45		1957/58	
Kaianlagen:	Lg.	T.	Lg.	T.	Lg.	T.	Lg.	T.	Lg.	T.	Lg.	T.
Point												
Schuppen A—H	641	—	2094	7—12	1910	7—12	1910	7—12	1810	7—12	1800	7—12
Schuppen Q, R	—	—	[1])243	6,7	[1])87	4,6	[1])87	4,6	379	11	368	11
Reparaturkai	122	—	—	—	183	6,7	183	6,7	183	6,7	246	7
T-Jetty	—	—	[1])183	4,6	[1])183	4,6	—	—	1580	11—12,2	1535	11—12,2
Bluff												
Schuppen 1—5	581	—	484	9—10,4	721	9—10,7	721	9—10,7	721	9—10,7	743	9—10,7
Schutenkai	—	—	—	—	—	—	—	—	86	5—9,2	64	4— 9,2
Walfängerkai	—	—	320	7,6	32	7,6	32	7,6	32	7,6	32	7,6
Island View												
Schuppen 1—4	—	—	—	—	—	—	305	9—10,7	458	11—12,8	688	11—12,8
Öllager	—	—	—	—	—	—	—	—	—	—	592	11
Congella												
Maydon Wharf	—	—	812	7,6	1640	8— 9,9	2340	8—9,9	2570	6— 9,9	2820	6— 9,9
Trockendock-Kai	—	—	—	—	—	—	—	—	76	6—11,3	76	6—11,3
Reparaturkai	—	—	—	—	—	—	—	—	155	6,1	155	6,1
Fischkai	—	—	—	—	—	—	92	6,1	92	6,1	92	6,1
Kräne: (e — elektrischer, h — hydraulischer, d — Dampf-, b — Benzinbetrieb)												
Hebekraft 3 t		d — 2		e — 11, h—29		e — 11, h — 24		e — 10		e — 9		e — 9
3,5 t		—		—		—		b — 2		b — 2		—
4 t		—		—		e — 10		e — 39		e — 67		e — 85
5 t		d — 1		—		—		b — 1		b — 5		—
10 t		7 t d — 2		h— 1		h — 1, d — 4		d — 4		d — 5		e — 1
15 t		12 t d — 1		h— 1		—		—		—		e — 1
80 t		—	50 t	h— 1	50 t	h — 1		e — 1		e — 1		e — 1
Gangspill 4 t		20 t d — 1		?		?		e — 26		e — 35		e — 35
Manganerzförderband t/h		—		—		—		500		500		500
Getreidespeicher t/h		—		—		—		1 000		1 000		1 000
Kapazität t		—		—		—		42 000		42 000		42 000
Bekohlung t/h		—		?400		1 180		1 180		4 200		4 400
Lager t		—		—		80 000		70 000		70 000		70 000
Öltanks												
Island View Nr.		—		—		6		38		61		117
Kapazität l		—		—		44 300 000		131 000 000		217 000 000	t !	313 031
Point Nr.		—		—		—		—		—		8
Kapazität l		—		—		—		—		—		45 000
Schuppenfläche m²		11 950		49 200		53 500		67 200		89 800		90 200
Kühlraumkapazität t		—		—		—		2 000		1 800		1 800
Schlepper und Lotsenboote		8		4		7		7		7		9
Leichter, Schuten		30		44		30		7		10		3
Reparatureinrichtungen												
Patent-Aufzug		f. 500 BRT		f. 200 BRT		f. 150 BRT		—		—		—
Schwimmdock		—		f. 8 500 BRT		f. 6 500 BRT		f. 2 500 BRT		f. 4 000 BRT		f. 4 000 BRT
Schwimmkran		—		15 t		15 t		25 t		25 t		25 t
Trockendock		—		—		351 · 33,6 m		351 · 33,6 m		351 · 33,6 m		351 · 33,6 m

Lg. = Länge in m; T. = Tiefe in m bei MTNW; 1) Landesteg.
Quellen: Natal Harbour Board, Chairman's Minute 1890; Union of South Africa, Dep. Railways and Harbours, Rep. General Manager 1916, 1925, 1935, 1945, 1958.

Kohlen. Man möchte einerseits auf Kohlenimporte verzichten (1890 — 10705 t, 1897 — 710 t, 1898 — 0 t)[1]), ist andererseits aber von der Leistungsfähigkeit der Eisenbahn abhängig, die erst 1890 mit der Erschließung der Kohlenfelder Natals beginnt[2]). So kann der Import nur vorsichtig abgebaut werden in dem Maße, wie verstärkte Lieferungen von Natalkohle den Hafen erreichen, dessen Lagerkapazität mit einem 1160 qm großen Schuppen am Cato Creek (heutiges S. A. R. Güter-Lager-Gelände) nicht allzu groß ist.

Durban zeigt 1898 also ein Bild eines geschäftigen Hafens, dessen Aktivität durch ungenügende Kaianlagen, Schuppen und Umschlagseinrichtungen noch stark gehemmt ist, der aber andererseits im Brennpunkt eines ständig anwachsenden Schiffsverkehrs aus Europa, Indien und Ostafrika steht[3]), um so mehr, als die Eröffnung des Schienenweges nach Johannesburg 1895 den Weg in das Hauptminengebiet Südafrikas um die Hälfte verkürzt[4]).

Es liegt in der Entwicklung der südafrikanischen Eisenbahnen begründet, daß sich die Verbindung zum Witwatersrand in Durban nicht stärker bemerkbar macht. Da es sich dabei gleichzeitig um die Frage nach der Abgrenzung des effektiven Hinterlandes des Hafens handelt, soll die Entwicklung des Eisenbahnnetzes hier kurz erläutert werden[5]).

Die erste Eisenbahnlinie in Südafrika erhält Durban 1860. Doch während in Durban die Weiterentwicklung nur langsam vorangeht, werden von Kapstadt (1862), Port Elizabeth (1875) und East London (1876) Eisenbahnlinien zügig in das Hinterland vorgetrieben. 1880, als Durban seine Linien unter Überwindung zahlreicher Schwierigkeiten in der von Flüssen zerfurchten Riedellandschaft bis Pietermaritzburg, Isipingo und Verulam vorangetrieben hat und ihm so 100 miles (161 km) Schienenweg zur Verfügung stehen, haben Kapstadt (407 miles — 655 km), Port Elizabeth (340 miles — 547 km) und East London (168 miles — 270 km) schon vergleichsweise weit ausgedehnte Eisenbahnnetze im Hinterland. 1884 verbinden sich die Netze von Kapstadt und Port Elizabeth und erschließen so den beiden Häfen ein großes gemeinsames Hinterland, dessen 1281 miles — 2060 km langem Schienennetz Durban nur 115 miles — 185 km entgegensetzen kann. Noch ungünstiger wird das Verhältnis, als 1892 zu den vereinigten Netzen von Kapstadt und Port Elizabeth die Netze von East London und Braamfontein (Witwatersrand) hinzukommen. Das 397 miles — 640 km lange Netz im Hinterland von Durban kann, auch wenn es seit 1890 Anschluß an die Kohlenlager Natals hat, nicht mit dem verzweigten Netz des Kaplandes, des Oranje-Freistaates und Transvaals, dessen 2494 miles — 4000 km langes Gleissystem Anschluß an drei Häfen hat, konkurrieren, zumal der Witwatersrand so in den Einzugsbereich Kapstadts und Port Elizabeths gerät. 1894 tritt allerdings eine gefährliche Konkurrenz für die Häfen des Kaplandes auf: Lourenço Marques erhält Eisenbahnverbindung zum Witwatersrand. Von allen südafrikanischen Häfen liegt es am nächsten zu Johannesburg, und die Buren nutzen die

1) Natal Harbour Board 1890, und früher; Colony of Natal, Rep. Port Captain 1897, 1899

2) Tabelle 9

3) Tabelle 10
Die Bedeutungszunahme des Hafens wird noch unterstrichen durch folgende Ereignisse:
1882 — 'Dabulamanzi' eröffnet Rennie's Aberdeen Direct Line,
1888 — Durban wird Postschiff-Hafen
1892 — 'Kaiser' eröffnet den Südafrika-Dienst der D. O. A. L.
(nach Murray, M. 1933 S. 179, 79, 236)

4) Die Eisenbahnstreckenentfernung
Johannesburg — Kapstadt beträgt 1038 miles — 1670 km,
Johannesburg — Durban 494 miles — 795 km.
(nach South African Railways, Union Time Table No. 156 1st Dec. 1958 S. 17, S. 28)

5) Tabelle 9, Abbildung 6

Gelegenheit aus, unter Wahrung eigener wirtschaftlicher Interessen auch noch den Engländern ein Geschäft wegzunehmen. Sie treffen mit den Portugiesen ein Abkommen, in dem sie diesen zollfreien Austausch eigener Erzeugnisse und eine erhöhte Nutzung der Delagoa-Bahn zusichern, wenn die Zölle der Bahn nicht höher als die Zölle der Kap-Bahn liegen und ihnen die Möglichkeit gegeben wird, in Portugiesisch Ostafrika Arbeiter für die Minen des Witwatersrandes zu werben[1]).

Dieses Abkommen traf nicht nur die Kaphäfen, sondern auch Durban empfindlich, das 1895 endlich Anschluß an das übrige Bahnnetz und damit Verbindung nach Johannesburg gewonnen hatte. 1898 hat Natal ein Netz von 509 miles — 820 km dem im übrigen Südafrika 3613 miles — 5840 km angeschlossen sind. Bei einer gleichmäßigen Entwicklung der Eisenbahnnetze von den vier Häfen aus würden die Einzugsgebiete der einzelnen Häfen, dargestellt durch die Linien gleicher Hafenferne in Eisenbahnkilometern, den in Kartentafel 2 entwickelten Gebieten gleichen. Bei Nichtbeachtung des Einflusses von Lourenço Marques hätte Durban das gesamte Industriegebiet der Südafrikanischen Union in seinem Einzugsbereich, und nur im S könnte East London ihm etwas Konkurrenz machen. Aber selbst bei Einbeziehung von Lourenço Marques in den Komplex könnte sich unter normalen Bedingungen die Staatsgrenze so auswirken, daß wegen der Zollschwierigkeiten nur ca. 30% des Handels von Nord- und Mitteltransvaal an Lourenço Marques fielen. Durch die geschilderte Entwicklung, die die Häfen des Kaplandes ihren Einflußbereich bis weit in den Norden vorschieben ließ, und die erwähnte vertragliche Regelung zwischen Buren und Portugiesen, verständlich aus der Opposition der Buren gegen die Engländer, ist es aber zu einer Verschiebung der theoretischen Einzugsbereiche der Häfen gekommen. Die einzelnen Faktoren, die diese Verschiebung bewirkten, und ihre quantitative Auswirkung lassen sich heute nicht mehr eruieren, da seit 1909 durch den South Africa Act, kurz vor der Gründung der Südafrikanischen Union 1910, die Häfen und die Eisenbahnen einer gemeinsamen staatlichen Verwaltung unterstehen, die durch tarifpolitische Maßnahmen und Steuerung des Im- und Exportes die natürlichen Einzugsgebiete künstlich nach wirtschaftspolitischen Erwägungen verändert[2]). Für das Durban von 1898 können wir feststellen, daß nicht zuletzt die verkehrsmäßige Erschließung der Kohlenfelder Natals und die Verbindung zum Witwatersrand einerseits dem Hafen neue Anziehungskraft verliehen haben, andererseits auch auf den Hafen einen Druck ausüben, genügend Umschlagsmöglichkeiten zu schaffen. Die Konkurrenz der übrigen südafrikanischen Häfen zwingt Durban zu neuen Anstrengungen, den Hafen sicherer und schneller zu machen.

Die gegenüber 1881 erstaunlich wirkende Aktivität im Hafen und die erzielten Fortschritte sind am Stadtbild nicht spurlos vorübergegangen. Die Bevölkerung ist auf 40198 Einwohner, davon 18733 Europäer, 11429 Bantus und 10036 Asiaten angewachsen. West und Smith Street sind meist mit zweistöckigen Häusern dicht bebaute, breite Hauptgeschäftsstraßen geworden[3]). Dichter Verkehr flutet durch die Hauptachsen der Stadt, u. a. doppelstöckige Pferdebahnen und Scharen von Rikshas, zweirädrigen Wagen, die die Inder aus ihrer Heimat mitgebracht haben und die sich in dem flachen Gelände als Transportmittel gut bewähren[4]). Einen neuen

[1]) Williams, B. u. Mauck, M. 1939 Bd. 2 S. 592

[2]) In der Moçambique Convention zur Regelung der Arbeiteranwerbung in Portugiesisch Ostafrika wurden Lourenço Marques 50—55% (!), Durban 30% und dem Kapland 15—20% des für Nord- und Mitteltransvaal anfallenden Güterverkehrs zugesprochen. Vergl. Morgan, F. W. 1952 S. 129, Williams, B. u. Mauck, M. 1939 Bd. 2 S. 624

[3]) Bildtafel 3

[4]) 1894 waren in Durban 2861 Rikshas zugelassen.
D. C. Mayor's Minute 1895

kulturellen Mittelpunkt hat die Stadt mit dem 1882 erbauten Theatre Royal aufzuweisen[1]), während das 1888 gegründete Durban Museum die Pflege der kulturellen Güter der Stadt und des Landes übernimmt. Breite gepflasterte Straßen ziehen sich jetzt auch schon an der nördlichen und östlichen Buchtküste entlang und führen hinauf auf die Berea, in deren Talmulden zwar der ursprüngliche Wald erhalten blieb, die aber im übrigen bebaut ist mit Villen, eingebettet in herrliche Parkanlagen. Immer mehr Europäer erkennen die klimatischen Vorzüge des Höhenrückens und lernen die prachtvolle Aussicht von dort schätzen, so daß die Bebauung immer dichter wird. Die Besiedlung der Berea wie auch die Erschließung der Vleilandschaften und der Küstenstreifen der Bucht und des Ozeans werden nicht zuletzt gefördert durch umfassende Drainagemaßnahmen, die ständig sich bessernde Trinkwasserversorgung und die Umstellung von Paraffin-Straßenlampen auf elektrische Beleuchtung, was gleichzeitig auch eine Stromversorgung der Haushalte bedeutet. (1890 — 443 Paraffin-Straßenlampen, 182 elektrische Lampen; 1898 — 200 Haushaltsanschlüsse für Elektrizität)[2]).

Die Wasserversorgung war anfangs auf technische Schwierigkeiten in dem hügeligen Hinterland gestoßen. Die beiden für die Stadtversorgung damals am geeignetsten erscheinenden Flüsse waren der Umbilo und der Umlazi, da sie in verhältnismäßig geringer Entfernung von der Stadt (16–23 km) schon tief und steil genug in das Gestein eingeschnitten waren, daß es möglich schien, einfache Wasserauffangvorrichtungen dort ohne zu große Kosten einzubauen. So wurden 1886 die Umbilo Waterworks in Dienst gestellt und eine Hauptwasserleitung zur Stadt geführt[3]). Am Umlazi, der wesentlich mehr Wasser führt, aber eine längere Zuleitung benötigt, werden ähnliche Anlagen errichtet, und 1894 liefern die Umbilo Water Works 1090000 l pro Tag und die Umlazi Water Works 9100000 l pro Tag[4]). In der Stadt sind die meisten Straßen zu dieser Zeit mit Wasserleitungen versehen. 1896 wird am Umlazi ein Einlauf-Filterwerk in Betrieb genommen, und 1898 stellen die Ingenieure fest, daß bei einem Tagesdurchsatz von 18,2 Mio l das ausgedehnte Stadtnetz ausreichend mit Wasser versorgt ist, zumal für Zeiten geringeren Wasserdurchflusses ein Reservoir in Congella errichtet worden ist[5]). Ein ähnliches Reservoir befindet sich auf dem Point zur Versorgung der Schiffe. Der Point hat sich seit 1891 sehr verändert. Gepflasterte Straßen sind gebaut worden, und an ihnen ragen ein- und zweistöckige Bürohäuser und Wohnhäuser der Hafenangestellten auf. In Scott-, Prince-, Shepstone Street und Point Road ragen einige Blocks mit Mietwohnungen auf. Inder haben dazwischen eigene Wohnhäuser errichtet[6]). Besonders die Inder entfalten eine lebhafte Kolonisationstätigkeit und entwickeln in dem drainierten Gebiet des Western Vlei eigene Siedlungen, an der Grey Street nach W ziehend ein eigenes Geschäftsviertel. Ihre Anpassungsfähigkeit und Geschäftstüchtigkeit erlaubt es ihnen auch, ältere Gebäude von Europäern aufzukaufen und so langsam in deren Bereiche einzudringen. Auf der Berea treten sie sogar als Konkurrenten der Europäer beim Erwerb von Siedlungsland in der schönsten Wohngegend Durbans auf. Ein Teil der Inder siedelt auch am NW-Hang der Berea, wo die Springfield Estate günstiges Land für Gartenbaukulturen liefert. Die Eingeborenen, die nicht in der Stadt bei ihren Arbeitgebern oder am Point, am Rande des Eastern Vlei oder am Umgeni wohnen, haben ihre Siedlungen im Schatten der Stadt, am W-Hang der

---

[1]) Delightful Durban 1924 S. 23, 43
[2]) D. C. Mayor's Minute 1899 und früher
[3]) D. C. Mayor's Minute 1887
[4]) Kartentafel 21
D. C. Mayor's Minute 1895
[5]) D. C. Mayor's Minute 1899
[6]) Natal Harbour Board 1886, 1887

Berea und den anschließenden Hügeln angelegt. Wie gewohnt, bauen sie möglichst an Talhängen, nicht zu weit von Flußläufen entfernt. Noch ist diese Siedlung Cato Manor weit auseinandergezogen und besteht zum größten Teil — da Holz noch genügend vorhanden ist — aus echten Eingeborenenhütten. Weite Grünflächen sind noch frei zwischen den Ansiedlungen. Aber der Zug zur Stadt mit ihrem unersättlichen Bedarf an Arbeitskräften ist groß für die Bantus — und so wächst die von den Stadtbehörden unkontrollierte, nicht zur Borough gehörende Siedlung unaufhörlich — eine Krebsgeschwulst der selbst wachsenden Stadt, ohne Trinkwasserversorgung, ohne sanitäre Anlagen, ohne Aufsicht und Planung der europäischen Behörden.

Die Stadt Durban hat innerhalb ihrer Grenzen derartig viel Aufbauarbeit zu leisten, daß sie sich kaum um die Entwicklung der angrenzenden Gebiete kümmern kann. Es würde zu weit führen, die gesamte Entwicklung, die Durban in den kommenden Jahren durchläuft, hier in allen Einzelheiten darzustellen. Der Burenkrieg 1899—1902 bringt viel Unruhe in die Siedlung durch durchströmendes Militär, Schiffe voller Flüchtlinge, die von Delagoa Bay kommen, die Unterbrechung der Bahnlinie nach Johannesburg. Aber danach beginnt für Durban eine fruchtbare, friedliche Entwicklungszeit, in die die Gründung der Südafrikanischen Union 1910 hineinfällt.

Das Stadtbild, das uns Durban in den Jahren kurz vor dem ersten Weltkrieg zeigt, soll hier dargestellt werden, um an ihm die Richtung und das Ausmaß der Entwicklung festzustellen, bevor entscheidende Veränderungen für Wirtschaft und Schiffahrt durch die Kriegsereignisse herbeigeführt werden, und bevor die staatliche Lenkung sowohl für die Wirtschaftsentwicklung als auch für die Besiedlung und die Siedlungsstruktur sich entscheidend bemerkbar macht.

Den größten Fortschritt zwischen 1898 und 1914 bemerken wir beim Hafen[1]). Zum Ende des Burenkrieges stellt man fest, daß nach anfänglichen Erfolgen die Barre sich doch wieder aufzufüllen beginnt. Mit 5,70 m erreicht sie 1902 wieder die Höhe von 1898 und schnellste Gegenmaßnahmen sind erforderlich, sollen die Naturkräfte nicht aus dem florierenden Hafen wieder eine nur schwerlich zu nutzende Bucht machen. So entschließt man sich, 1. die Molen um weitere 215 m zu verlängern, um die Barre noch weiter in tieferes Wasser hinauszudrängen, 2. neben der Südmole seeseitig ein ca. 12 m tiefes Loch zu baggern, in dem sich der küstenparallel wandernde Sand absetzen kann[2]). Damit wird die Gefahr der Barre auch tatsächlich gebannt — solange man ständig das Loch wieder leerbaggert.

Diese radikale Aushungerung der Barre hat allerdings eine unangenehme Folgeerscheinung: Der Strand vor Addington sowie in den folgenden Abschnitten der South und North Beach, also gerade der 'Badestrand', verschwindet, und das Meer drängt immer dichter an die Marine Parade, die küstenparallele Straße längs der Seefront Durbans, heran. Die Strömung, die Sand längs des Bluff zur Barre transportiert, bringt auch Sand von der Barre an den Strand, nimmt dort wiederum, beeinflußt durch das Wechselspiel der Brandung, Sand auf und trägt ihn weiter nach Norden. Küstenparallele Strömung, Wellenschlag und durch ihn erzeugte senkrecht zur Küste verlaufende hinführende Oberströmungen und wegführende Unterströmungen bilden ein Gleichgewicht zwischen der Tiefe der Vorküste und dem Abbau des Strandes aus. Dieses Gleichgewicht ist durch die Baggerarbeit, bei der nach Schätzung von Methven etwa 1000000 t Sand jährlich entfernt worden sind[3]), empfindlich gestört worden, und das Verschwinden des Strandes ist auf das Be-

---

[1]) Kartentafel 14
[2]) Crofts, C. J. 1914 S. 37
[3]) Methven, C. W. 1914 S. 5

mühen der Natur zurückzuführen, dieses Gleichgewicht wieder herzustellen[1]). Genau durchschaut man Anfang des 20. Jahrhunderts diese Vorgänge noch nicht, doch werden zur Erhaltung des restlichen Badestrandes von der Stadt einige Buhnen an den besonders gefährdeten Stellen errichtet und ein Teil des aus dem Fangloch und der Mündung gebaggerten Sandes wird mit sichtbarem Erfolg als Strand aufgespült.

Doch das Durban vor 1914 ist noch nicht so sehr Badeort, es ist vor allem an seinem Hafen interessiert. Mit wachsender Freude beobachtet man den Erfolg der Baggerarbeit — die seit 1902 ständig zunehmende Tiefe der Barre. Schon 1906 wird mit 9,50 m MTNW eine größere Tiefe erreicht, als das größte Durban in dem Jahr anlaufende Schiff Tiefgang hat (8,95 m)[2]). Nachdem der Kapitän der 12973 NRT großen 'Armadale Castle' trotz der 6,85 m Tiefgang seines Schiffes es 1904 riskiert hatte, Durban anzulaufen, um damit den direkten Postschiffdienst der Union Mail Steamship Comp. (bestehend seit 1900) bis Durban auszudehnen[3]), gilt der Hafen als sicher, und seine Anziehungskraft nimmt entsprechend zu[4]). Dementsprechend muß auch der Hafenausbau weitergeführt werden. Am Point werden zu den ersten drei Schuppen weitere fünf neue errichtet, die eine größere Grundfläche von 124 m × 27,50 m haben[5]), und damit die Lagerkapazität auf 49200 qm erhöhen[6]). Außerdem befindet sich hinter den Kaischuppen, ebenfalls von der Bahn erreichbar, ein zweigeschossiges, steinernes Lagerhaus[7]). Das ausgedehnte Schienennetz, einspurig zwischen Kai und Schuppen, einspurig in den Schuppen und mehrspurig an der Landseite, erlaubt einen schnellen Güterumschlag. Ein großer Nachteil ist allerdings, daß alle Züge quer durch das Weichbild der Stadt, quer über die Hauptverkehrsadern fahren müssen, wenn sie das Hafennetz verlassen und ins Inland fahren wollen! Man hat schon 1896 mit dem Bau des Victoria Embankment direkt an der Bucht, parallel zum Hauptstraßennetz begonnen, wobei eine heute mit den Straßen parallel laufende Bahnlinie nicht eingeplant wurde[8]). Man scheut die hohen Kosten, die der Bau von Straße und Bahndamm auf sumpfigem Gelände verursachen, um die Bahn aus dem Gelände Stadtmitte herauszunehmen und den Hafengüterzugverkehr in Zukunft direkt an der Bucht entlangrollen zu lassen.

An diesem Problem und seiner Lösung zeigt sich einmal deutlich der Einfluß der Zeit auf die Wirkungsweise der Kulturelemente in Bezug auf die Naturelemente. Von der Natur vorgegeben waren die Sandhalbinsel und die sumpfigen Ränder der Bucht. Bei der ersten Anlage der Siedlung entschied der sandige Untergrund zwischen den verschiedenen Sumpfgeländen den Bauplatz für das heutige Stadtzentrum. Die ersten Hafenanlagen entstanden fern dieser Siedlung, da sie an die Sandhalbinsel gebunden waren. Damals verzichtete man auf die Errichtung teurer Kunstbauten direkt gegenüber der Stadt im Sumpfgelände. So wurde eine Eisenbahnverbindung vom Hafen zur Stadt notwendig. Beim weiteren Anwachsen der Siedlung wurde daraus die quer durch die Stadt laufende Bahnlinie, die nunmehr

[1]) King, L. C. 1952 S. 314ff.
[2]) Colony of Natal, Rep. Port Captain 1907
[3]) Colony of Natal, Rep. Port Captain 1904
[4]) Colony of Natal, Rep. Port Captain 1900—1909
Dampfer auf der Reede und im Hafen:

1897	539	Dampfer	— 1 103 446 NRT
1900	806	„	— 2 035 472 NRT
1903	747	„	— 1 896 082 NRT
1906	796	„	— 2 166 659 NRT
1909	1110	„	— 3 115 808 NRT

[5]) Crofts, C. J. 1914 S. 45
[6]) Tabelle 11
[7]) Crofts, C. J. 1914 S. 47
[8]) Colony of Natal, Rep. Port Captain 1902

äußerst lästig ist, aber außer für den Straßenbau greift man nicht zu teuren Kunstbauten längs der Bay. Im Zuge der Gewohnheit kann man sich nicht entschließen, diese 1 000 m als Kai auszubauen, um so den umständlichen Transport von Passagieren und allen stadtbestimmten Waren vom Point in die Innenstadt zu vermeiden.

Am Point stehen 1915/16 2095 m Kai mit 7,0—12 m tiefem Fahrwasser (MTNW), zu denen noch zwei Landungsstege mit 426 m Länge und 4,60 m — 6,70 m Wassertiefe (MTNW) (Fish und Timber Jetty) hinzukommen. Die ganze Länge des Point ist also jetzt ausgenutzt und bebaut. Ein Fährkanal führt zur Esplanade hinüber, ein breiter Schiffahrtskanal (Esplanade Channel) führt hinüber nach Congella, wo seit 1904 intensive Landgewinnungsarbeiten durch Aufschwemmung von Baggersanden im Gange sind[1]), und wo seit 1907 Land für die Durban Corporation gewonnen wird. 1910 ist diese Arbeit mit 57,5 ha im ersten Abschnitt abgeschlossen[2]). 4 ha hat die Eisenbahn für ein Materialdepot extra aufschwemmen lassen. Durch diese Landgewinnungsarbeiten sind weitere 812 m Kai mit 7,60 m Wassertiefe gewonnen worden. So hat Durban hier die erste Ausweichmöglichkeit für die überfüllten Kais am Point und gute Lagermöglichkeiten für Massengüter. Außerdem bietet das weite ebene Land hinter dem Congella-Kai beste Ansiedlungsmöglichkeit für die Industrie, die ihre Rohprodukte über See bezieht. Hier kommt zum ersten Mal der Vorteil der weiten, flachen Hafenbucht zum Vorschein: Sie ermöglicht die Anlage eines Hafens, dessen Kais ein flaches, weites Hinterland für die Industrie direkt bieten. Hier kann die Verarbeitung von Importprodukten noch im Hafenlandraum ohne große Schwierigkeiten erfolgen. Zu diesen Löschmöglichkeiten tritt für die Schiffe noch ein 320 m (7,60 m Tiefe) langer Kai am Bluff hinzu, der besonders für die Bekohlung der Schiffe vorgesehen ist, seit das Bluff Eisenbahnanschluß an das Hauptnetz hat (seit 1898). Diese Bekohlungsanlage ist allerdings ein wunder Punkt in der technischen Ausrüstung des Hafens. Während durch Vergrößerung und Verbesserung der Kais, Schuppen, Lagermöglichkeiten, Umschlaggeschirr und Eisenbahnverbindungen alles getan wird, um den Hafen schneller zu machen[3]), sind für die Bekohlung immer noch 400 t/h das Höchstmaß, das Kippwagen und halbautomatische Kohleneimer erreichen können[4]). Erst als es zu ernsten Stauungen von auf Bunkerkohle wartenden Schiffen im Hafen kommt, und unter dem Druck des Kriegsbeginnes entschließen sich die Hafenbehörden, 1914 eine neue Bekohlungsanlage zu bauen[5]). Daneben wird ein breiter Aufslip angelegt für Wale! Die Berichte des General Manager of Railways and Harbours 1915 melden für Durban 1914 eine Beute von 865 Walen, 1915 — 905 Wale! Eine Walverarbeitungsanlage ist auf der Seeseite des Bluff angelegt worden. Man hofft so, die Geruchsbelästigung auf den Bluffrücken, und auch dort auf ein Minimum begrenzen zu können, rechnet allerdings nicht mit zwei Faktoren:

1. der sich auf das Bluff und die rückwärtigen Buchtteile erstreckenden Ausdehnung der Siedlung in späteren Jahren,
2. mit der Intensität, mit der Seewinde die Gerüche über den Höhenrücken hinweg ins Hinterland tragen.

So mäßig die technische Ausrüstung am Bluff gemessen an den Anforderungen noch ist, so gut ist sie am Point. 11 elektrische und 29 hydraulische 3 t Kräne, 1 hydraulischer 5 t Kran, 1 hydraulischer 10 t Kran und ein stationärer hydraulischer 50 t Kran bilden die Umschlagsausrüstung des Hafens. Unterstützt werden

[1]) Crofts, C. J. 1914 S. 47
[2]) Colony of Natal, Rep. Port Captain 1908
Union o. S. A., Dep. Railways and Harbours, Rep. Gen. Manager 1910
[3]) Colony of Natal, Rep. Port Captain 1902
[4]) Colony of Natal, Rep. Port Captain 1907, 1908
Nach Crofts C. J. 1914 S. 40 können 500 t/h verbunkert werden.
[5]) U. o. S. A., Dep. Railways and Harbours, Rep. Gen. Manager 1915

diese nur auf dem Point stationierten Kräne noch durch 44 Schuten, die mit dem Ladegeschirr der Schiffe be- oder auch entladen werden können. Die seit 1907 in Zusammenarbeit mit der Eisenbahn durchgeführte Elektrifizierung der Hafenanlagen[1]) macht sich, besonders durch die weit unbehindertere Nachtarbeit, auch geschwindigkeitsfördernd bemerkbar.

Die Reparaturmöglichkeiten für Schiffe, ein wesentliches Merkmal für die Güte eines Hafens, sind in Durban sehr gesteigert worden. Zwar ist das alte, am Point gelegene Patent-Slip abgerissen worden, doch entstand dafür ein kleineres, für 200 BRT zugelassenes auf der Insel Salisbury, und als Neuerung bekam Durban 1904 ein Schwimmdock, zugelassen bis 8500 BRT und dazu noch einen Schwimmkran (15 t) mit Reparaturwerkstatt[2]).

In 17 Jahren, 1898 bis 1915, ist so die Umschlagskapazität des Hafens, gemessen an Kailänge, Lagerfläche und Umschlagsgeschirr etwa vervierfacht worden. Dem steht mit 1031 Schiffen mit 2851538 NRT eine 33%ige Erhöhung des Schiffseinganges bei 120%iger Erhöhung der einkommenden Nettotonnage entgegen. Die Diskrepanz zwischen dem Wachstum der Umschlagskapazität und dem Wachstum des Umschlagsbedarfes, gemessen an der Zahl der einkommenden Schiffe und deren Nettotonnage, gibt ein Maß für die Erhöhung des Wirkungsgrades eines Hafens, der sich ausprägt in der Umschlagsgeschwindigkeit und dem Grad, in dem die Hafenbehörden in der Lage sind, die an sie seitens des Handels und der Schiffahrt gestellten Forderungen zu erfüllen. Der Wirkungsgrad des Hafens läßt sich noch wesentlich genauer erfassen, wenn statt der Zahl und Nettotonnage einkommender Schiffe die Umschlagsziffern zugrunde gelegt werden. Der Gesamtumschlag liegt leider für 1898 oder 1900 nicht in t vor. So bleibt für die diskutierte ca. 15jährige Zeitspanne nur ein Vergleich der Importangaben, der eine 170%ige Steigerung der Importtonnage ergibt, während für 1905—1915 die Importtonnage um 47%, die Exporttonnage um 146% stieg. Gemessen am tatsächlich umgeschlagenen Gut ist also die Umschlagsbelastung stärker gestiegen, als es sich aus der Erhöhung des Schiffsverkehrs entnehmen ließ. Die Erhöhung der Umschlagskapazität des Hafens ist im Vergleich dazu etwas geringer, trotzdem läßt sich wohl sagen, daß der Wirkungsgrad des Hafens in ganz beachtlicher Weise erhöht worden ist. Hinzu tritt noch die Errichtung einer Radio-Station (1910), die Durban nunmehr auch zu einem wichtigen Orientierungspunkt für die Schiffahrt werden läßt.

Wir sahen in früheren Abschnitten, wie sowohl der Druck der sich entwickelnden Schiffahrt als auch das Verlangen des Hinterlandes nach einem guten Hafen — sich verstärkend mit zunehmender Erschließung des Hinterlandes vornehmlich durch die Eisenbahn — maßgeblich auf die Entwicklung des Hafens einwirkten. So läßt sich der erhöhte Umschlag, den der Hafen zu bewältigen hat, in mehrfacher Weise deuten: Einmal zeigt er uns einen steigenden Handelsbedarf des Hinterlandes, der u. a. auf die bessere Erschließung und das Bevölkerungswachstum, verbunden mit einer schnellen kulturellen und wirtschaftlichen Entwicklung zurückzuführen ist, zum anderen zeigt er die steigende Bedeutung von Durban als Umschlagplatz. So versucht die Hafenstadt in großen Schritten, ihre langsame Entwicklung in den ersten Jahren durch beschleunigtes Wachstum auszugleichen. Wie groß dabei der entwicklungsbedingte Nachholbedarf Durbans ist, zeigt ein Vergleich mit Kapstadt, das trotz seiner Spitzenlage 1915 einen Gesamtumschlag von 2528030 t gegenüber Durban mit 1476125 t aufwies[3]).

---

[1]) Colony of Natal, Rep. Port Captain 1907

[2]) Tabelle 11
Colony of Natal, Rep. Port Captain 1904

[3]) U. o. S. A., Dep. Railways and Harbours, Rep. Gen. Manager 1916

Diese Leistungssteigerung des Hafens Durban in so kurzer Zeit, u. a. resultierend aus dem endgültigen Sieg über die widrigen Naturkräfte an der Hafeneinfahrt und die Ausnutzung von Naturgegebenheiten in Form des leicht aufzuspülenden und damit zu befestigenden Sumpflandes in Congella, spiegelt sich auch in der Erschließung des Hinterlandes und im Stadtbild wider.

Der Ort ist auf (1915) 77000 Einwohner, davon 34540 Europäer, 20800 Bantus, 18800 Asiaten und 2860 Mischlinge angewachsen. Aus dem Zentrum sind jegliche Spuren der Kolonisationszeit verschwunden. Die breiten Hauptstraßen zeigen eine durchgehende mehrstöckige städtische Bebauung. Dabei hat sich der Charakter der Gebäude gewandelt: Waren es früher vor allem Häuser, in denen der Besitzer auch wohnte, so sind jetzt die Häuser meist nur für Geschäfte, Büros u. ä. vorgesehen, abgesehen von den Hotels und Pensionen, während ihre Besitzer sich in den Wohngegenden Berea Osthang und Sea View (zwischen Umbilo und Mhlatuzana) ansiedeln[1]). West und Smith Street haben ganz bestimmte Charaktere vor allem in ihren Mittelteilen aufgeprägt bekommen: West Street ist die Straße der Kaufhäuser und des Einzelhandels, teilweise wohl auch der freien Berufe; Smith Street ist im Mittelteil die Straße der Banken und Versicherungen, zu denen im östlichen Teil noch die Kinos hinzukommen. In den dem Ozean nahen Teilen beider Straßen stehen zahlreiche Hotels, wobei aber die West Street der Smith Street den Rang abläuft, da letztere durch ihre größere Nähe zum Hafen negativ beeinflußt wird, da die Hotels vor allem dem Bade-Saison-Fremdenverkehr dienen, wenn in den Wintermonaten die Menschen aus dem Transvaal und dem Oranje-Freistaat in dem milden Klima Durbans Erholung suchen. Das Bild der Stadtmitte hat große Veränderung erfahren durch die Errichtung des monumentalen Baues des 1910 eingeweihten neuen Rathauses. Es ist ein dreistöckiges, zweiflügeliges Gebäude, dessen Mittelteil durch eine 51 m hohe Kuppel gekrönt wird. Der Mitteltrakt enthält einen Saal mit 3500 Sitzen, in dem u. a. regelmäßig Konzerte gegeben werden. Der Nordflügel beherbergt das Stadtparlament und die Stadtverwaltung, im Südflügel sind die Stadtbibliothek, die Kunsthalle und das Durban Museum untergebracht worden. Das Gebäude steht mit der Front nach W an der Ostseite des zu einer Grünanlage umgestalteten Marktplatzes. Das alte Rathaus an der Nordseite des Platzes wurde zum Hauptpostamt umgebaut. So hat Durbans Innenstadt ein neues, modernes Gesicht bekommen, das mitgestaltet wird auch durch die Veränderungen im Verkehrsbild seit 1898.

1899 werden die zwei zu dieser Zeit bestehenden Pferdebahnlinien in den Stadtbesitz übernommen. 1905 verkehren in Durban bereits 46 elektrische Straßenbahnwagen, die in einem Jahr 11848191 Passagiere befördern. Die letzten 6 Pferdebahnwagen werden in diesem Jahr abgeschafft[2]). Damit verschwindet aus dem Straßenbild Durbans das letzte Symbol des beschaulichen Lebens in einem Marktflecken, und der schnelle Verkehr einer wachsenden Hafenstadt ergreift Besitz von der Innenstadt. 1915 sind in Durban 980 Motorfahrzeuge, darunter 91 Straßenbahnwagen, die im Jahr 19011536 Passagiere befördern, und 859 Pferdefuhrwerke polizeilich gemeldet. Die große Zahl der Rikshas wird nicht genannt. Auf den beiden Hauptstraßen ergibt sich eine solche Verkehrsdichte, daß die Stadtverwaltung eine Geschwindigkeitsbegrenzung auf 19 km/h (12 m. p. h.) 1910 festlegt[3]). Heute liegt die Höchstgeschwindigkeitsgrenze im Stadtverkehr allgemein in der Südafrikanischen Union bei 56 km/h (35 m. p. h.).

Diese große Steigerung der Verkehrsdichte in der Stadt ist letzten Endes auf die Siedlungsstruktur zurückzuführen, die schon frühzeitig eine Trennung von Geschäfts- und Industrievierteln und Wohnvierteln aufwies, und so zur Ausbildung

---

[1]) Kartentafel 7

[2]) D. C. Mayor's Minute 1899, 1905

[3]) D. C. Mayor's Minute 1910, 1915, 1917

eines innerstädtischen Pendelverkehrs führte. Die frühzeitige Ausbildung der verschiedenen Viertel ist auf die naturgeographischen Gegebenheiten im Raum von Durban zurückzuführen. Die Innenstadt, in der sich das Geschäftsleben und ein großer Teil des gesellschaftlichen Lebens konzentrieren, bietet keine genügenden Erholungs- und Entspannungsmöglichkeiten für den Menschen und ist vor allem klimatisch im Sommer für die Europäer recht unangenehm. Den notwendigen Ausgleich bieten der Osthang der Berea und ihrer südlichen Ausläufer als Wohngebiete, die wiederum wegen des ausgeprägten Reliefs zur Ausbildung eines Geschäfts- oder Industriegebietes ungeeignet sind. Das ursprüngliche sandige Flachland wird vor allem von dem wachsenden Stadtkern genutzt, während die Industrie auf das künstlich gewonnene Land ausweicht, wo sie direkte Verbindung mit dem Hafen hat.

Zu dieser großen Gliederung: Geschäftsviertel im alten Zentrum im sandigen Flachland, Wohnviertel auf der Berea Ostseite und deren südlicher Fortsetzung, Industrie auf künstlich geschaffenem Hafenlandraum, Hafenanlagen am Point und der W- und E-Seite der Bucht, tritt eine weitere Untergliederung des gesamten Stadtgebietes durch die Rassen hinzu, eine Gliederung, die sich auch physiognomisch deutlich ausprägt. Das dem Menschen eigene Streben nach Gemeinschaft mit gleichgesinnten, gleichgearteten Menschen, verbunden mit einem oft unbewußten Streben nach der Erhaltung des eigenen Lebensstils und der eigenen Lebensgewohnheiten führt dazu, daß die in Durban vertretenen Rassen: Europäer, Inder und Bantus sich in verschieden großen, mehr oder weniger geschlossenen, je nach sozialer Stellung unterschiedlich ausgeprägten Siedlungen niederlassen, die zum Teil das Gepräge von geschlossenen Raumkomplexen innerhalb des großen Komplexes der Stadt Durban annehmen, ohne sich dabei abzukapseln[1]). Die Europäer beanspruchen als Gründer und erste Besiedler, besonders aber auch als diejenigen, die die konstruktive Aufbauarbeit leisteten und deren vor allem geistige Arbeit den Aufbau der Siedlung ermöglichte, für sich das Gebiet des alten Stadtkerns und als Wohngebiet die Berea-Ostseite, abgesehen von dem Industrieland. Die Bantus lassen sich, soweit sie ihre Familien bei sich haben, in einiger Entfernung von den Europäern auf den Flußterrassen im Rücken der Berea oder am Umgeni nieder. Es ist der geringere Teil von ihnen. Die meisten lassen ihre Familien im Reservat zurück und arbeiten nur auf Kontrakt in der Stadt bei den Europäern, die ihnen entweder auf ihren eigenen Grundstücken oder in besonderen Locationen am Point oder am Rande des Eastern Vlei Unterkunft geben. Zwischen die Bantus und die Europäer schieben sich in räumlicher, geistiger und finanzieller Sicht die Inder. Sie siedeln sich als Geschäftsleute im W des europäischen Stadtzentrums am Rande des Western Vlei an, sie gründen ihre unterschiedlich großen Obst- und Gartenbaubetriebe am unteren Umgeni, am Westhang der Berea und im Bayhead Gebiet, dem Raum zwischen dem Mhlatuzana und dem Wentworth Rücken[2]). Diese Gebiete werden seit 1900 von ihnen entwickelt. Dazu beginnt man seitens der Stadt das Western und das Eastern Vlei zu drainieren, um diese mitten im Entwicklungsraum der Stadt liegenden Flächen der baulichen Erschließung zugänglich zu machen[3]). Mit der Gründung der

[1]) Solche rassisch geschlossenen Siedlungskörper in der Stadt Durban sind z. B. das indische Geschäftsviertel, Sydenham oder Cato Manor. Es handelt sich dabei um Stadtteile mit eigenen Zentren, die verkehrsmäßig Durban angegliedert und wirtschaftlich integriert sind.
Vergl. Teil E.

[2]) Brookfield, H. C. u. Tatham, M. A. 1957 S. 57

[3]) D. C. Mayor's Minute 1910
Die Beseitigung von zwei Brutgebieten der Malariaüberträgerin Anopheles gambiae (costalis) war einer der wichtigsten Gründe für die Beseitigung der innerstädtischen Sümpfe.

Südafrikanischen Union 1910 werden diese bisher rein aus natürlichen Gegebenheiten heraus verständlichen Entwicklungsvorgänge in neue Bahnen gelenkt, die das siedlungsgeographische Bild verändern und bei seiner Deutung die Berücksichtigung gesetzgeberischer Einflüsse erfordern.

1913 wird ein Einwanderungsverbot für Inder erlassen[1]). Das dahinterstehende unausgesprochene Motiv dürfte die den Europäern zu intensiv werdende Geschäftstüchtigkeit der Inder gewesen sein. Die Mining and Works Act von 1911 sperrt für Farbige zahlreiche Berufe[2]). Damit wird besonders den europäischen Handwerkern und mittleren Angestellten ein Schutz gegen die billigere Arbeitskraft der Farbigen gewährt, den Farbigen wird aber andererseits innerhalb der europäischen Gesellschaft auch die Aufstiegsmöglichkeit genommen. Man schafft sich dadurch ein möglichst breites farbiges Proletariat ohne eine entsprechende Oberschicht — weil die Europäer die Oberschicht stellen können und wollen, aber in dem zur Diskussion stehenden Lebensraum ohne die farbige Unterschicht, ohne die Masse billiger farbiger Arbeitskräfte nur schwerlich existieren können[3]). In dem Union Land Act werden 1913 die eine natürliche Entwicklung der Siedlung verhindernden und damit hier am meisten interessierenden Verordnungen getroffen: Kein Eingeborener darf von einem Nicht-Eingeborenen Land käuflich erwerben. Landerwerb in der Stadt ist für Eingeborene verboten[4]). Daraus ergeben sich zwangsläufig neue Strukturen im Siedlungsbild. Nur Inder haben noch ein Landerwerbsrecht in der Stadt — und sie haben zum Teil auch das Geld, um sowohl Land als auch ältere Gebäude, die randlich beiderseits des Western Vlei gelegen sind, von Europäern zu erwerben. Sie bauen so nach und nach einen eigenen Stadtteil zwischen dem europäischen Stadtzentrum und dem Berea-Fuß auf. Die Eingeborenen wiederum, die durch den Gesetzgeber am Erwerb eigenen Grund und Bodens in der Stadt gehindert sind, sehen sich in die außerhalb der Stadtgrenzen randlich zur Stadt gelegenen Gebiete gedrängt, besonders Cato Manor, im Rücken der Berea, die sich aber weitgehend in indischen Händen befinden. So sind die Eingeborenen, die nicht auf das Zusammenleben mit ihrer Familie verzichten wollen, gezwungen, Land, oder wenn dieses zu teuer ist, nur eine schäbige, aus Blechen und Holzresten zusammengestückte Hütte, einen sogenannten 'shack', von den Indern zu mieten resp. zu pachten, was die Inder zu Preistreibereien und unkulanten Geschäften ausnutzen[5]). Zur Union Land Act treten die Gesetze zur Regelung des Eingeborenen-Arbeiter-Problems in der Stadt hinzu. Danach sind Eingeborene, die in der Stadt arbeiten, zur Registrierung und

---

[1]) Buchanan, K. M. u. Hurwitz, N. 1949 S. 441

[2]) Davidson, B. 1954 S. 254

[3]) Schon 1654 wurden von Batavia die ersten malaiischen Sklaven nach Kapstadt gebracht, um für die Europäer die Schwerarbeit zu leisten. (Gordon-Brown, A. 1954 S. 11.) H. F. Fynn hatte bereits kurz nach seiner Ankunft in der Bucht von Natal eine Anzahl Bantus um sich gesammelt, die bei ihm Schutz vor Chakas Kriegern suchten und dafür die körperliche Arbeit beim Aufbau der Siedlung leisteten.

[4]) Brookfield, H. C. u. Tatham, M. A. 1957 S. 59
Hellmann, E. 1949 S. 233
Williams, B. u. Mauck, M. 1939 Bd. 2 S. 628

[5]) Brookfield, H. C. u. Tatham, M. A. 1957 S. 59
Im Report of Native Affairs Commission, 1937—38 S. 21—22 heißt es:
"Where land was readily available near a town a location grew by the natural segregation of the Natives themselves. In such cases a hut or simple home was erected by a Native on land he acquired on leasehold or other tenure, which he rented to others. Asiatics or Europeans found it profitable to build a block of iron hutments — for which Natives were always waiting — without regard to the health or sanitation of the area... In such manner the slums of our cities came into being."
(Zitiert nach Hellmann, E. 1949 S. 231.)

zur Führung eines Arbeitsbuches verpflichtet. Die Europäer wollen sich damit vor einer Überschwemmung der Städte mit einem schwarzen Arbeitslosenproletariat schützen. Eine Härte des Gesetzes liegt in dem Verbot, die Familie mit in die Stadt zu nehmen. Auf der anderen Seite haben die europäischen Arbeitgeber für Unterkunft und Verpflegung in begrenztem Umfange Sorge zu tragen. Für die Stadtplanung ergibt sich daraus die Aufgabe, Locationen auf Stadtgebiet zu schaffen, in denen die Arbeiter untergebracht werden können, in denen Eßsäle für sie zu errichten sind[1]) etc. Daher beginnt man in Durban 1915 mit dem planmäßigen Ausbau der Location am Rande des Eastern Vlei längs der Bahnlinie, wo sich sowieso schon Bantus vereinzelt angesiedelt hatten. Neben der Hafenarbeiter-Location auf dem Point ist das die zweite „Eingeborenensiedlung". Für beide soll in der Innenstadt eine Schule errichtet werden[2]).

Auf diese Art und Weise bleiben ein rein europäischer Stadtkern und ein rein europäisches Wohnviertel erhalten. Zwischen beide schiebt sich, mit der Tendenz zur Ausweitung, ein vor allem von Indern besiedeltes Gebiet, und der ganze Siedlungsraum einschließlich des Hafen- und Industriegebietes wird von einem Halbkreis von Inder- und Eingeborenensiedlungen außerhalb der Grenzen des Marktfleckens umgeben, Gebieten, die gleichzeitig ein beträchtliches Aufkommen an Arbeitskräften für die Stadt stellen, die täglich ein- und auspendeln müssen. Der Halbkreis erhält an der Straße nach Pietermaritzburg eine Fortsetzung durch europäisch besiedeltes Land. Beiderseits der Straße erstreckt sich ein Gürtel europäischen Farmlandes[3]), der in der Nähe der Stadt nach und nach als Wohnsiedlungsraum erschlossen wird.

Wir haben im Durban von 1915 bereits ein recht komplexes Siedlungsgebilde vor uns, dessen Inhomogenität in der Bebauung und der rassischen Gliederung kennzeichnend ist für die sich durch die Störung der natürlichen Entwicklung durch den Gesetzgeber anbahnende Umstrukturierung der Stadt durch die willkürliche Begrenzung der Siedlungsräume. Die geschilderte Entwicklung der Siedlung mit ihrer beachtlichen Flächenerweiterung war nur möglich durch eine damit parallel laufende Entwicklung der Versorgungsnetze. Verkehrstechnische Erschließung, Wasser- und Elektrizitätsversorgung mußten Hand in Hand mit der baulichen Erweiterung der Stadt gehen. Die Versorgung der Stadt und des Hafens mit Haushalts- und Kraftstrom wird gewährleistet durch die Municipal Power Station in der Alice Street, die direkt an der Eisenbahn gelegen ist, so daß die Brennstoffversorgung des Wärmekraftwerkes ohne Schwierigkeiten erfolgen kann. Bei einem 500 km langen Kabelnetz, an das 7239 Haushaltungen und 2575 Straßenlampen neben der Straßenbahn und dem Hafen mit all seinen Verbrauchszweigen angeschlossen sind[4]), ist das Werk ausgelastet. Günstiger steht es um die Wasserversorgung, deren verzweigtes Netz trotz eines Jahresverbrauches von 9450000000 l dank des ständig erweiterten Systems am Umlazi als gut versorgt angesehen werden kann. Die "Old Umlazi Works" wurden 1912—24 fertiggestellt. Sie bestehen aus einem Einlaß (1896), wo Wasser oberhalb eines Wehres entnommen und mit Aluminiumsulfat versetzt wird. Verunreinigungen werden ausgeflockt und im offenen Sedimentbecken (1899) abgesetzt. Durch einen Aquaeduct fließt das Wasser z. T. oberirdisch, z. T. in Röhren zu den Umlazi-Filtern (1896) und dem Klar-Wasser-Reservoir (1902). Die Umlazi-Filter liefern 9,1 Mill. l täglich in den Süden der Stadt, das Klar-Wasser-Reservoir liefert 18,2 Mill. l täglich nach Filtrierung und Chlorierung in den Coedmore Filtern (1912 bis

[1]) D. C. Mayor's Minute 1917
[2]) Brookfield, H. C. u. Tatham, M. A. 1957 S. 57
D. C. Mayor's Minute 1915
[3]) Troll, C. 1941 S. 19
[4]) D. C. Mayor's Minute 1915

1924) in das Stadtzentrum und die umliegenden Gebiete[1]). Der Einlaß wird seit 1905 vor allem aus dem Camperdown-Staudamm-Becken gespeist, das ein 2740000000 l-Reservoir darstellt[2]).

Die günstige Lage Durbans zwischen zwei perennierenden Flüssen läßt keine Sorge aufkommen, daß die Wasserversorgung der Stadt einmal ernsthaft gefährdet werden könnte.

Dieser kurze Abriß des Stadtbildes von Durban 1914/15, der Stadt zu Beginn des Weltkrieges, unter den ersten Einflüssen einer Siedlungsplanung und Wirtschaft in hohem Grade zentral steuernden Gesetzgebung, zeigt deutlich in den einzelnen Teilgebieten der Betrachtung den bestimmenden Einfluß der naturgeographischen Elemente auf die Kulturelemente, die vom Menschen in den Raum hineingetragen werden. Schon jetzt gilt von Durban, was R. Smith und G. Lindsay 1941 schrieben: "When a harbour is considered as being a centre for trade and industry and not as an instrument for the transit of goods only, Durban comes still more to the fore. At no other harbours in the Union are the conditions for the establishment of industries requiring deep water facilities so favourable. To this must be added the advantage of accommodation being available for industrial purposes in the harbour area, coupled with the fact that the important consuming area of the Union is situated close inland. These advantages which often are underestimated, make the Durban Harbour of far greater importance in the economic future of the Union than any other harbours."

Die Auswirkung der naturgeographischen Vorteile, die Durban gegenüber seinen Konkurrenten hat, und die ihm eine so große wirtschaftliche Zukunft ermöglichen, kommt voll zum Ausdruck in dem Bild, das uns Durban 1924 bietet — hundert Jahre, nachdem das Land, auf dem die Hafenstadt sich entwickelte, von Chaka an Lt. Farewell und Comp. übereignet worden war.

Richten wir unser Augenmerk zuerst wieder auf den Hafen[3]), den Komplex, auf den alle Entwicklungsimpulse am deutlichsten einwirken, und dessen Wirkungsgrad der steuernde Faktor für die Entwicklung der Stadt ist, die in ihrer gesamten Struktur auf dem Hafen aufbaut und mit ihm verflochten ist.

Die Südmole wurde 1916 bei schweren Stürmen durch die seitlich anprallenden Brecher stark beschädigt und daraufhin wieder ausgebessert und um 103 m verlängert. Man gab ihrer Verlängerung eine leichte Biegung nach NE, um so den Wogenprall etwas zu mildern und außerdem die Auswirkung der Sandfalle noch zu verstärken[4]). Der Point, der 1916 schon fast in seiner gesamten Länge ausgebaut war, weist nur geringfügige Änderungen in der Kailänge auf. Durch den Umbau der alten Holzkais in Zementkais und den Bau eines Reparaturkais am östlichen Ende des Point ergibt sich, zusammen mit zwei Landungsstegen, dem Coal- und dem Fish-Jetty, eine Gesamtkailänge von 2363 m gegenüber 1915/16 2521 m. Die Abnahme ist auf eine Verkürzung des Coal-Jetty zurückzuführen. Ähnlich liegen die Dinge am Bluff, wo der Bekohlungskai zwar von 484 m auf 721 m verlängert, der Walfänger-Bekohlungspier dafür aber von 320 m auf 32 m reduziert wird. Diese Reduktionen der Kailängen am Point und Bluff, die eine Verringerung der Anlegemöglichkeiten bedeuten, werden mehr als ausgeglichen durch die Erweiterung der Maydon Wharf in Congella von 812 m auf 1640 m. Hier haben die Landgewinnungsarbeiten große Fortschritte gemacht und große freie Industrieflächen geschaffen. Außerdem wurde der Maydon Channel — früher Esplanade Channel — weiter ver-

[1]) City of Durban, Mayor's Minute 1956
[2]) Adler, E. D. 1957 S. 123
[3]) Kartentafel 15
Tabellen 10, 11
[4]) Smith, R. u. Lindsay, G. 1941

tieft und dadurch für Schiffe bis 9,5 m Tiefgang nutzbar gemacht. Die Gesamtkailänge des Hafens ist so gegenüber 1915/16 um 11% gewachsen. Diesem geringen Wachstum der Kailänge steht ein entschieden schnelleres und durchgreifenderes Wachstum der Umschlagskapazität gegenüber. Betrachtet man allein die Zahl der 3-t- und 4-t-Kräne, die entscheidend für die schnelle Abfertigung des zeitraubenden Stückgutumschlages sind, so steht einem Abbau von 5 hydraulischen 3-t-Kränen die Neuanschaffung von 10 elektrischen 4-t-Kränen gegenüber, zu denen noch 4 dampfgetriebene 10-t-Kräne hinzutreten. Nimmt man noch die Vergrößerung der überdachten Lagerflächen auf 4300 m^2 hinzu, so ergibt sich im ganzen ein Bild erfreulicher Prosperität des Hafens, das noch bekräftigt wird durch den Ausbau der Güterlagerschuppen der S. A. R. am Cato Creek. Dieses Bild erhält eine kräftige Akzentuierung bei genauerer Untersuchung der Bekohlungsanlagen am Bluff. Die zu Kriegsende ausgebaute Anlage kann bei voller Ausnutzung 1180 t/h verbunkern. Das ist die dreifache Geschwindigkeit gegenüber 1915/16! Ein ganz neues Gebiet entwickelt sich auf dem aufgespülten Land am Bluff vor dem Nordende des Wentworth-Rückens: In Island View sind 6 Öltanks (Vacuum Oil, Persian Oil etc.)[1] errichtet worden, die schweres Heizöl und Benzin lagern und zur Versorgung einer Durbaner 'Benzin-Fabrik' (Raffinerie wäre ein zu großer Name für die kleine Destillieranlage) und des Hinterlandes bis zum Witwatersrand dienen.

So zeigt der Hafen insgesamt, trotz der nur geringfügigen Erweiterung der Kailänge, ein Bild des Aufbaues. Die Umschlagsgeschwindigkeit und -Kapazität wurde weiter erhöht, besonders für die Kohle, und für ein neues Handelsprodukt, Öl, wurden im Hafen Umschlagseinrichtungen angelegt. Die Anziehungskraft, die der Hafen Durban für Schiffe von Europa, Ostafrika, Indien, Ostasien und z. T. auch Australien hat, wird verstärkt durch die Anlage von für damalige Zeit hervorragenden Reparatureinrichtungen. Durbans Prunkstück ist das Trockendock, angelegt südlich von Congella, wo in flachem, künstlich zu gewinnendem Gelände die Anlage großzügig und doch verhältnismäßig billig erfolgen konnte, mit ohne Schwierigkeiten zu erstellendem Anschluß an das bestehende Eisenbahn- und Straßennetz. Das Dock ist innen 351 m lang, 33,6 m breit und kann in zwei 210 m resp. 137 m lange Kammern geteilt werden. Es hat eine Tiefe von 10,7 m bei MTNW bzw. 12,5 m bei MTHW.

Der Hafen hat 1924/25 nahezu die doppelte Umschlagsmenge in t zu bewältigen wie 1915. Deutlich spiegeln dabei die Zahlen für den einkommenden Schiffsverkehr in den Zahlen der Schiffe und deren Nettotonnage verglichen mit der Tonnage des Güterumschlages die wachsende Beanspruchung der Umschlagseinrichtungen wieder. Einer Steigerung der Zahl der einkommenden Schiffe um 22% steht eine 11%ige Verlängerung der Kais gegenüber. Der Erhöhung der einkommenden Nettotonnage um 40% und der Steigerung des Gesamtumschlages gemessen in t um 78% steht aber eine Erhöhung des Umschlagpotentials des Hafens von ca. 100% gegenüber. Wenn man bedenkt, daß die Erhöhung des Gesamtgüterumschlages vor allem auf den steigenden Kohle-Export (Steigerung um 106%) zurückzuführen ist, so kann man daraus die Schlußfolgerung ziehen, daß der Hafenausbau mit den an ihn gestellten Forderungen durchaus Schritt gehalten hat. Hinzu kommt, daß das Umschlagspotential noch durch das Umschlagsgeschirr der Schiffe ergänzt werden kann, ja am Maydon Wharf, wo jegliche Kräne fehlen, ergänzt werden muß, wenn auch erfahrungsgemäß der Umschlag mit schiffseigenen Mitteln langsamer erfolgt als mit Hafenkränen.

Das günstige Entwicklungsbild, das uns der Hafen zeigt, ist charakteristisch für die ganze Stadt, die in ihren verschiedenen Regionen wie ein Spiegel die Situation im Hafen reflektiert. Trotz des Ersten Weltkrieges, der in Europa Wirtschaft

[1]) Delightful Durban 1924 S. 34

und Handel zahlreicher Länder zum Erliegen brachte und auch die überseeischen Gebiete des Commonwealth besonders in der Zeit des uneingeschränkten U-Boot-Krieges stark in Mitleidenschaft zog, ging der Aufbau Durbans nahezu ungestört weiter, denn der Hafen hatte durch die Versorgung des Mutterlandes mit landwirtschaftlichen Produkten, Erzen und Mineralien, durch Truppenverschiffungen nach Ostafrika u. ä. Aufgaben voll zu tun. 1920—22 mußte in den europäischen Ländern ein großer Nachholbedarf gedeckt werden, während andererseits zahlreiche Repatriierungsschiffe den Hafen anliefen.

So wächst Durban zu einer Großstadt für afrikanische Verhältnisse heran. 1924/25 hat die Stadt 95241 Einwohner, davon 49025 Europäer, 27461 Bantus, 16417 Asiaten und 1838 Mischlinge. Dieser Bevölkerung stehen innerhalb des Stadtgebietes zur Verfügung: 9087 Backsteinhäuser und 1512 Holzhäuser, von denen u. a. 8023 Privathäuser sind, davon 4434 Eigentumshäuser, 265 Wohnhäuser mit mehreren Wohnungen, 448 Wohn- und Geschäftshäuser, 165 Pensionen (Privat-Hotels), 63 Hotels, 1332 Büro- und Geschäftsgebäude, 23 Warenhäuser (!) und 51 Fabriken[1]). Beachtlich ist bei dieser Aufzählung die hohe Zahl der Pensionen und Hotels. Sie kennzeichnet das neue Gesicht von Durban, das nicht aus seinen guten naturgeographischen Gegebenheiten für einen Hafen resultiert, sondern aus seiner günstigen klimatischen Lage und seiner Lage am Ozean: Durban ist neben Kapstadt zu Südafrikas beliebtestem Urlaubsort geworden.

Die Beach-front, wie die Ozeanseite Durbans genannt wird, hat ein eigenes, vom Fremdenverkehr geprägtes Gesicht erhalten. Die Kulisse bilden zwei- und dreigeschossige Hotel- und Pensionsbauten längs der Marine Parade, die von der Ecke Smith Street parallel der Küste nach N verläuft. Seeseitig der Straße sind kleinere Gebäude entstanden: Umkleidekabinen, Erfrischungspavillons und Unterhaltungsräume. Dazwischen liegen ausgedehnte Grünflächen, ein weiter Rummelplatz und die Beach-Konzerthalle[2]). Ein Schwimmbad, 92 m · 23 m, ein Planschbecken für Kinder, Rasenkegelbahnen und Tennisplätze vervollständigen das bunte Bild des 'Ferienparadieses'. Der Strand ist durch planvolles Ablagern von Baggersanden an der Beach und die Errichtung von Buhnen teilweise erhalten worden[3]). Nördlich der Einmündung der West Street in die Marine Parade ist in die See ein weiter Halbkreis von Buhnen hinausgebaut worden, um trotz der gefährlichen Strömung und vor allem der Haie das Baden in der Brandung zu ermöglichen[4]). Die Haie sind leider längs der ganzen Küste eine solche Plage, daß das Baden ohne den Schutz von Buhnen oder Felsriffen nur in ganz flachem Wasser möglich ist.

Mit der Stadtmitte ist die Beach-front durch eine Straßenbahnlinie verbunden und von dort praktisch mit allen Stadtteilen, denn das Straßenbahnnetz ist so ausgebaut worden, daß Linien von der Hauptpost u. a. auch nach Musgrave Road, Mariott Road, Bulwer Park, Toll Gate und Overport auf der Berea, nach Stamford Hill und dem Umgeni fahren[5]). Congella hat Straßenbahn- und Busverbindung bekommen, ein Zeichen für den verstärkten Arbeiterpendelverkehr in die Industriegegend, während im Stadtzentrum die Strecke Field Street — West Street — Hauptpost doppelgleisig befahren wird. Damit ist zwar die Verkehrserschließung der Stadt noch nicht als ausreichend zu bezeichnen, aber 4904 Motorfahrzeuge, 1244 Pferdefuhrwerke und 684 Rikshas (nur im Stadtgebiet) bilden eine beachtliche Zahl an

---

[1]) D. C. Mayor's Minute 1925
[3]) Delightful Durban 1924 S. 17
[4]) D. C. Mayor's Minute 1922
[5]) Kartentafel 15
[6]) Kartentafel 20
Delightful Durban 1924 S. 52—53

Verkehrsträgern[1]), die u. a. mit dazu beitragen, den starken Pendelverkehr zu bewältigen.

Das Stadtzentrum ist weiter in die Höhe gewachsen. West Street weist Gebäude bis zu einer Höhe von acht Stockwerken auf[2]). Doch zwei- bis dreigeschossige Gebäude sind vorherrschend. Im ganzen wirkt das Siedlungsbild geschlossen[3]). Die Grünanlage vor dem Rathaus wird zur Hundertjahrfeier mit dem Cenotaph, einem Ehrenmal für die Gefallenen des Ersten Weltkrieges, geschmückt[4]). Die Esplanade-Allee längs der Bucht ist zu einer der bemerkenswertesten Straßen Durbans geworden: Wollbörse, Gericht, Criterion Variété Theatre, große Clubs wie der Durban Club und der Royal Natal Yacht Club, sowie repräsentative Hotels geben ihr das Gepräge. Daneben wirkt die Seeseite des Point unterentwickelt. Baracken und primitive Hütten ducken sich zwischen die Dünen. Sie werden überragt von den Steingebäuden des Addington-Krankenhauses, das mühsam in den Dünensand hineingebaut worden ist. Die Baracken unterscheiden sich kaum von den Eingeborenen-Baracken der Point Location — aber sie werden von Weißen bewohnt, eine Folgeerscheinung des Krieges, während dessen nicht soviel Wohnraum geschaffen werden konnte, wie bei dem Bevölkerungszuwachs notwendig war[5]). Diese ärmlichen Unterkünfte stechen scharf gegen die Villen der Hafenangestellten ab, die sich längs der hinter den Dünen entlangziehenden Escombe-Terrasse erstrecken. Die Notwendigkeit, neue Siedlungsräume zu schaffen, läßt eine Reihe von Plänen zur Entwicklung kommen: 1. wird das Gebiet der Süd Berea (Stellawood) erschlossen. 8 ha werden davon für den Bau einer eigenen Universität (in Pietermaritzburg besteht bereits die University of Natal seit 1910) bereitgestellt. 2. wird erwogen, die Gebiete South Coast Junction, Sea View, Mayville, Greenwood Park u. a. in das Stadtgebiet mit einzubeziehen, da sie sowieso schon von Menschen, die in der Stadt arbeiten, besiedelt werden[6]). 3. wird das Umgenital an der Seite der Nord-Berea durch Straßenbau für die Besiedlung erschlossen[7]). Im Zusammenhang mit diesen Plänen erweist sich eine Erweiterung des Wasser- und Elektrizitätsversorgungsnetzes als unumgänglich. Besonders das Wasserversorgungsnetz ist bei einem Jahresverbrauch von 9 950 000 000 l trotz der 14 Reservoir-Tanks mit einem Fassungsvermögen von 47 800 000 l überlastet, und die Versorgung der Stadt gefährdet, seit der Camperdown Dam als Folge der schweren Bodenerosion im Oberlauf des Umlazi und seiner Nebenflüsse weit aufsedimentiert ist. Daher errichtet man am Umlazi ca. 30 km landeinwärts einen neuen Staudamm, den Vernon Hooper oder Shongweni Dam, der mit dem Shongweni-Versorgungssystem die Wasserzufuhr zur Stadt sichern soll[8]). Das 784 km lange Stromleitungsnetz, an das u. a. 14982 Haushaltungen und 4484 Straßenlampen angeschlossen sind, wird immer noch von dem Kraftwerk in der Alice Street versorgt. Zu seiner Unterstützung wird ein Kraftwerk in der Nähe von Pinetown herangezogen, doch reicht die Kapazität beider Werke kaum zur Deckung des Bedarfes der Stadt aus, an deren Netz die Vororte Hillary, Malvern, Escombe, Jacobs, Wentworth, Sydenham mit angeschlossen wurden. So wird die Errichtung eines neuen Kraftwerkes mitten im Industriezentrum Congella, direkt an der Bahn gelegen und möglichst nahe seinen Hauptabnehmern, geplant[9]).

[1]) D. C. Mayor's Minute 1925
[2]) Delightful Durban 1924 S. 35ff.
[3]) Delightful Durban 1924 Abb. S. 55
[4]) Delightful Durban 1924 S. 35
[5]) Delightful Durban 1924 S. 25
[6]) Kartentafel 7
Delightful Durban 1924 S. 23
[7]) D. C. Mayor's Minute 1925
[8]) D. C. Mayor's Minute 1922, 1925
[9]) D. C. Mayor's Minute 1925

Das Industrieviertel in Congella ist schon gut entwickelt[1]). Kais für die Schiffe auf der einen, Eisenbahnlinien auf der anderen Seite lassen das tischebene Gelände ideal erscheinen für export- oder importorientierte Industriezweige. So haben sich hier vor allem Firmen wie Lever Bros. Ltd. (Seifen- und Waschmittelproduktion), holzverarbeitende Industrien, eine kleine 'Benzin-Fabrik', Maschinenbau- und Reparaturwerke und Gerbrindenweiterverarbeitungs- und Aufbereitungsfabriken niedergelassen. Der Rohbau eines Getreidespeichers mit einem Fassungsvermögen von 42000 t und einer Arbeitsleistung von 1000 t/h ist gerade fertig gestellt worden[2]). Das Gelände, das in Congella für die Industrie zur Verfügung steht, ist aber noch keineswegs vollständig bebaut. Das Zeitalter der Industrialisierung hat in Südafrika noch nicht begonnen. Einige Firmen, die weniger auf den Seeverkehr angewiesen sind, haben sich auch in anderen Stadtteilen niedergelassen, bevorzugt natürlich in Gegenden mit billigem Baugrund: so die Lion Match Factory in Stamford Hill (Eastern Vlei), eine umfangreiche Ziegel-, Zement-, und Asbestindustrie nördlich des Umgeni. Die Walölverarbeitung am Bluff hat guten Exportwert und bringt außerdem Rohstoffe für die eigene Industrie.

Wir sehen also, daß Durbans Wirtschaft in ihrem Schwergewicht nach dem Hafen orientiert ist — und das kennzeichnet, wie auch die aufgezeigten Entwicklungslinien ergeben haben, die Abhängigkeit Durbans vom Ausgangspunkt seiner Entwicklung — letzten Endes von der Entstehung der Bucht und ihrer Erschließung durch die Pioniere des 19. Jahrhunderts. Die Seehandelsorientiertheit von Durbans Wirtschaft läßt sich auch von der Zahl der europäischen Beschäftigten in den einzelnen Berufszweigen in Durban 1921 ablesen[3]): 18,3% aller Europäer sind im Transportwesen beschäftigt, davon arbeiten 19,3% im Hafen, 61% bei der Eisenbahn. Da diese aber die Mehrzahl ihrer Gleisanlagen im Hafen hat und dort auch die meisten Menschen beschäftigt, müssen wir einen großen Teil, ca. $^2/_3$ aller Beschäftigten, auch noch als im Hafen tätig ansehen. Als nächste Gruppe erst folgen die in Handel und Finanzwesen tätigen Europäer mit 13,5% und kennzeichnen damit die Bedeutung des Handels für Durban. Die gute Konjunkturlage des Baugewerbes zeigt sich in der Höhe der in der Bauindustrie Beschäftigten: 3,5% aller Europäer.

Nicht nur wirtschaftlich hat Durban einen großen Schritt vorwärts getan: 21 Primary Schools, 6 Secondary Schools, eine Technical High School und das Natal Technical College[4]) bilden eine beachtliche Zahl an für Europäer zur Verfügung stehenden Fortbildungsstätten, die u. a. das Anwachsen des geistigen und kulturellen Lebens in der Stadt kennzeichnen, ebenso wie der Plan, eine eigene Universität zu errichten. Durch die Einweihung der ersten afrikanischen Municipal Broadcasting Station wird die Bedeutung Durbans als Zentrum nicht nur des wirtschaftlichen, sondern auch des kulturellen Lebens in Natal unterstrichen[5]).

Die durch die verschiedenen Rassen hervorgerufene Gliederung Durbans in unterschiedliche rassische Wohngebiete hat sich gegenüber 1915/16 kaum verändert. Entsprechend dem Bevölkerungszuwachs hat die gesamte Besiedlungsdichte zugenommen, und der Bevölkerungsdruck auf die dünner besiedelten Zonen, vor allem die von den Europäern bewohnten Gebiete, ist größer geworden. So strömen die Inder überall dort, wo sich die Europäer zur Umsiedlung in bessere Wohngegenden entschließen (z. B. vom Berea-Fuß, Randzone des Western Vlei in das Neusiedlungsgebiet Stellawood), in deren ehemalige Wohngebiete ein. Für die Eingeborenen-

[1]) Vergl. Industrial Durban 1924
[2]) Industrial Durban 1924 S. 34
U. o. S. A., Dep. Railways and Harbours, Rep. Gen. Manager 1925
[3]) Tabelle 12
[4]) Delightful Durban 1924 S. 59—61
[5]) D. C. Mayor's Minute 1925

arbeiter mußten neue Unterkünfte geschaffen werden. So sind 1924/25 vorhanden: Die Location Depot Road für 20134 Bantus, die 'Native Barracks' (langgestreckte flache Steinbauten mit Schlaf- und Eßsälen), Point Area (Hafenarbeiter), Ordnance Road (Eisenbahnarbeiter) und Congella (Industrie- und Hafenarbeiter) für zusammen 35259 Bantus und dazu ein Heim für die in der Stadt beschäftigten Eingeborenen-Frauen und Mädchen für 1565 Menschen. Im Gebiet des Eastern Vlei ist mit dem Bau einer Location begonnen worden. Im Rahmen der Planung von Eingeborenenvierteln ist der Bau von 288 Häusern zu einem Baukostensatz von £1260 je Haus vorgesehen[1]).

Während Durban seine Entwicklung kräftig vorantreibt und unter Nutzung seiner einmaligen geographischen Lage mit einem in Intensiv-Kulturen nutzbar zu machenden Agrarhinterland, der Nähe des wachsenden Industriezentrums Südafrikas und der Nähe der großen Kohlenfelder in NW Natal, die Energie für Stadt, Hafen und Schiffahrt liefern und darüber hinaus noch ein bedeutendes Exportprodukt darstellen[2]), selbst seine große Konkurrentin Kapstadt überflügelt[3]), machen sich in Europa die ersten Anzeichen der Weltwirtschaftskrise bemerkbar. 1925 bricht im Commonwealth der große Seemannsstreik aus, der u. a. auch in Kapstadt und Durban zahlreiche Schiffe stillegt[4]). In Durban liegen allein zwei Postschiffe im Hafen fest. Aber dieser Seemannsstreik ist nur ein Vorläufer der großen Wirtschaftskrise, die 1929—1932 die ganze Welt überzieht und den Handel weitgehend zur Ruhe kommen läßt. Am ärgsten werden von dieser Krisenzeit wohl die Hafenstädte betroffen — und so ist es kein Wunder, daß Durban trotz aller Anstrengungen für die Dekade 1924/25—1934/35 nicht die gleichen Fortschritte wie zuvor aufzuweisen hat. Durban wird — als Ortschaft und Hafen — 1935 hundert Jahre alt. Die Gründe, weshalb der Ort in diesem Jubiläumsjahr hier näher dargestellt werden soll, obgleich seine Entwicklung nur langsam vorangegangen ist, sind die Erhebung der Stadt zur City of Durban und die dieser politischen Veränderung vorangehenden Gebietserweiterungen.

D 5. Die Großstadt Durban 1935

Der Stadtrat der Stadt Durban erläßt am 1. August 1935 folgende Resolution:

"Under Ordinance No 7 of 1935 of the Natal Provincial Council, assented to by His Excellency the Governor-General on 13th June, 1935, the Borough of Durban, from 1st August 1935, shall be designated and known as the 'City of Durban".

The City Council of the City of Durban, assembled at it's first meeting upon the attainment of the status of City, records that incorporated as a Borough in 1854, with a population of 1204 Europeans and an area of 12 square miles, the City of Durban today has a population of 221050, of whom are 80150 Europeans, with a total area of 67 square miles, and a Municipal valuation of £ 38 856 640.

---

[1]) D. C. Mayor's Minute 1925

[2]) Tabelle 10
Nach Weight, E. 1960 S. 47, 49—50 ist die südafrikanische Kohle mit einem Gestehungspreis von DM 6,50 je t (USA DM 23,— je t) mit die billigste der Welt. Dies dürfte vor allem auf die billigen eingeborenen Arbeitskräfte zurückzuführen sein.

[3]) U. o. S. A. Dep. Railways and Harbours, Rep. Gen. Manager 1925
Vergleich der Jahrestonnage 1924/25

	Durban	Kapstadt
Import	1 089 951	779 744
Export	3 416 419	630 391

[4]) Murray, M. 1933 S. 127

From a small settlement of a few wooden huts, with roads which were but sandy tracks through virgin bush, without any attempt of drainage or lighting, and with a water supply of the most primitive description, has emerged the modern City of Durban, equipped with all the amenities of civilisation, third in South Africa in size und population, whose natural advantages and geographical situation, combined with the enterprise of its inhabitants, have made it the largest seaport of the Union, a thriving industrial centre, and a seat of learning, and whose equable climatic conditions and general warmth in winter have made it the playground in South Africa"[1]).

Dieses ist der letzte wichtige große Schritt in der bisherigen Entwicklung Durbans! Mit der Erhebung zur Großstadt, ausgedehnt über eine Fläche von 174 qkm (1959 — 194 qkm[2])) und mit einer Einwohnerzahl von (1934/35) 223211, davon 80550 Europäer, 64610 Bantus, 72903 Asiaten und 5148 Mischlinge, ist politisch und verwaltungsmäßig der Tatsache Rechnung getragen worden, daß in hundert Jahren an einer flachen, sumpfigen Bucht, deren einziger Pluspunkt war, daß keine bessere geschützte natürliche Wasserfläche, die von See her zu erreichen war, in der Nähe lag, durch planmäßige Ausnutzung räumlicher Vorteile einerseits, und durch ebenso planmäßige Überwindung naturräumlicher Schwierigkeiten andererseits es gelang, durch Einsatz von viel Fleiß und Energie einen völlig neuen Raumkomplex zu schaffen, der in seinen Grundlagen von naturräumlichen Gegebenheiten bestimmt, als völlig eigenständiges, von zahlreichen kulturellen und wirtschaftlichen Einflüssen geformtes Individuum dem geographischen Raum ein neues Gesicht geprägt hat.

Der Erhebung zur Großstadt geht 1932 eine entscheidende Gebietserweiterung voraus[3]): Unter dem Druck des Bevölkerungszuwachses, der weiteren Ausdehnung der Industrie und vor allem dem Druck der europäischen Bürger, die zwar in der Stadt arbeiten, aber sich außerhalb der Stadtgrenzen angesiedelt haben, hatte sich Durban schon 1924/25 genötigt gesehen, diese Gebiete, obgleich sie außerhalb des Stadtverwaltungsbereiches lagen, mit in das Wasser- und Stromversorgungsnetz einzubeziehen. So war es z. T. nur ein verwaltungstechnischer Schritt, diese Gebiete nunmehr auch der Stadtverwaltung zu unterstellen. Hafenlandraum, Stadtzentrum, Industriegebiet und Wohnviertel der Borough of Durban erhielten nunmehr einen neuen Siedlungsring hinzugefügt, der in seiner räumlichen Ausdehnung, seiner Bevölkerungs- und Wirtschaftsstruktur von seiner Entwicklung her verstanden werden muß.

Die naturräumlichen Bedingungen, die für die Abgrenzung der Old Borough maßgebend waren, sind für die Abgrenzung des neuen Stadtgebietes nicht mehr allein von entscheidender Bedeutung. Der Verlauf der neuen Grenze wird bestimmt durch die vorhandenen Abgrenzungen der eingemeindeten Bezirke[4]).

Im Norden zieht die Grenze mehr oder weniger senkrecht zur Küstenlinie quer über die Randstufe hinweg an den Mhlangano heran, dessen verhältnismäßig breites, sumpfiges Tal als natürliche Grenze wirkt. Stromab bis zum Flußpferd-See folgt die Grenze dem Fluß, bezieht dann eine stromauf liegende, linksseitige Talausweitung des Umgeni mit in die Stadt ein, läuft ca. 3,5 km am Umgeni stromauf, quert den Fluß und zieht dann längs der Wasserscheide an die Quellen des Mbongokazi heran, folgt diesem in etwa talab bis kurz vor seine Einmündung in den Palmiet, läuft dann an den Palmiet heran, dem sie bis zu seiner Abbiegung nach W stromauf folgt. Die weitere Grenze bildet ein Nebenflußtal, das an die Wasserscheide zwischen

[1]) City of Durban, Mayor's Minute 1935

[2]) Lawrie's 1959 S. 1

[3]) D. C. Mayor's Minute 1933
Durban Housing Survey 1952 S. 19

[4]) Kartentafel 4, 7

Umgeni und Umbilo heranführt, die die Grenze zwischen Sherwood und Westville überquert. Westville bleibt dadurch ein eigenständiger, wenn auch stark nach Durban orientierter Stadtkomplex. Der weitere Grenzverlauf bis an den Umbilo heran ist durch Vermessungslinien festgelegt, wie schon die Gradlinigkeit der Grenze zeigt. Die Festlegung einer solchen künstlichen, den natürlichen Gegebenheiten in keiner Weise gerecht werdenden und daher unbefriedigenden Grenze war hier notwendig, weil keine natürliche Grenze als solche genutzt werden konnte. Das liegt an der unterschiedlichen Siedlungsweise der Europäer und der Eingeborenen:

Die Wasserscheiden tragen als höchstgelegene, und dadurch klimatisch günstigere Flächen europäische Siedlungen, die nicht durch eine mittenhindurch laufende Grenze auseinandergerissen werden können. Die Täler, sonst ebenfalls günstige natürliche Grenzlinien, werden in diesem Gebiet — besonders in Cato Manor — beiderseits auf den Flußterrassen von Eingeborenen und Indern besiedelt, die den Talboden nutzen. Hier bilden also die Täler siedlungsmäßige Einheiten, die nicht durch Grenzen auseinandergerissen werden können. (Sofern man eine Grenze in nach menschlichem Ermessen sinnvoller Weise ziehen will!) Das Problem wurde in diesem Falle durch eine trigonometrisch bestimmte Grenze gelöst, die das Slum-Gebiet von Cato Manor, das einen bedeutenden Teil der Arbeitskräfte für Durban stellt, mit in den Bereich der Stadt einbezieht. Ca. 500 m folgt die Grenze dem Umbilo stromab, um dann wieder nach S einzubiegen und trigonometrischen Leitlinien an den Mhlatuzana heran zu folgen. Hier quert die Grenze einen Siedlungsgürtel, der sich längs der Eisenbahnlinie und der Straße nach Pinetown und Pietermaritzburg (nicht zu verwechseln mit der weiter nördlich liegenden National Road nach Pietermaritzburg), einer wenig bedeutsamen Wasserscheide folgend, entwickelt hat. Wollte man nicht alle diese Bezirke, die praktisch Vororte Durbans darstellen, in die Stadt mit einbeziehen, mußte man einer der künstlichen Bezirksgrenzen zwischen den einzelnen Ortschaften folgen, in diesem Falle der Grenze zwischen Hillary und Malvern. Dem Mhlatuzana folgt die Grenze ca. 3 km stromab und wendet sich dann nach SW. Hier erfolgt die Grenzziehung wiederum durch eine Vermessungslinie. Der Osthang der Randstufe, günstiges prospektives Wohnsiedlungsland, wird zur City geschlagen und mangels einer natürlichen Grenze durch eine künstliche von dem nur gering besiedelten Hinterland abgetrennt. Der Umlazi dient wiederum als natürliche Grenze, und seinem Lauf stromab folgend endet die Stadtgrenze bei der gemeinsamen Einmündung des Umlazi mit dem Isipingo in den Indischen Ozean.

Der neue Siedlungshalbkreis um die Old Borough ist ein buntes Gemisch aus unentwickeltem jungfräulichem Land, planlosen Slum-Siedlungen und geplanten, gut entwickelten Vororten. Seiner in Gegensatz zu der Old Borough stehenden entwicklungsbedingten Struktur soll im letzten Teil der Arbeit im Einzelnen nachgegangen werden. Hier soll vor allem der Raum der Old Borough zur Zeit der Erhebung zur City kurz skizziert werden:

Im Hafen sind wenige Veränderungen gegenüber 1924/25 zu bemerken[1]): Am Point ist die Kailänge unverändert geblieben, nur der alte Fish Jetty ist abgerissen worden. Die Gesamtzahl der Kräne wurde von 51 auf 57 erhöht und das Schwergewicht auf die Ausrüstung des Hafens mit 4-t- statt der bisherigen 3-t-Kräne gelegt. Für den steigenden Export von Südfrüchten ist das Kühlhaus mit 2000 t Fassungsvermögen von wachsender Bedeutung, da bei den herrschenden klimatischen Verhältnissen an eine andere Lagerung von Früchten nicht zu denken ist. In Congella sind die Landgewinnungsarbeiten so weit fortgeschritten, daß 2340 m Kai zur Verfügung stehen, zu denen noch gegenüber dem Albert Park am W-Ende der Esplanade

---

[1]) Kartentafel 16
Tabellen 10, 11

ein 92 m langer Fischkai hinzugekommen ist. Die Erweiterung der Kaianlagen gestattete auch die Errichtung einer Manganerz-Verladebrücke mit elektrischem Förderband. Mit einer Leistung von 500 t/h macht diese Anlage Durban zum wichtigsten Manganerz-Exporthafen der Union. Zusammen mit dem Getreidespeicher und der Bekohlungsanlage am Bluff verfügt Durban damit über drei wichtige Massengut-Umschlagseinrichtungen. Kohle, Erz und Getreide stellen 65,4% des gesamten Exports von Durban dar! Am Bluff hat sich die Küstenlinie von Island View erheblich gewandelt: 305 m Kai sind vor dem aufgeschwemmten Land fertiggestellt worden. Die Zahl der Öltanks hat sich auf 38 erhöht, die ein Fassungsvermögen von 131000000 l haben. So ist Durban auch zum Hauptimporteur für schwere Heizöle und Benzin für die Südafrikanische Union geworden, eine Funktion, die ihm schon aus seiner geographischen Lage heraus zukommt: Es liegt von allen südafrikanischen Häfen am nächsten zu den Ölfeldern des Vorderen Orients, und es kann durch die Nutzung des Bluffvorlandes günstige, fern der Stadt und doch im Hafengebiet gelegene Lagerplätze für die feuergefährlichen Produkte stellen.

Verglichen mit den vorhergehenden Dekaden sind die Veränderungen im Hafen nicht mehr allzu bedeutend, aber durch die Vervollkommnung der technischen Ausrüstung ist es Durban gelungen, trotz der Krisenjahre und trotz des nur langsam wieder anlaufenden Welthandels eine Steigerung im Güterumschlag zu erreichen. Die Zahl der einkommenden Schiffe liegt zwar nur um 7% über der von 1924/25, aber durch die Größenzunahme der Schiffe ist eine Steigerung der einkommenden Nettotonnage um 37% zu verzeichnen. Das entspricht in etwa auch der Zunahme des Imports um 38%, aber der Exportrückgang um 17,5% zeigt die Absatzschwierigkeiten, die noch immer in europäischen und amerikanischen Ländern bestehen. Daher ist auch im Gesamtgüterumschlag ein Rückgang um 4% zu verzeichnen, der auf die Stagnation der wirtschaftlichen Entwicklung in diesen Jahren zurückzuführen ist.

War in den vorhergehenden Perioden der Umfang der Stadtentwicklung stets von dem Umfang der Hafenentwicklung in hohem Maße abhängig gewesen, so zeigt sich in dem Stadtbild von 1935 zum ersten Male eine gewisse Unabhängigkeit der Stadtentwicklung von der Hafenentwicklung. Die Stadt stellt zwar mit dem Hafen noch ein Funktionsindividuum dar, aber der Hafen ist nicht mehr das alleinige Zentrum. Primär von dem Hafen angelockt, haben sich Industrien und Betriebe in der Stadt niedergelassen, die eine gewisse Eigenständigkeit insoweit haben, daß sie zwar von der Aktivität des Hafens profitieren, aber auch ohne diese bestehen können (z. B. Transportunternehmen, Versorgungsbetriebe). Das bedeutet, daß die Stadt, die ursprünglich um des Hafens willen gegründet und angelegt wurde, nunmehr so weit herangewachsen ist, daß sie einen eigenen Organismus darstellt, in dem der Hafen zwar noch ein außerordentlich wichtiges Glied darstellt, der aber bei einem Versagen oder Funktionsloswerden dieses Gliedes weiterleben könnte.

Diesen inneren Strukturwandel der Stadt spiegelt in gewissen Grenzen die Aufbauarbeit der Stadt in den Krisenjahren wieder, in denen, obgleich der Hafen in seiner Funktion stark herabgesetzt war, fast alle geplanten Aufbauarbeiten weitergeführt und die Entwicklung der Stadt vorangetrieben wurden. Vom siedlungsgeographischen Standpunkt wichtig sind vor allem der Ausbau der Versorgungsnetze für Wasser und Elektrizität, die Verkehrserschließung und die Errichtung neuer Plansiedlungen.

Die Einbeziehung der neu zur Stadt hinzu gekommenen Gebiete in die städtischen Versorgungsnetze steht bei allen Arbeiten im Vordergrund. So wird das Stromleitungsnetz auf 1770 km ausgedehnt, an die 27662 Verbraucher angeschlossen sind[1]). Diese Erweiterung des Stromnetzes war nur möglich durch die Inbetrieb-

[1]) City of Durban, Mayor's Minute 1935

nahme des neuen Wärmekraftwerkes in Congella. Die Wasserversorgung selbst für das so stark ausgedehnte neue Stadtgebiet, ist seit 1928 wieder gesichert. Nachdem das Staubecken des 1905 am Umlazi errichteten Camperdown-Staudammes bis 1927 durch Sedimentation 72% seines Fassungsvermögens eingebüßt hatte — ein recht eindrucksvolles Beispiel für die Stärke der Bodenerosion in dem 470 qkm großen Einzugsgebiet des Flusses — bringt die Fertigstellung des Vernon-Hooper- oder Shongweni-Staudammes am Umlazi die erforderliche Entlastung der 'Old Umlazi Works', und ermöglicht wieder die Aufrechterhaltung eines genügenden Druckes in den Wasserleitungen der Stadt. Der Damm staut 11150000000 l Wasser[1]). Dazu kommen noch 680000000 l vom Camperdown-Damm und 454300000 l des künstlichen Beckens in 'Klar-Wasser', die beide in das 'Old Umlazi System' mit einbezogen sind. Der Shongweni-Damm liefert, sofern dies notwendig ist, an das 'Old Umlazi System' ca. 23 Mill. l pro Tag und außerdem 32 Mill. l pro Tag an die 1927 errichteten und weiter im Ausbau befindlichen Reinigungsfilter in Northdene an der alten Eisenbahnlinie nach Pietermaritzburg, von wo aus das Wasser in die Lieferreservoire auf der Berea gepumpt wird. Zusätzlich zu den vorhandenen Reservoiren wird bei den Botanic Gardens ein weiteres Großreservoir errichtet. Mit diesem Versorgungssystem ist es möglich, den Jahresverbrauch von 16500 Mill. l (1934/35) ohne Schwierigkeiten zu decken[2]). Fraglich ist nur, wie lange es dauern wird, bis die Sedimenttation auf Grund der ständig stärker werdenden Bodenerosion auch die Kapazität des Shongweni-Dammes entscheidend beeinträchtigt.

Schwieriger als die Versorgung mit Strom und Wasser gestaltet sich die Verkehrserschließung der Stadt. Die Wohngebiete der Nicht-Europäer, vor allem Sydenham, Mayville, Cato Manor, Clairwood sind durch meist von Indern betriebene Privatbuslinien mit der Stadtmitte verbunden. Das europäische, städtische Straßenbahn- und Busnetz ist teilweise erweitert worden und zum Teil, wie z. B. auf der Marine Parade, von Straßenbahn auf Busverkehr umgestellt worden. Die wichtigste Erweiterung ist die Einrichtung einer Buslinie nach Kloof — 20 km von der Stadtmitte entfernt auf dem unteren Randstufenniveau an der heutigen National Road nach Pietermaritzburg gelegen[3]). Die Erweiterungen des Verkehrsnetzes und auch die Umstellung einiger Linien auf Busbetrieb tragen sicherlich erheblich zur Entlastung des innerstädtischen Straßennetzes vom Individualverkehr bei. So beförderten die Straßenbahnen 1934/35 29173503 Passagiere, die Busse 808707 Passagiere, fast ausschließlich Europäer[4]). Aber trotzdem ist durch die Ausdehnung der Wohngebiete eine solche Massierung des Pendlerverkehrs auf den Ausfallstraßen nach S, W und N eingetreten, daß bei einem Bestand von 14909 Motorfahrzeugen, 463 Pferdefuhrwerken[5]) und 10—12000 Rikshas (geschätzt) in der Stadt zu den Hauptverkehrszeiten schwere Verkehrsstauungen auftreten können, und daß trotz der sechsbahnigen Hauptstraßen in der Innenstadt schon 1935 von einem Parkplatzmangel berichtet wird[6]). Die Verkehrsschwierigkeiten werden noch erhöht dadurch, daß noch immer der gesamte Hafengüterzugverkehr vom Point quer durch die Innenstadt rollt!

Die Lösung dieser Verkehrsprobleme in Durban wird dadurch erschwert, daß sie aus der naturgeographischen Situation Durbans resultieren und man Naturgegeben-

---

[1]) Adler, E. D. 1957 S. 123—124
City of Durban, Mayor's Minute 1935
[2]) Kartentafel 21
City of Durban, Mayor's Minute 1935
[3]) D. C. Mayor's Minute 1930
[4]) City of Durban (im folgenden zitiert C. D.), Mayor's Minute 1935
[5]) C. D. Mayor's Minute 1935
[6]) C. D. Mayor's Minute 1935

heiten nicht einfach negieren oder verschwinden lassen kann. Der Zugverkehr quer durch die Stadt ist bei der derzeitigen Lage des Hafens und dem Fehlen einer Bahn längs der Bucht nach Congella — wie sie seit 1936 besteht[1]) — nicht zu vermeiden, da die buchstäblich auf Sand gebaute Stadt mit ihrem Verkehr weder über noch unter die Erde gehen kann. Der starke Innenstadtverkehr beruht zum größten Teil auf der in Durban besonders scharfen, naturgeographisch bedingten Trennung von Wohn-, Industrie- und Geschäftsvierteln. Diese Trennung kommt noch stärker zur Geltung nach der Einbeziehung der neuen Bezirke in die Stadt. Da die Einwohner dieser neuen Bezirke arbeitsplatzmäßig überwiegend nach Durban orientiert sind, die Außensiedlungen außerdem wegen des zu stark bewegten Reliefs und wegen der verkehrsungünstigen Lage kaum einen Anreiz zur Ansiedlung von Industrie oder Handel in nennenswertem Maße boten, wurden die klimatisch und verkehrsmäßig am günstigsten gelegenen Bezirke Durban North, Hillary, Bellair, Montclair und Woodlands, zum Teil auch Wentworth[2]) zu 'Schlafstädten' der Europäer, Orten, in denen sich kleine Zentren zur Versorgung des täglichen Bedarfs entwickelten, Grundschulen errichtet und die für den Engländer charakteristischen Clubs gegründet wurden. Eine typische Erscheinung für Durbans Entwicklung zeigt der Siedlungsstreifen längs der Hauptstraße nach Pietermaritzburg[3]). Bis zur alten Stadtgrenze ist die Berea von Europäern besiedelt. Auf dem außerhalb der Stadt gelegenen W-Hang siedelten sich Inder an, die ihre Siedlung immer weiter nach W vortrieben, längs der Hauptstraße, also mit guter Verkehrsverbindung, aber im 'Schatten der Stadt'. Als den Europäern die Stadtgrenzen zu eng wurden, und sie weiter landeinwärts siedeln wollten, sahen sie sich gezwungen, das von Indern besiedelte Gebiet zu 'überspringen' und in einiger Entfernung davon, außerhalb der heutigen City-grenze, in Westville und folgenden Siedlungsgebieten sich niederzulassen. Dieses Überspringen von Siedlungsräumen anderer Rassen wiederholte sich in Durban mehrfach (z. B.Inder im W des Stadtzentrums, Western Vlei, Berea Westhang und anschließende Hügelzone, dazwischen jeweils Europäersiedlungen) und schuf u. a. in Durban eine vielfältige Verschachtelung der Siedlungsräume der verschiedenen Rassen, noch dadurch kompliziert, daß dieser Vorgang des Überspringens immer nur auf Teilräume beschränkt blieb. Die Siedlungen Sherwood, Sydenham, Overport (Westteil) sind ausgesprochene Indersiedlungen und zeigen einen nach S zu schnell fallenden sozialen Standard, schon rein äußerlich am Erhaltungszustand und der Größe der Gebäude kenntlich. Im S grenzt an sie das vor allem von Bantus bewohnte Slum-Gebiet von Cato Manor an. Dieses, wie auch das 1929/30 von der Stadtverwaltung gekaufte Inder-Slumgebiet von Clairwood (Bayhead)[4]) macht der Stadtverwaltung große Sorgen, weil sie die Massenansammlungen von Hütten aus Wellblech, Blechkanistern, Holzresten, Dachpappen und ähnlichen ungeeigneten Materialien in Gegenden ohne sanitäre Anlagen, ohne Wasserleitungen, auf teilweise sumpfigem Gelände mit der Überzahl darin hausender Menschen, die täglich die um sie herum angehäuften Berge von Schmutz noch vergrößern, Brutherde sind für Seuchen aller Art, Unterschlupf für kriminelle Elemente und Angriffsflächen für politische Hitzköpfe, die leicht Unruhen in diesen erbärmlichen, menschenunwürdigen Schmutzvierteln stiften können. Seit der Übernahme dieser Slums in das Stadtgebiet kommt die Sorge um die Beseitigung dieser Elendsviertel in den Berichten des Bürgermeisters der Stadt immer wieder zum Ausdruck. Doch alle Pläne für Bantu-Wohnviertel (Native Housing Schemes), für die Errichtung neuer Locationen sind, gemessen an der ständig wachsenden Zahl der Unterzubringenden,

[1]) U. o. S. A., Dep. Railways and Harbours, Rep. Gen. Manager 1958 Statement 17
[2]) Kartentafel 7
[3]) Brookfield, H. C. u. Tatham, M. A. 1957 S. 57, 59
[4]) D. C. Mayor's Minute 1930

wie Tropfen auf einen heißen Stein. Die Europäer erschließen seit 1927 Durban North als neue Wohngegend für Europäer[1]), sie siedeln minderbemittelte Rassengenossen aus Greyville, der Point Area, Stamford Hill Road und Railway Street um an den Abhang der S-Berea[2]). Die verlassenen Häuser übernehmen vor allem Inder, die so eine neue innerstädtische Ausbreitungsmöglichkeit finden. Für die Schwarzen, deren Arbeits- und Verdienstmöglichkeiten durch den Gesetzgeber stark eingeschränkt sind, die kein Recht auf Landerwerb in der Stadt haben und für die in allen Berufen die Inder eine scharfe Konkurrenz sind, denen in vielen Fällen von geschäftstüchtigen Indern das mühsam verdiente Geld sehr schnell wieder abgenommen wird, bleibt nur die Wahl zwischen einem Leben in den Slums von Cato Manor oder dem Verzicht auf ein Familienleben während der Arbeitszeit in der Stadt, es sei denn, sie haben das Glück, zu den wenigen zu gehören, die in einer der neu entstehenden Siedlungen unterkommen.

Es wurde versucht, in diesem Teil der Arbeit die Entwicklung Durbans, wie sie sich vom siedlungsgeographischen Standpunkt darbietet, in großen Zügen aufzuzeigen. Widrige Naturfaktoren wie Strömungen und Winde, die eine Sandbarre vor die Hafeneinfahrt legten, ein stark zertaltes Hinterland mit steilen, treppenartig dem Meere zu abfallenden Stufen, die die Erschließung des Hinterlandes erschwerten, und günstige Naturfaktoren, wie die weite Ebene für die Anlage eines ausgedehnten Stadtzentrums und die Anlage von Industrieflächen, klimatisch begünstigte Osthänge für die Wohnsiedlungen, ein großes Areal zur Anlage eines ausgedehnten Hafens mit Eisenbahnanschluß in allen Teilen und direkter Verbindung zu den Industrieanlagen, wirkten zusammen und beeinflußten und wurden beeinflußt von den Kulturfaktoren, die vom Menschen in die Landschaft hineingetragen wurden, und ihr Zusammenspiel schuf die City of Durban. Das Verlangen, das Land von See her zu erschließen, die Notwendigkeit für die Kolonie, mit dem Mutterland in Verbindung zu bleiben und Handel zu betreiben, waren die entscheidenden Faktoren, die zur Schaffung der Hafenstadt führten. Der Wunsch der Seefahrer nach einem sicheren Hafen, der Wunsch der aufblühenden Kolonie nach einem leistungsfähigen Hafen waren die entscheidenden Entwicklungsimpulse. Die günstige geographische Lage aber — zu den Welthandelswegen, in Bezug auf die Energiequellen und die Nähe der Industriegebiete, in Bezug auf die Eigenversorgung der Stadt mit Agrarprodukten und Trinkwasser, die günstige geographische Lage schließlich des Hafens selbst in einer windgeschützten Bucht mit einem weiten Areal ausbaufähigen flachen Landes ringsum bildeten die Grundlage für die Entstehung des Eisenbahnhafens Durban.

Alle in den einzelnen Schilderungen der Entwicklung Durbans angeschnittenen Faktoren: Der Wirkungsgrad des Hafens, die Entwicklung und Struktur von Stadtzentrum, Industrie- und Wohngebieten, die Strom- und Wasserversorgung, die verkehrstechnische Bewältigung des Raumes und schließlich auch die Erschließung und bis zu einem gewissen Grade auch die Entwicklung des Hinterlandes haben sich seit 1935 außerordentlich weiterentwickelt und zum Teil stark verändert. Der Zweite Weltkrieg brachte auch für diese, dem eigentlichen Kriegsgeschehen ferne Stadt schwere Rückschläge. Zwar wurde der Hafen stärker benutzt denn je, aber es war kein gewinnbringender Handel, der ihn belebte, und die innere Entwicklung der Stadt stockte, weil das Kapital und auch die Menschen zur Weiterführung der angefangenen Arbeiten fehlten. Erst nach 1950 kann man feststellen, daß Durban sich von den Kriegsjahren erholt hat — und es beginnt eine Zeit rascher Entwicklung dieses Hafens, der nach Überwindung der Krisenjahre nunmehr den vollen Einfluß

[1]) D. C. Mayor's Minute 1930
[2]) Kartentafel 20
D. C. Mayor's Minute 1930

der schnell vorwärts strebenden Industrialisierung der Südafrikanischen Union zu spüren bekommt. 1954 feierte Durban sein hundertjähriges Bestehen als Stadt.

So sehr dieses Jahr ein Markstein in der Geschichte Durbans ist — in der Entwicklung ist es ein Jahr des Fortschrittes wie die vorangegangenen und wie die folgenden Jahre. 1957, in dem Jahr, aus dem für diese Arbeit das letzte Material vorliegt, befindet sich Durban in einer lebhaften Weiterentwicklung und zeigt Ansätze für eine einschneidende Umstrukturierung der Wohnbezirke der einzelnen Rassen, einen siedlungsgeographisch höchst interessanten Vorgang.

Trotzdem muß die Betrachtung der Entwicklung Durbans vorläufig hier abgeschlossen werden. In einer genaueren Untersuchung der siedlungsgeographischen Struktur Durbans im Jahr 1957 werden die bisher verfolgten Entwicklungslinien wieder auftauchen, und es wird versucht, sie in das geographische Gesamtbild des heutigen Durban mit hineinzuverweben, um so aus Vergangenem Gegenwärtiges zu erklären, naturgeographische und kulturgeographische Faktoren zu einem geschlossenen Raumkomplex zu verflechten.

E. Die Großstadt Durban in siedlungsgeographischer Sicht

In zwei neueren Arbeiten (Brookfield, H. C. und Tatham, M. A. 1957; Kuper, L., Watts, H. und Davies, R. 1958) ist Durban auf seine rassische Gliederung hin untersucht worden.

Die dabei herausgearbeiteten Bezirke wurden in rassischer und demographischer Sicht eingehend dargestellt und locker mit dem geographischen Raum verknüpft. Diese Art der Darstellung verbietet sich für die Geographie, die stets ihre Betrachtung von den räumlichen Gegebenheiten her anzustellen hat, von selbst. Es bleiben aber verschiedene Möglichkeiten offen, eine Untersuchung der siedlungsgeographischen Struktur der Stadt durchzuführen. Ausgehend von der naturräumlichen Gliederung des Untersuchungsgebietes wäre es möglich, a) die einzelnen Gliederungsgebiete auf ihre Bevölkerungsstruktur hin zu untersuchen und dementsprechend abzugrenzen. Eine derartige Abgrenzung würde aber die an sich schon vielfältige rassische Gliederung der Stadt noch verstärken und dabei städtische Funktionseinheiten auseinanderreißen; b) wäre es möglich, von der räumlichen Großgliederung ausgehend, die einzelnen Naturräume geschlossen zu behandeln und dabei die teilweise Zerstückelung rassenbedingter und funktionaler Einheiten in Kauf zu nehmen. Beide Möglichkeiten sind unbefriedigend. Im folgenden wird ein Kompromiß angestrebt: Ausgehend von der naturräumlichen Gliederung werden innerhalb dieser Gebiete, teilweise das eine mit dem anderen verbindend, Funktionseinheiten der Stadt ausgegliedert, die ihrerseits wiederum innerhalb des Gesamt-Stadtkörpers auf ihre Siedlungsstruktur hin untersucht werden. Dadurch wird die Bevölkerungsaufgliederung der Stadt noch verstärkt, was aber im Rahmen dieser Untersuchung als das kleinere Übel angesehen wird. Den Darstellungen der einzelnen städtischen Funktionseinheiten wird eine Grundrißanalyse und eine Skizzierung des Aufrisses des jeweiligen Raumes hinzugefügt. Die Einzelgebiete werden abschließend mit einander verknüpft durch die Darstellung der sie verbindenden, gemeinsamen, großstadt-bedingten Faktoren.

Fair gibt 1952[1]) eine morphologische Großgliederung Durbans in vier Regionen: Berea, Bluff, Alluvialebenen und Hügellandzone. Kuper[2]) gliedert das zwischen

[1]) Fair, T. J. D. in Durban Housing Survey 1952 S. 21ff. und Karte 1

[2]) Kuper, L., Watts, H. und Davies, R. 1958 S. 95 Fig. 11 (im folgenden zitiert als Kuper, L. 1958)

dem Umbilo und dem Mhlatuzana gelegene, stark erodierte Hügelland zusätzlich aus. Diese Gliederung erscheint vom geomorphologischen Gesichtspunkt her als zutreffend. Wie wir aber bereits bei der Betrachtung der Stadtentwicklung feststellen konnten, spielt der Faktor Klima eine wesentliche Rolle bei der Besiedlung, und so erscheint es sinnvoll, für die siedlungsgeographische Untersuchung statt einer rein morphologischen eine naturgeographische Gliederung für die Einzelbetrachtung der Siedlungsräume zugrunde zu legen. Danach können wir im Stadtgebiet Durban folgende naturgeographisch bedingte Areale unterscheiden[1]):

1. Die Bucht von Natal,
2. die Alluvialebenen,
3. den seeseitigen, kühleren Berea-Osthang und seine nördliche und südliche Fortsetzung,
4. den landseitigen, wärmeren Berea-Westhang und seine nördliche Fortsetzung,
5. die westliche Hügellandzone,
6. das Umgeni-Tal,
7. das Umbilo-Mhlatuzana-Zwischenhügelland,
8. den Bluff- und Wentworth-Rücken,
9. das Seewind-geschützte Bluff-Tal.

Die Abgrenzungen wurden wie folgt festgelegt: Berea-Osthang gegen Alluvialebenen: 100 feet (31 m) Isohypse; Bluff- und Wentworth-Rücken gegen Alluvialebenen: 100 feet Isohypse; Bluff-Tal gegen Alluvialebenen: Entwässerungskanal zum Umlazi; Umbilo-Mhlatuzana-Zwischenhügelland gegen Alluvialebenen: 100 feet Isohypse; Berea-Osthang gegen Berea-Westhang: Berea-Kammlinie; Berea-Westhang gegen westliche Hügellandzone: 200 feet (61 m) Isohypse; Berea-Westhang gegen Umgeni-Tal: 100 feet Isohypse; westliche Hügellandzone gegen Umgeni-Tal: 100 feet Isohypse; westliche Hügellandzone gegen Umbilo-Mhlatuzana-Zwischenhügelland: Umbilo; Umbilo-Mhlatuzana-Zwischenhügelland gegen südliche Fortsetzung des Berea-Osthanges: Mhlatuzana; Bluff- und Wentworth-Rücken gegen Bluff-Tal: 100 feet Isohypse. Die Isohypsen als Grenzlinien sollen nur Anhaltslinien sein, die es ermöglichen, breite Übergangszonen in der Natur für die Untersuchung in etwa zu fixieren.

Um die Beziehungen zwischen den naturgeographischen Arealen, d. h. den natürlich bedingten Gegebenheiten im Raum, und der heutigen Siedlungsstruktur aufzeigen zu können, wurde der Versuch unternommen, auf Grund von Geländeuntersuchungen 1957 und der Auswertung des Straßenverzeichnisses von Lawrie[2]) die Areale verschiedener städtischer Funktionseinheiten zu bestimmen. Es wurden ausgegliedert[3]):

1. Hafenlandraum;
2. Industriegebiete;
3. Eisenbahn- und Flugplatzgelände (große Verkehrsflächen);
4. Stadtzentrum — gekennzeichnet durch die Gebäude der zentralen Verwaltung, Großbanken, Versicherungen, Presse- und Informationszentren;
5. Geschäfts- und Büroviertel, gekennzeichnet durch die Häufung von Geschäfts- und Bürogebäuden, Warenhäusern etc.:
6. Wohnviertel und Erholungsflächen einschließlich der nicht bebauten Gebiete;
7. Erholungsviertel;

---

[1]) Kartentafel 7
[2]) Lawrie's 1959 S. 57—322
[3]) Kartentafel 18

8. Slums[1];
9. Geschäftsstraßen — Hauptstraßen in anders orientierten Vierteln mit Häufungen von Geschäfts- und Bürogebäuden;
10. lokale Versorgungszentren — Häufungen von Geschäften, vereinzeltes Auftreten von Banken in Wohnvierteln.

Auf eine stärkere Untergliederung, wie sie insbesondere für das Stadtzentrum und die Industriegebiete wünschenswert wäre, wurde wegen der Übersichtlichkeit verzichtet.

Die rassische Gliederung des Stadtgebietes wurde übernommen von Kuper[2], dessen Karten 16, 18, 19 unter Auswertung der Tabelle S. 237 zu einer Karte zusammengefaßt wurden[3]. Kuper teilt Durban in 36 Zonen ein, für die er nach Auswertung der Ergebnisse der Bevölkerungszählung von 1951 die Besiedlung nach Rassen wiedergibt. Das dadurch entstehende Bild ist insofern verzerrt, als die flächenmäßige Ausdehnung der Zonen nicht mit der flächenmäßigen Ausdehnung der Besiedlung in einigen Zonen (besonders 7, 16, 36 und 33) übereinstimmt. Um ein genaueres Bild von der Verteilung der Rassen in Durban und den von ihnen besiedelten Flächen zu erhalten, wurde daher der Gebietsaufteilung in Zensus-Zonen eine Skizze der besiedelten Fläche unterlegt.

E 1. Der Hafen und die Industriegebiete

Der Gesamtcharakter Durbans, einer lokalen Konzentration von 519600 Menschen, wird bestimmt durch die Funktion, die dieser Siedlungskomplex zu erfüllen hat. Diese Funktion prägt sich deutlich im Siedlungsbild aus, in dem zwei Funktionsgruppen dominieren: der Hafen und die Industrie. Zweifellos ist der Hafen mit dem Hafenwasser- und dem Hafenlandraum der wirtschaftliche Kern der Stadt. Die Entwicklung der Siedlung ging von ihm aus, und er beansprucht gegenüber der Industrie ein überragendes Areal.

Eingebettet zwischen die Höhenrücken Berea und Bluff, nach SW abgeschlossen durch ein sumpfiges Flachland, im NE begrenzt durch die Sandhalbinsel Point, bietet die Bucht von Natal Platz für einen landschaftlich prachtvoll gelegenen

[1] Slums oder Declared Zones sind solche Gebiete, in denen der Gebäudezustand, die Wasserversorgung, sanitäre Anlagen und die Drainage nicht den Minimalanforderungen des Gesundheitsamtes entsprechen. Ferner sind Slums auch Viertel, in denen durch den Gebäudezustand oder durch Überbevölkerung der Gesundheitszustand der Bevölkerung ernsthaft gefährdet ist. (Durban Housing Survey 1952 S. 341.) Die Eintragung der Slums in Kartentafel 18 entspricht den Declared Zones von 1947 nach den Angaben im Durban Housing Survey S. 351—354.

[2] Kuper, L. 1958 Tabellen S. 235, 237, 243.
Kuper verwendet als Unterlage für seine Angaben, die auszugsweise in tabellarischer Form dieser Arbeit beigefügt wurden (Tabelle 12), die Ergebnisse des Zensus von 1951, die speziell für die 'Racial Ecology' vom Director of Census für 36 Distrikte aufgeschlüsselt wurden. (S. 23 Anm. 2.) Diese Zahlen sind das zur Zeit genaueste und detaillierteste Material, das für Durban greifbar ist. Die für Europäer und Inder gemachten Angaben dürfen wohl als zutreffend angesehen werden. Die Werte für die Bantu-Bevölkerung — Angaben über das Einkommen sind im Zensus von 1951 für Bantus nicht erhoben worden — sind mit Vorsicht zu bewerten. Sie stimmen sicherlich in der Größenordnung, aber innerhalb der angegebenen Dezimalen ist eine Fluktuation zu erwarten dadurch, daß sich Bantus ohne Aufenthaltsgenehmigung im Stadtbereich aufhalten, und durch die Unvollständigkeit der Meldung von Geburten und Sterbefällen. Im Text der vorliegenden Arbeit wurden nur jeweils abgerundete Tabellenwerte wiedergegeben, da die ausgegliederten Areale nicht mit den Zensusdistrikten übereinstimmen.

[3] Kartentafel 19

Hafen. Die 16,5 qkm große, spiegelnde Wasserfläche wird bei Flut zerfurcht von Fracht- und Passagierschiffen nahezu aller seefahrenden Nationen, von Schleppern, Leichtern und einer Vielzahl von Motorbooten und Seglern. Bei Ebbe (Tidenhub 2 m) ist die Fläche der Bucht zergliedert durch die von Baggern geschaffenen Kanäle, deren Breite von 180 bis 270 m[1]) die Nutzung des Hafens auch bei Niedrigwasser ermöglicht. Der Island View-Kanal führt an die Tanklager am Nordende des Wentworth-Rückens heran, zwischen der Insel Salisbury und dem Point ist das Fahrwasser in voller Breite ausgebaggert worden bis heran an den Ansatz der Point-Halbinsel an das Festland. Dort führt der Silburn-Kanal zu einem ca. 370 m langen Landesteg für Kleinfahrzeuge (Segel- und Motorboote), während der Maydon-Kanal den Frachtschiffverkehr weiterleitet bis zum Maydon Wharf-Kanal, der seinen Abschluß findet in dem Wendebassin vor dem Luftwaffen-Flugboot-Stützpunkt und dem Trockendock. Zu diesem Bassin besteht auch eine direkte W-E-Verbindung von der Hafeneinfahrt her. Hier münden auch gemeinsam der Umbilo und der Mhlatuzana, die in Kanälen durch das bereits gewonnene Industrieland und das noch zu drainierende und aufzuspülende Sumpfland geführt werden. Die Tiefe der Hafenkanäle schwankt zwischen 6 und 12 m MTNW. Der 'Gestängewald' der Kräne am Point, das Gewirr der Schuppen und Gleise, der hochragende Getreidesilo am Maydon Wharf, die langgestreckten Anlagen der Erz- und Kohleverladebrücken in Congella und am Bluff umrahmen den Hafenwasserraum. Am Point ist auf der Höhe vom Cato Creek-Güterlagerplatz eine 640 m lange, 230 m breite Halbinsel in die Bucht hinein vorgeschoben worden — ein großes künstliches Bauwerk zur Vergrößerung der Kailänge und der Lagerfläche[2]). Die Errichtung dieser künstlichen Halbinsel ist nur aus der geographischen Situation des Hafenlandraumes unter Berücksichtigung der Siedlungsentwicklung zu verstehen: Die Gründe für die räumlich getrennte Entwicklung von Hafen und Innenstadt sind in Teil D aufgezeigt worden. Die Stadt war im nördlichen Teil der Bucht an diese herangewachsen. Das Victoria Embankment bildete die nördliche Begrenzung der Bucht und die südliche Begrenzung des Stadtkernes. So formten sich zwei getrennte Hafenteile — Point und Congella —, die durch eine quer durch die Stadt laufende Eisenbahn verbunden waren. Der Stadt sollte so ein Stück Buchtküste, leicht befestigt, erhalten bleiben. 1936 mußte man allerdings, um dem zunehmenden Verkehr gerecht zu werden, einen Bahndamm längs des Victoria Embankment errichten. So wurde der Güterzugverkehr aus der Stadt herausgenommen, dafür wurden aber der Bahndamm als teurer Kunstbau und die Güterzüge als ständige Begleiterscheinung längs einer der schönsten Promenaden Durbans in Kauf genommen. Die Eisenbahnlinie Point—Durban wurde 1937 aufgehoben[3]). Man scheute sich aber, den Bahndamm zu einer Kaianlage auszubauen und den Hafenlandraum in dieses Gebiet auszudehnen. Eine 1 000 m lange Front für Kais, Schuppen und Gleisanlagen blieb ungenutzt für den Vorteil, über die Gleise der Hafengüterzüge hinweg längs des Victoria Embankment einen Blick auf die Bucht werfen zu können. Sicherlich ist damit Durban eine prachtvolle Allee erhalten geblieben und eine auch baulich repräsentative Straße, aber es erscheint doch fraglich, ob das den Kostenaufwand für einen Bahndammbau in sumpfigem Gelände und die Errichtung einer künstlichen Halbinsel aufwiegt!

Der Point hat jetzt eine Gesamtkailänge von 3949 m[4]). Daran ziehen sich entlang ein Reparaturschuppen, ein zweigeschossiger Passagierschuppen und zwölf unter-

---

[1]) Kartentafel 17
[2]) Bildtafel 4, 5
[3]) U. o. S. A., Dep. Railways and Harbours, Rep. Gen. Manager 1958, Statement 17
[4]) Tabelle 11
Kartentafel 17

schiedlich große Lagerschuppen mit einer Gesamtlagerfläche von 90200 qm. Alle Schuppen sind durch ein ausgedehntes Eisenbahngleissystem verbunden. Die längs des Hauptkais liegenden Schuppen stammen größtenteils noch aus der Zeit 1900 bis 1920 und haben durch sie hindurch laufende Gleise. Ältere Schuppen sind durch Backsteinkonstruktionen ersetzt worden. Diese, wie auch die neu errichteten Lagerhallen auf dem T-Jetty haben außenliegende, teilweise gegen Sonne und Regen überdachte Verladerampen für die Eisenbahn. Die Lagerfläche wird nicht mehr durch durchlaufende Gleise unterbrochen. Schuppen und Gleissystem sind durch einen Zaun als zollfreie Zone von dem übrigen Stadtgebiet getrennt, das Kühlhaus (1800 t Lagerkapazität) ist in dieses Gebiet mit einbezogen. Parallel zu den Bahngleisen verlaufen auf den Kais die Gleise der Kräne, deren Zahl und Gesamthebekraft seit 1935 nahezu verdoppelt worden ist. An dieses durch die technische Ausrüstung und die Art der Nutzung als Hafengelände gekennzeichnete Gebiet schließt sich eines der ältesten bebauten Areale Durbans an. Während sich — östlich der Camperdown Road-Gebäude der Hafenbehörden — mehrstöckige alte Backsteinbauten, — die langgestreckten Hallen der Maislager, das Point-Gefängnis und acht silbern glänzende Zylinder der Schweröl-Tanks zur Versorgung der Schiffe am Point locker im Gelände gruppieren, dort errichtet, wo sie benötigt wurden und Bauplatz vorhanden war, erstreckt sich westlich der Camperdown Road der geplante Teil des zum Hafenlandraum gehörenden bebauten Teiles des Point[1]). Schon auf den Hafenplänen von 1893[2]) ist die Gitterstruktur des Hafennetzes, bestehend aus Point Road, Prince Street, Erskine Terrace und Nebenstraßen, erkennbar. Die Point Road, älteste Verbindung zwischen dem Hafen und der Stadt, ist auch heute noch die Hauptachse der Point-Halbinsel. Die ersten 500 m verläuft sie der leichten Schwingung des Point angepaßt, dann führt sie schnurgerade in die Stadt hinein. Ihre recht gleichmäßige zweigeschossige Bebauung ist stilistisch so vielfältig, wie man sich eine Straßenfront nicht bunter vorzustellen vermag. Vom Kolonialstil englischer Prägung über den Klassizismus in entarteter Form und abgewandelte indische Bauweise bis zum modernen Stahlbetonbau sind so ziemlich alle denkbaren Variationen vertreten. Gebäude mit Arkaden auf Steinsäulen mit oder ohne Kapitelle, im Obergeschoß ausgebaut oder freigelassen, mit Wellblech-, Ziegel- oder Asbestdächern mit oder ohne Giebel wechseln in bunter Folge ab. In dieser Straße stehen Gebäude der Hafenbehörden neben Geschäften für den seemännischen Bedarf, Schiffsausrüstungsfirmen, Reederei-Vertretungen, Maklereien, zweit- und drittklassige Hotels, Bars und einer Vielzahl kleiner Läden, in denen vom Souvenir über Seife und Zahnbürste bis zum Radio so ziemlich alles zu haben ist. Die Geschäftswelt in diesem Areal ist eingestellt auf die Versorgung der Seeleute und der Schiffe.

Die Eisenbahnlinie vom Point längs des Victoria Embankment am Albert Park vorüber nach Congella stellt die Verbindung des Passagier- und Stückguthafens mit dem Industrie- und Massenguthafen her. Congella verfügt mit der Maydon Wharf, den Außenkais des Trockendocks, dem Reparaturkai und dem vor dem Albert Park gelegenen Fischanlande-Kai[3]) über 3143 m Kai, die außer den elektromechanischen Umschlagseinrichtungen für den Getreideumschlag (1000 t/h) und Manganerz-Umschlag (500 t/h) keine Umschlagseinrichtungen aufweisen. Hier waren die Schiffe

---

[1]) Bildtafel 3, 4
Kartentafeln 17, 18

[2]) Kartentafel 13

[3]) Bildtafel 5
Die Lage des Fischanlande-Kais vor dem Albert Park und den angrenzenden Wohngebieten ist auffällig. Sie erklärt sich aus den vorherrschenden Windrichtungen: NE und SW Winde tragen die Fischgerüche entweder in das Industrie- oder in das Hafengebiet. Die Wohnsiedlungen liegen in Luv.

bisher auf ihr eigenes Ladegeschirr angewiesen. Erst seit 1958 ist die Montage von Kränen längs der Maydon Wharf in Angriff genommen worden[1]). Das hinter der Maydon Wharf gelegene, durch Aufspülung gewonnene Gelände ist in langgestreckten, 110—180 m breiten, durch Straßen und Eisenbahnlinien gegliederten Arealen für die Industrie nutzbar gemacht worden. Hier wurde auch das zweikammerige Trockendock angelegt mit den dazugehörigen Werkstätten, Kränen und Materiallagern, hier befinden sich der ehemalige Flugboot-Hafen der Luftwaffe mit den entsprechenden Lagern und Hangars sowie das Schwimmdock-Bassin. Die künstliche Anlage dieser Hafenteile schließt zusammen mit dem neuen Eisenbahn-Depot das Hafengebiet nach S und E gegen die sumpfige Buchtküste ab. Buhnen mit Buschwerk-Packungen und dazwischenliegende weitläufige Röhrensysteme zeigen, daß die Landgewinnungsarbeiten in den anschließenden Gebieten fortgesetzt werden.

Der dritte Teil des Hafenlandraumes ist mit der Buchtumgehungsbahn, per Auto über den Edwin Swales V. C. Drive oder die Fähre vom Point aus zu erreichen: Die Buchtseite des Bluff[2]). 839 m Kai am Fuße des steil abfallenden Höhenrückens begrenzen einen teilweise erst künstlich geschaffenen Landstreifen, der von Lagern für 70000 t Kohle und eine umfangreiche Bekohlungsanlage zusammen mit den dazugehörigen Gleissystemen völlig ausgefüllt wird. Ein Aufslip für Wale ermöglicht die Verfrachtung der Jagdbeute aus südlichen Gewässern auf Spezialtransportwagen direkt zur Trankocherei auf der Ostseite des Bluff. Island View Wharf und Dolphin Wharf — Kais vor aufgeschwemmtem Land — ermöglichen auf 1280 m Länge die Anlandung auch größter Tanker, die das am Fuß von Bluff und Wentworth-Rücken in guter Schutzlage gelegene Tanklager (117 Tanks mit 313031 t Fassungsvermögen) versorgen.

Mit einem Blick auf die zum Kriegsmarine-Stützpunkt ausgebaute Insel Salisbury rundet sich das Bild des Hafens. Durch naturgeographische Faktoren in Form und Dimensionen vorgegeben, ist ein Kunsthafen für die Anforderungen des heutigen Seeverkehrs und des Überseehandels eines in landwirtschaftlicher, bergbaulicher und industrieller Produktion bedeutenden Landes mit gleich hohem Im- und Exportbedarf entwickelt worden. Die Diskussion des Wirkungsgrades dieses Hafens im Vergleich zu 1935 soll uns einen Maßstab geben für die Entwicklungsimpulse, die durch den Hafen auf die Stadt ausgestrahlt wurden.

Der Steigerung der Kailänge um 62% gegenüber 1935 steht eine 178%ige Erhöhung der Zahl der einkommenden Schiffe und eine 79%ige Erhöhung der einkommenden Nettotonnage gegenüber. Vergleichen wir dazu die Umschlagseinrichtungen und Lagermöglichkeiten, so hat sich die Umschlagskapazität um ca. 60% erhöht bei 45%iger Vergrößerung der Lagermöglichkeiten für Stückgut. Die Lagerkapazität für Erdöl resp. Schweröle und Benzine wurde im gleichen Zeitraum um 230% gesteigert. Diesen Werten stehen gegenüber: Importtonnageerhöhung 202% (Ölimport 760%!), Exporttonnageerhöhung 31%; der Gesamtumschlag vergrößerte sich um 93%. Diese Zahlen veranschaulichen die Überbelastung, der die Hafenanlagen augenblicklich ausgesetzt sind. Sie rechtfertigen die Pläne zu einem beschleunigten Ausbau der südlichen Buchtseite. Diese Zahlen zeigen uns aber auch die Aufbauleistung, die hier vollbracht worden ist, und den mächtigen Impuls, den der vor und nach dem Kriege rasch wachsende Bedarf an Industriegütern durch die schnelle Industrealisierung des Landes auf den größten Handelshafen der Union ausübt[3]).

---

[1]) U. o. S. A., Dep. Railways and Harbours, Rep. Gen. Manager 1958 S. 150

[2]) Bildtafel 4

[3]) Zum Problem der Industrialisierung der Südafrikanischen Union vergleiche u. a. Lossberg, V. v. u. Carlucci, F. 1958, Kayser, K. 1958, Eck, H. J. v. 1957

Welchen Schwierigkeiten sich dabei der Hafen gegenübersieht, ist u. a. aus dem Vergleich der Umschlagszahlen für Getreide, Erz und Kohle 1934/35 und 1957/58 zu ersehen:

		1934/35	1957/58
Getreide	t	396 980	560 944
Erze	t	87 280	384 143
Kohle	t	1 732 551	281 514!

Dabei muß noch berücksichtigt werden, daß nur die mechanischen Umschlagseinrichtungen für Kohle kriegsbedingt nach 1935 erweitert worden sind. Diese werden bei weitem nicht mehr ausgenutzt wegen der weitgehenden Umstellung der Schiffahrt auf Ölfeuerung, einen Vorgang, der sich auch aus den Umschlagszahlen für Öle und der Errichtung von Bunkeröl-Tanks auf dem Point ablesen läßt[1]).

Aufs engste verflochten mit dem Hafen und von dessen Funktionstüchtigkeit weitgehend abhängig ist die Industrie. Durch die künstliche Befestigung der westlichen Buchtseite ergab sich für Durban die Möglichkeit, vorwiegend überseeische Produkte verarbeitende Firmen direkt im Hafenlandraum anzusiedeln. Dieses künstliche, nach W in natürlich gewachsenes alluviales Flachland übergehende Areal wird durch drei NE—SW-Achsen erschlossen, deren Verlauf durch die Linienführung der von der Stadtmitte zum Umbilo — Mhlatuzana-Zwischenhügelland am Fuß der Berea auf möglichst festem Boden verlaufenden Eisenbahnstrecke bestimmt wird. Die Ausweitung der Bahnlinie im Bereich von Congella zu einem Gleissystem mit dem Charakter eines Güterbahnhofes verhinderte die Ausbildung von Nebenstraßen, so daß vorwiegend nur das künstliche Industriegelände zwischen Kai und Maydon Road in Parzellen durch Querstraßen und Eisenbahnstichstrecken aufgeschlossen wurde, während zwischen den anderen Hauptachsen Maydon Road—Sydney u. Congella Roads — Gale Street u. Umbilo Road das Gelände kaum Nebenstraßen aufweist. Die Bebauung variiert, entsprechend der Vielfalt der angesiedelten Industrien, zwischen der Höhe des Getreidesilos und flachen langgestreckten Lagerflächen. Repräsentative Empfangsgebäude, kahle Backsteinmauern und verrußte Hallenwände mit blinden Scheiben bilden die wechselnden Straßenfronten. Auch die Geschäftshäuser an der Grenze des Areals haben einen Zug ins 'Grau in Grau' des Industriegebietes. Sie sind meist alt, da dieses Gelände schon relativ früh vollständig bebaut war, und zeigen Verfallserscheinungen. Die wenigen Neubauten von Bankinstituten und Behörden vermögen das Bild nicht aufzulockern.

Es ist sehr schwierig, in diesem Bereich eine Grenze zwischen dem Hafenlandraum mit rein Hafen-orientierter Industrie und dem Industriegebiet, das nicht unbedingt hafenabhängig ist, zu ziehen. Vom Kai bis an die Schienenstränge heran wird das Gelände von Firmen genutzt, die entweder die Verarbeitung importierter Rohstoffe (Holzver- und -bearbeitung, Rohölverarbeitung, Düngemittelfabriken) und eingeführter Halbfertigwaren übernehmen (Chemische Industrie, Waschmittel- und Parfümerieherstellung), oder die Rohstoffe des Inlandes für den Export vorbereiten (Gerbrindenextrakt-Gewinnung, Zucker- und Maismühlen, Asbest-Aufbereitung).

Westlich der Bahnlinien befinden sich ebenfalls noch Industrien der gleichen Produktionsrichtungen, doch werden sie hier bereits stark durchsetzt von Versorgungsbetrieben und Textilfabriken, die vor allem auf eine günstige Lage in Bahnnähe bei der Anlage bedacht waren. Weiter nach W, an die Gale Street heran, dominieren stark inland-orientierte Firmen, besonders der Textil- und Möbelindustrie. In diesem Bereich, ungefähr längs der Industriestraßen Sydney und Congella Roads ist die Grenze zwischen Hafenlandraum und Industriegebiet zu ziehen, un-

---

[1]) Tabellen 10, 11

abhängig vom Verlauf der Bahnlinie, die in diesem Bereich auf Grund ihrer Arbeitsbelastung als bevorzugt zum Hafenlandraum gehörig angesehen werden muß.

Ein wesentlich jüngeres und heterogeneres Industriegebiet dehnt sich in der südlichen Alluvialebene aus. Mit zunehmendem Aufschwung des Hafens, unter dem Einfluß der Umwandlung der Wirtschaftsform von einem 'typischen Rohstoffland' zu einer 'vollwertigen Volkswirtschaft'[1]) wurde dieses Flachlandareal der Industrie erschlossen. Jacobs, Amanzimnyana und Mobeni bilden heute das ständig wachsende Industriezentrum der Stadt Durban[2]). Auffällig ist hier die Vermischung von export-, import- und standortorientierten Industrien im Gegensatz zum Congella-Gebiet. Diese Vermischung ist kennzeichnend für die junge Anlage dieser Fabriken, für die in den alten Stadtgrenzen an günstigen Standorten kein Platz mehr vorhanden war und für die, bei Ausnutzung der modernen Transportmittel, die Standortfrage innerhalb des Stadtgebietes nur noch eine untergeordnete Rolle spielt. Die sechsbahnig ausgebaute, zur National Road erklärte South Coast Road erschließt die Ebene in N—S Richtung. Nach ihr und der straßenparallel laufenden Bahnlinie richten sich die Straßen aus, die im Gitternetz das Industriegebiet erschließen. Die unterschiedlichen Produktionseinrichtungen und die dadurch bedingte Verschiedenartigkeit der Gebäude und das Alter der Fabriken bestimmen die Physiognomie des Durbaner Industriezentrums. Von der gummiverarbeitenden Industrie über Kunststofffabriken, Farbwerke, pharmazeutische Industrie und Reinigungsmittelhersteller (u. a. P 3, eine Zweigfirma von Henkel) bis zu holzverarbeitenden Betrieben, Zucker- und Getreidemühlen, metallverarbeitenden Fabriken, aber auch Öle (Pflanzen- und Mineralöle) und Ölnebenprodukt-verarbeitenden Industrien reicht die Variationsbreite der industriellen Produktionsstätten in diesem Gebiet, das zwischen den einzelnen Fabriken, am geringsten in Jacobs, am stärksten in dem erst 1953 erschlossenen Amanzimnyana, weite unbebaute, durch schwere Baufahrzeuge aufgewühlte Flächen aufweist, die dem Areal das Gepräge einer im Entstehen begriffenen Industrielandschaft geben.

Neben diesen beiden Industriezentren — Congella in und am Hafen und Jacobs-Amanzimnyana-Mobeni in der südlichen Alluvialebene —, die unter Ausnutzung der weiten ebenen Flächen vorwiegend verkehrsorientiert angelegt worden sind, weist Durban noch drei Industrieagglomerationen von geringerer Größe auf: Staub und Schmutz der ältesten Industrien Durbans, der Steinbrüche und Ziegeleien, geben den ersten 1500 m der North Coast Road nördlich des Umgeni im Anschluß an die Connaught Bridge das Gepräge. Das dunkle harte Ecca-Gestein und die Tone und Lehme der Westseite des Höhenzuges von Durban North bilden die natürlichen Grundlagen für diesen wichtigen Industriezweig. Im Schatten des Hauptbahnhofgeländes entwickelte sich ein innerstädtisches Industriegebiet. Der feuchte sandige Boden abseits der Hauptgeschäftsstraßen, von diesen noch dazu durch die stark befahrene Eisenbahnlinie Point—Durban getrennt, die andererseits eine gute Rohstoffversorgung ermöglichte, bot billigen Baugrund für die Kraftfahrzeugindustrie (Zusammenbau und Reparatur) und deren Hilfsindustrien, für die eine möglichst zentrale Lage von Vorteil war. Auch dieses Gelände wurde im Rahmen der Stadtplanung durch ein Straßengitternetz erschlossen. Die Bildtafeln 1, 8, 9 und 10 zeigen die gleichförmige Bebauung des Areals mit flachen Industriegebäuden und Werkhallen. Ein kleines Zentrum für sich stellt die 1954 eröffnete größte südafrikanische Erdölraffinerie, die Anlage der Standard Vacuum Oil Comp., dar[3]). Diese Raffinerie, am Ausgang des Bluff-Tales zwischen dem Wentworth und dem Bluff-

[1]) Kayser, K. 1958 S. 313

[2]) Kartentafeln 7, 18
Bildtafel 10

[3]) C. D. Mayor's Minute 1954

Rücken gelegen, ist in einer außerordentlich günstigen Position errichtet worden: für die Ölfelder im Nahen Osten ist Durban der nächstgelegene südafrikanische Hafen, die Absatzgebiete für die Endprodukte liegen nahe und sind gut erschlossen, und der Baugrund ist billig, für die Anlage von Raffinerie und Tanklager geeignet bei Lage in Stadtnähe, ohne Gefährdung der Stadt und bei minimaler Möglichkeit von Geruchsbelästigungen der Wohngebiete.

Der Hafen und die Industriegebiete sind neben dem Stadtzentrum die aktivsten Lebensräume der Stadt, wobei die primären Impulse, die das Wirtschaftsleben bestimmen, weitgehend vom Hafen ausgehen. Der Bedeutung dieser beiden städtischen Funktionseinheiten entsprechen auch die Ausrichtung der Transportwege auf diese Areale hin und die Beschäftigungsstruktur der Bevölkerung. Haupttransportwege sind die Eisenbahngleise und die Hauptstraßen. Der erste Schienenweg wurde als Verbindung zwischen dem Hafen (Point) und der Stadt errichtet. Seine Weiterführung nach N erfolgte, um den Antransport von Steinen für den Molenbau aus den Steinbrüchen am Umgeni zu ermöglichen. Die Linienführung am Berea-Fuß entlang und über das Zwischenhügelland nach Natal hinein diente der Erschließung des Hinterlandes und ermöglichte gleichzeitig den Gleisanschluß für das neu geschaffene Hafengelände des Massenguthafens, das durch zahlreiche Stichbahnen erschlossen wurde. So entstand ein Gleissystem, das durch die direkte Verbindung des Point mit Congella noch verstärkt und zum Güter- und Verschiebebahnhof ausgebaut wurde, was auch der anliegenden Industrie zustatten kam. Die Linie Clairwood — Wests, ursprünglich für den Kohlentransport errichtet, gab den Anstoß für die Errichtung von Fabriken in Jacobs. Abzweigungen von der ursprünglich als Zuckerrohrbahn gebauten Linie nach S erschlossen Amanzimnyana und Mobeni und verbinden heute auch die Raffinerien mit dem Hauptnetz. Auf den Einfluß der Bahnnähe auf die Errichtung des innerstädtischen Industrieviertels wurde bereits hingewiesen. Entsprechend dem Eisenbahnnetz haben sich besonders die Straßen, die die Hafen- und Industriegebiete untereinander und mit dem Hinterland verbinden, zu Hauptstraßen entwickelt, denen heute als National Roads und Durchgangsstraßen besondere Bedeutung zukommt. Innerhalb der einzelnen Gebiete sind die Straßennetze wiederum auf diese Hauptstraßen hin ausgerichtet.

Die Beschäftigungsstruktur der Bevölkerung Durbans[1]) unterstreicht die Bedeutung der beiden großen städtischen Funktionseinheiten Hafen und Industrie im Gesamtgefüge der Stadt: 0,8% aller Beschäftigten in Durban sind direkt im Hafen tätig, ungerechnet die in den 7,4% der in der öffentlichen Verwaltung und im Verteidigungswesen Tätigen enthaltenen Hafenbeamten und -angestellten. Von der Arbeit des Hafens direkt mitbeansprucht wird ferner ein großer Teil, schätzungsweise 50%, der im Eisenbahnverkehr Tätigen (6,5%). Demnach sind mindestens 4—5% aller Beschäftigten im Hafenraum tätig. Zu diesen können wir weitere 5,9% hinzuzählen, die Menschen, die in vorwiegend Importe verarbeitenden Industrien tätig und die dadurch auf eine volle Arbeitsleistung des Hafens angewiesen sind. Von den berufstätigen Personen Durbans sind demnach mindestens 10% = 26000 Menschen direkt oder indirekt vom Hafen abhängig, und zwar 11,7%—11500 aller berufstätigen Europäer, 5,1%—3000 Asiaten, 11,1%—10800 der Bantus und 11,6%—700 Mischlinge. Eine indirekte, zahlenmäßig nicht erfaßbare Abhängigkeit liegt auch bei einem Teil der im Handel und im Finanzwesen Beschäftigten, 9,8%, vor. Rechnen wir hierzu noch die 7,6%—19785 Berufstätigen aus den Industrien mit vorwiegender Verarbeitung inländischer Rohprodukte hinzu, so erfassen die beiden größten Funktionskomplexe Durbans ca. 27,4%—71200 aller Beschäftigten, und zwar 29,5%—29000 aller berufstätigen Europäer, 24,6%—14400 der Asiaten, 26,6%—

[1]) Tabelle 12

25900 der Bantus und 31,4%—1900 der Mischlinge. Diese Beschäftigungsstruktur der Bevölkerung Durbans zeigt eindeutig, daß wir — wie die Physiognomie schon äußerlich zeigte, eine Hafen- und Industriestadt vor uns haben, in der aber ein großer Teil der Wirtschaft direkt und indirekt vom Hafen abhängig ist, so daß Durban die Bezeichnung eines Eisenbahnhafens mit stark in Entwicklung begriffener eigenständiger Industrie zukommt.

Die Statistik zeigt ferner, daß in Durban im Hafen und in der Industrie auf eine europäische Arbeitskraft nur 1,5 farbige Arbeitskräfte kommen. Dieses Zahlenverhältnis unterstreicht deutlich die Stellung des Europäers in dieser Stadt, zeigt, daß die wesentlichen wirtschaftlichen Funktionen von ihm nicht nur von den führenden Positionen her, sondern auch in den eigentlichen Arbeitsprozessen ausgeübt werden, und daß von einer wesentlichen Dominanz farbiger Arbeitskräfte im industriellen Bereich nicht gesprochen werden kann.

E 2. Das Stadtzentrum und die innerstädtischen Geschäftsviertel

Das wirtschaftliche Leben der Stadt ist abhängig von der Funktion des Doppelkomplexes Hafen und Industrie. Dieser vielgestaltige Komplex strahlt, in je stärkerem Maße er beansprucht wird, desto belebendere Impulse in die ganze Stadt aus, deren feinnervigste Registraturen, die Finanzinstitute, wir in der Innentadt finden. Zwei parallele sechsbahnige Verkehrsachsen, West Street und Smith Street, im Mittelteil ergänzt durch die Pine Street als dritte Parallele, durchziehen in ostwestlicher Richtung das Zentrum von Durban. Dichter Verkehr durchpulst das Gitternetz der Haupt- und Nebenstraßen zu allen Tageszeiten. Mächtig ragte einst der repräsentative Kuppelbau des Rathauses im Zentrum dieses Viertels auf. Heute wird er, als Folge der baulichen Umstrukturierung der Innenstadt, von zahlreichen anderen Gebäuden überragt[1]). Doch der Mittelpunkt der Stadt ist er geblieben. Um den durch Denkmäler und Grünanlagen geschmückten Rathausplatz herum und beiderseits des alten Rathauses, des jetzigen Hauptpostamtes, liegen die Abfahrtsstellen der Busse des Durban Transport Management Board. Neben dem Hauptpostamt befindet sich das Informationszentrum für Geschäftsleute und Touristen, gegenüber liegt eines der ältesten, 1958 neu errichteten und heute repräsentativsten Hotels Durbans, das siebenstöckige Royal Hotel. Das Rathaus bildet mit der Stadtbibliothek und dem Durban Museum ein kulturelles Zentrum. In der West Street und Smith Street ziehen sich vom Rathausplatz nach W zahlreiche bis zu 15 Stockwerken hohe moderne Hochhäuser. Glasfronten, Betonstreben, Sandsteinplatten-Verkleidungen kennzeichnen diese Gebäude. Zwischen den Verkehrsachsen sind sie häufig durch Passagen verbunden, durch die Häuser hindurchlaufende Gänge, die zu Verkehrsstraßen ausgebaut wurden. Dazwischen stehen drei- bis achtgeschossige Häuser aus der Vorkriegszeit, zum Teil mit vielfältigem Fassadenschmuck. Wenige ältere Gebäude haben ihren Platz behaupten können[2]). Um das Rathaus herum gelegen sind die Gebäude der zentralen Verwaltung. Vor allem in der Gardiner und Smith Street konzentrieren sich die Großbanken, Versicherungen und Großhandelskontore. Im entsprechenden Teil der West Street stehen einige der Großkaufhäuser Durbans. In diesem Areal finden wir auch die Gebäude der Presse, die Vertretungen der Fluggesellschaften und Linienreedereien mit Passagierverkehr, sowie die führenden Reisebüros der Stadt. Unterhaltungs- und Vergnügungszentren (Konzertsaal im Rathaus, Kinos und Bars besonders in der Smith Street und deren Nebenstraßen), hohe Bürogebäude mit einer Fülle unter-

---

[1]) Bildtafel 1
[2]) Bildtafel 6

Tabelle 12: Die Beschäftigungsstruktur der Bevölkerung Durbans. (Metropolitan Area)

Art der Beschäftigung	1921 Europäer abs.	1921 Europäer %	1946 Europäer abs.	1946 Europäer %	1946 Asiaten abs.	1946 Asiaten %	1946 Bantus abs.	1946 Bantus %	1946 Mischlinge abs.	1946 Mischlinge %	1946 Alle Rassen abs.	1946 Alle Rassen %
Transportwesen:												
Eisenbahnverkehr	4 792	11,5	8 040	8,2	433	0,7	8 297	8,5	208	3,5	16 978	6,5
Straßenverkehr	1 321	3,0	1 143	1,2	749	1,3	1 457	1,5	31	0,5	3 380	1,3
Hafenverkehr	1 508	3,5	1 107	1,1	148	0,3	933	1,0	48	0,8	2 236	0,8
Luftverkehr	—	—	611	0,6	3	—	114	0,1	8	0,1	736	0,3
Sonstige	132	0,3	988	1,0	6	—	141	0,1	72	1,2	1 207	0,5
Industrie:												
Be- u. Verarbeitung vorw. inländ. Rohprod.												
Textilindustrie[1])	617	1,5	1 510	1,5	3 521	6,0	1 518	1,5	875	14,5	7 424	2,9
Lederverarbeitung[2])	39	0,1	56	0,1	59	0,1	177	0,2	21	0,3	313	0,1
Papierindustrie	421	1,0	1 091	1,1	699	1,2	261	0,3	29	0,5	2 080	0,8
Nahrungs- und Genußmittelindustrie	443	1,0	1 512	1,5	1 834	3,1	3 218	3,3	77	1,2	6 641	2,5
Steinbrüche, Kiesgruben, Aufbereitung	189	0,4	523	0,5	41	0,1	918	0,9	9	0,2	1 491	0,6
Ziegelei, Töpferei, Glasherstellung etc.	57	0,1	146	0,2	141	0,2	1 536	1,6	13	0,2	1 836	0,7
Be- u. Verarbeitung vorwiegend ausländ. Rohprodukte												
Metallverarb. Industrie	1 122	2,6	3 889	4,0	1 029	1,8	2 613	2,7	352	5,8	7 883	3,0
Herst. v. Chemikalien, Düngemitteln, Sprengstoffen, Farben, Öle[3])	388	0,9	2 040	2,0	547	0,9	2 687	2,8	91	1,5	5 365	2,1
Holzverarbeitende Industr.	365	0,9	415	0,4	1 078	1,8	430	0,4	89	1,5	2 012	0,8
Andere Industrien	65	0,2	177	0,2	154	0,3	647	0,7	22	0,4	1 000	0,4
Bauwesen	1 489	3,5	4 031	4,1	835	1,4	3 704	3,8	276	4,6	8 846	3,4
Landwirtschaft	385	0,9	596	0,6	1 539	2,6	2 254	2,3	35	0,6	4 424	1,7
Fischerei	169	0,4	102	0,1	57	0,1	51	0,1	21	0,3	231	0,1
Wasser-, Stromversorgung	68	0,2	448	0,5	24	—	250	0,3	2	—	724	0,3
Handel- und Finanzwesen	5 744	13,5	12 617	12,9	5 125	8,8	7 493	7,7	172	2,9	25 407	9,8
Öffentliche Verwaltung und Verteidigung	2 544	6,1	9 575	9,7	2 930	5,1	6 373	6,5	311	5,2	19 189	7,4
Andere Beschäftigung[4])	20 463	48,4	47 631	48,5	37 569	64,2	52 345	53,7	3 269	54,2	140 814	54,0
Insgesamt beschäftigt	42 321	100	98 245	100	58 521	100	97 417	100	6 031	100	260 217	100

[1]) Zuordnung unsicher; [2]) ohne Schuhe; [3]) außer Mineralölen; [4]) Freie Berufe, Hausangestellte, Hausfrauen, Studenten und Schüler über 15 Jahre (bei Bantus über 10 Jahre).
Zusammengestellt nach den Angaben der Population Census 1921 und 1946, Union of South Africa, Office of Census and Statistics.

schiedlicher Firmenvertretungen, Räumlichkeiten für freiberuflich tätige Europäer, besonders Spezialärzte und Rechtsanwälte, und einige wenige hochqualifizierte Einzelhandelsgeschäfte besonders in der West Street runden das Bild des Stadtzentrums ab.

Direkt nördlich des von West Street, Aliwal Street, Victoria Embankment, Field Street in etwa begrenzten Stadtzentrums liegt das ca. 240000 qm große Eisenbahngelände mit dem Hauptbahnhof, den Gebäuden der Verwaltung und den Reparaturwerkstätten. Damit konzentriert sich der gesamte Bahn- und Busverkehr, letzterer am Hauptpostamt zentral beginnend, auf diesen engen Innenstadtraum. Welche Belastung für diese verhältnismäßig kleine Verkehrsfläche sich daraus ergibt, zeigt folgende Übersicht:

Fünf Eisenbahnlinien: Durban—Avoca—(Empangeni), Durban—Rossburgh—Hillary—(Queensburg-Pinetown), Rossburgh—Booth—Mount Vernon—(Pietermaritzburg), Booth—Clairwood—Lamontville—(Port Shepstone) und Clairwood-Wests nehmen ihren Ausgang vom Hauptbahnhof und durchziehen Durbans Stadtgebiet. Ihre Funktion als Nahverkehrswege haben sie trotz des Aufkommens des Kraftfahrzeuges und des Ausbaues der städtischen Buslinien nicht eingebüßt, da insbesondere ein großer Teil der farbigen Bevölkerung günstig per Bahn von den Wohn- zu den Arbeitsplätzen gelangen kann. So verkehren zwischen Durban und Avoca 17, Durban—Hillary 24, Durban—Mount Vernon 11, Durban—Lamontville 18, Durban—Wests 13 und Durban—Rossburgh 53 (!) Zugpaare täglich[1]). Die Hauptfunktion der Bahnlinien ist aber die Bewältigung des Güter- und Personenfernverkehrs und damit die Verknüpfung der Stadt mit dem Umland. Täglich verlassen Durban 8 Personenzüge nach Pietermaritzburg, davon 3 bis Johannesburg laufend, 2 Züge nach Empangeni und 5 Züge nach Port Shepstone. Dazu kommen noch 23 Nahverkehrszüge bis Pinetown, 16 zur Südküste und 15 zur Nordküste, die vor allem den Reiseverkehr der Eingeborenen zu bewältigen haben. Für den Fernreiseverkehr der Europäer kommen zusätzlich noch die von der South African Railway betriebenen Buslinien nach Kapstadt und Johannesburg in Betracht, desgleichen auch Buslinien für den Nahverkehr, sofern er die Stadtgrenzen überschreitet. So verkehren in Richtung Pietermaritzburg täglich 3, in Richtung Port Shepstone täglich 1 Bus. Ihnen kommt eine besondere Bedeutung zu als Verkehrsmittel der Pendler aus den nach Durban orientierten „Schlafstädten".

Dieser Busverkehr, verstärkt durch ca. die doppelte Anzahl an Farbigen-Bussen, rollt, wie auch der gesamte Pendler-Verkehr in Privatfahrzeugen, über die National Roads nach und von Durban. Diese drei Verkehrsadern — nach Zululand im N, nach Pietermaritzburg—Johannesburg im W und nach der Südküste — Port Shepstone im S — sind die Inland-Schlagadern der Hafenstadt. Auf sie führen im Stadtgebiet die Hauptstraßen vom Zentrum aus hin. Diese werden so zu sammelnden und verbindenden Leitlinien im Stadtverkehrsnetz. Es ist daher nicht verwunderlich, daß auch die städtischen Verkehrsmittel sich bevorzugt dieser Achsen bedienen. Das städtische Verkehrsnetz aus O-Bus- und Kraftomnibuslinien unter der Regie des Durban Transport Management Board (Durbaner Verkehrsbetriebe) ist in seinem Aufbau funktial bestimmt: Der Mittelpunkt und Ausgangspunkt aller Linien ist das Stadtzentrum. Die Abfahrtstellen liegen um das Hauptpostamt herum oder in seiner unmittelbaren Nähe. Durchschnittlich 92 Abfahrten je Stunde[2]), berechnet auf einen Verkehr von 5^h—24^h, sind hier zu verzeichnen. Nicht eingerechnet darin sind die Abfahrten der Inner Circle'-Busse, die von 8^h—16^h über Farewell-, Smith-,

[1]) Zusammengestellt nach South African Railways, Union Time Table 1958

[2]) Die Busabfahrten je Stunde wurden berechnet nach der Bus Service Time Table 1959 des Durban Transport Management Board unter Zugrundelegung einer durchschnittlichen Arbeitszeit von 19 Stunden je Tag (5^h—24^h).

Russel- und West Street einen Ringverkehr in beiden Richtungen durchführen (ca. 12 Abfahrten/h in einer Richtung). Vom Stadtzentrum, das durch die Ringlinie versorgt wird, strahlen die Linien so aus, daß sie die Wohnviertel erreichen und die Industriegebiete durchqueren. Direktverbindungen von den Wohnvierteln zum Hafen oder den Industriebetrieben fehlen mit Ausnahme der Verbindungen der südlichen Wohngebiete, die auf dem Weg von oder zum Stadtzentrum die Industriezone durchfahren. Diese Streckenführung ist von der Natur vorgezeichnet worden, die den Verlauf der großen, im Stadtzentrum zusammenlaufenden Achsen bestimmt. Sie bedingt in den Hauptverkehrszeiten einen sehr starken Umsteigeverkehr und bringt für die Fahrgäste Unbequemlichkeiten mit sich. Die Frequenz, mit der die Buslinien arbeiten, ist der Größe der zu versorgenden Areale angepaßt[1]). Nach N verlassen das Zentrum stündlich 21 Busse über Umgeni Road und First Avenue, davon 4 zur mittleren Berea, 10 nach North Ridge—Morningside, 2 nach Redhill über Athlone Drive—Northway und 3 nach Durban North über Athlone Drive—Northway. In den Wohngebieten werden meist Ringrouten befahren. Nach W fahren über Berea Road 25 und Moore Road 4 Busse stündlich, davon 12 zur südlichen und mittleren Berea, 10 in das Gebiet von Overport, 4 bis zur alten Stadtgrenze, dem Ende der Berea Road (Tollgate) und 2 nach Sherwood bzw. Sydenham. Auch diese Linien befahren in den Wohnvierteln meist Ringrouten. Die gleiche Frequenz zeigen die Linien nach S über Gale Street (24 Busse/h), Sydney oder Maydon Road (2), alle schließlich in der South Coast Road zusammenlaufend, die die Industriegebiete durchqueren und die Wohngebiete der Südberea (8), längs der Sarnia Road (4), in Woodlands—Montclair (4) und im Wentworth-Bluff-Rückenbereich (9) versorgen. Eine Sonderstellung nehmen die Linien vom Stadtzentrum zur Küste (11 Busse/h) und die reine Hafenlinie zum Point (5 Busse/h) ein. Die Berechnung der durchschnittlichen Abfahrten je Stunde geben einen Eindruck von der recht gleichmäßigen Versorgung aller Wohngebiete unter Bevorzugung der europäischen Viertel. Sie zeigen nicht die Schwankungen in der Straßenbelastung zu den verschiedenen Verkehrszeiten, die z. B. dadurch entstehen, daß nach dem Industrieviertel Mobeni im Laufe des Vormittags 8 Busse fahren, die erst nachmittags, nach Arbeitsschluß, wieder zurückkehren, oder daß die Busse über Maydon Road und Sydney Road nur zu den Hauptverkehrszeiten fahren, und daß insgesamt die Häufigkeit der Fahrten natürlich auf die Anforderungen des Berufsverkehrs abgestimmt ist. Aufgabe der Buslinien ist es, die einzelnen Stadtteile mit dem Zentrum zu verbinden und die Straßen von den Privatverkehrsmitteln — in Durban waren 1956/57 55497 Kraftfahrzeuge, darunter 415 Privatbusse und 380 Taxis, 20893 Fahrräder und 558 Rikshas polizeilich gemeldet[2]), — zu entlasten. Die Transportleistung betrug 1956/57 68592900 Fahrgäste, davon 26150000 Europäer in O-Bussen, 23682500 Europäer in Bussen und 18760400 Farbige in Bussen[3]). Auffällig ist die niedrige Zahl an farbigen Fahrgästen, bei deren niedrigem sozialen Niveau und der Ferne ihrer Wohnvon den Arbeitsstätten ein weit größerer Anfall an Transportbedarf vermutet werden sollte. Diese Diskrepanz erklärt sich daraus, daß das Durban Transport Management Board erst in den letzten Jahren den Transport von Farbigen nach und nach übernommen hat (zusätzlich zu einigen in Europäer-Bussen für Farbige reservierten Sitzen) — so steigerte sich die Zahl der farbigen Fahrgäste von 1955/56 bis 1956/57 um 30% — und daß der größte Teil der Buslinien in die Lokationen, Lager und shack-Viertel sowie die ausgedehnten Siedlungen der Farbigen von Indern als Privatlinien betrieben werden. (Vergleiche die Zahl von 415 Privatbussen

---

[1]) Abbildung 7
[2]) C. D. Mayor's Minute 1957 S. 108
[3]) C. D. Mayor's Minute 1957 S. 25

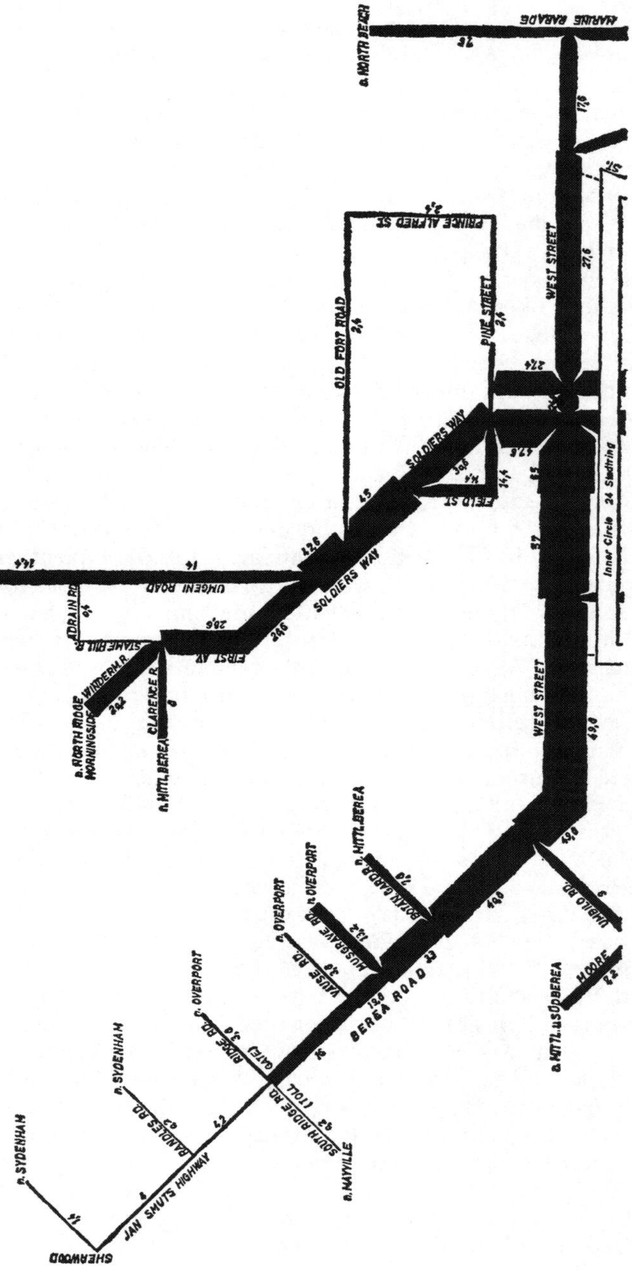
MARINE PARADE
a. NORTH BEACH
WEST STREET
WEST STREET
PRINCE ALFRED ST
OLD FORT ROAD
PINE STREET
SOLDIERS WAY
SOLDIERS WAY
FIELD ST
UMGENI ROAD
ATHLONE DR.
NORTHWAY
NORTH COAST ROAD
a. REDHILL
a. VIRGINIA
a. DURBAN NORTH
FIRST AV
CLARENCE R.
WINDERM.R.
a. NORTH RIDGE
MORNINGSIDE
a. MITTL. BEREA
BEREA ROAD
MUSGRAVE RD
VAUSE RD
a. OVERPORT
a. MITTL. BEREA
UMBILO RD
MOORE
a. MITTL. u. SÜDBEREA
RIDGE RD
SOUTH RIDGE RD
a. MAYVILLE
RANDLES RD
a. SYDENHAM
JAN SMUTS HIGHWAY
SHERWOOD
Inner Circle 24 Stadtring

Abbildung 7

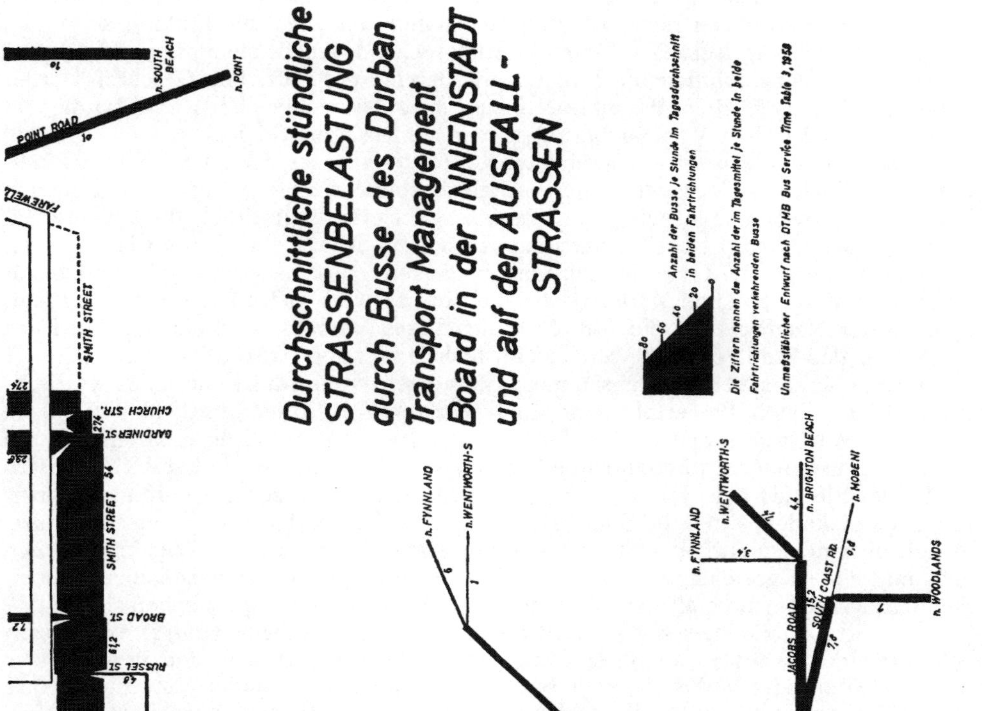

Durchschnittliche stündliche STRASSENBELASTUNG durch Busse des Durban Transport Management Board in der INNENSTADT und auf den AUSFALL-STRASSEN in der Stadt)! Diese 'Inder-Busse' für Farbige erreichen entsprechend dem durch den höheren Bevölkerungsanteil und die geringere Motorisierung bewirkten höheren Beförderungsbedarf bei meist überfüllten Bussen eine vier- bis fünfmal schnellere Wagenfolge als die Europäer-Linien[1]). Entsprechend dem Liniennetz der Europäer haben die Inder-Buslinien ihr Zentrum im Bereich des indischen Geschäftsviertels und strahlen nach allen Wohnarealen aus unter besonderer Berücksichtigung der von den Städtischen Verkehrsbetrieben vernachlässigten Gebiete.

Diese übermäßig starke Verkehrskonzentration auf das Stadtzentrum ist einerseits eine Folge der Entwicklung der Verkehrssysteme, die naturgemäß vom Zentrum der Stadtentwicklung ausging, andererseits ist sie bedingt durch die Zusammenballung höherer städtischer Funktionen in diesem Raum und durch die Lage der großen Hauptgeschäftsviertel Durbans beiderseits des Zentrums. So treffen für dieses Areal alle äußeren Merkmale zu, die für eine 'City' gefordert werden. Es fehlt jedoch der Nachweis für die Entvölkerung dieses Raumes, weshalb der Ausdruck 'City' für das Stadtzentrum von Durban nicht angewandt wurde.

Folgt man den Verkehrsachsen nach W und geht vom Stadtkern in das westliche europäische Geschäftsviertel hinein, ändert sich das Bild der Stadt allmählich: Je weiter man sich vom Zentrum entfernt, desto älter und schlechter erhalten sind die Gebäude. In immer stärkerem Maße trifft man zwischen den modernen Hochhäusern auf Gebäude aus den Jahren vor 1900, zwei- bis dreigeschossig, mit weit vorgezogenen Arkaden, einer in Südafrika besonders für Durban typischen Bauweise. Diese Gebäude mit ihren Arkaden auf verzierten Gußeisensäulen oder Steinsäulen mit und ohne Kapitellen wirken neben den Hochhäusern mit freitragenden Sonnenschutzdächern noch veralteter und erneuerungsbedürftiger als sie es schon sind.

Das Straßenbild dieses wirren Durcheinanders und Nebeneinanders von Hochhäusern und Gebäuden im Kolonialstil wird noch uneinheitlicher und verwirrender durch den ständigen Wechsel von Bauten mit und ohne Arkaden, mit Flach- und Giebeldächern, und durch die zahlreichen Baustellen, die die Intensität der Umstrukturierung dieses Areals kennzeichnen, in dem in immer stärkerem Maße die Hochhäuser die alten Bauten verdrängen, weil die Innenstadt keine andere Expansionsmöglichkeit als die dritte Dimension mehr hat, ein Vorgang, auf den Brookfield, H. C. und Tatham, M. A. 1957 S. 64 aufmerksam machen. Dieses 'In-die-Höhe-streben', das auf die starke Entwicklung der zentralen Wirtschaftsorgane und des Finanzwesens der Stadt vor allem zurückzuführen ist, die wiederum im Anwachsen des Handels und damit in der Steigerung des Wirkungsgrades des Hafens begründet liegt, geht charakteristischerweise vom Stadtzentrum aus und ergreift vor allem die westliche europäische Geschäftsstadt. Es erfaßt auch das Victoria Embankment, längs dessen vor allem Hotels, Gebäude für diplomatische Vertretungen, Klubs etc. das Übergewicht haben. Randlich gegen die Bahnlinie zu, über die die Hauptstraßen mit Brücken hinweggeführt werden, wird die Bebauung des Geländes zwischen West- und Smith-Street wesentlich einheitlicher. Die Stockwerkhöhe schwankt nur noch zwischen zwei bis vier Geschossen. Das unterschiedliche Alter der meist aus der Zeit vor dem Ersten Weltkrieg stammenden Gebäude wird verdeckt durch einen einheitlichen Mangel an frischem Verputz oder Farbanstrich. In diesem Bereich zwischen West Street, Field Street, Victoria Embankment und Warwick Centenary Avenue finden sich Geschäfte aller Ausprägungen, vom Spezialgeschäft bis zum Warenhaus, in dem vom täglichen Konsumgut bis zum Luxusartikel alles zu haben ist. Typisch ist hier die Häufung von Geschäften der Textil- und Möbelindustrie — Absatzstätten von Produkten mit relativ langer Lebensdauer. Entsprechend dem physiognomischen Eindruck ist vom Stadtkern nach W

[1]) Schätzung nach Beobachtungen auf der Berea Road und Umbilo Road.

ein deutliches Gefälle des Preis- und Qualitätsniveaus sowie der Geschäftsausstattung bemerkbar. Die westlich gelegenen Geschäfte sind zum Teil auf Inder und Bantus als Käufer eingestellt. Dieses physiognomisch und ökonomisch festzustellende soziale Gefälle ist auf die Entwicklung dieses Viertels zurückzuführen, die sich im Straßennetz teilweise widerspiegelt:

Der gitternetzartige, aus der anfänglichen Planung stammende Grundriß wird im SW durch den Albert Park unterbrochen. Dieser gehört zum Gebiet des Western Vlei. An seiner Westseite ist die Eisenbahnlinie auf befestigtem Grund entlanggeführt worden zum Congella-Industriegebiet. Parallel dazu verläuft die Maydon Road an die Smith Street heran. Während aber die Bahnlinie in einem weiten Bogen nach N bis zur Alice Street—Old Fort Road heranzieht und dann zum Bahnhof einschwenkt, setzt sich die Maydon Road in einer SW-NE-Diagonale als Alexandra Street bis West Street fort. Diese unplanmäßige Straßenführung markiert eine alte Besiedlungsgrenze. Hier stoppte die europäische Besiedlung vor dem Vlei, hier begann der Weg über das Vlei hinweg zur Berea hinauf, und gleichzeitig bog hier der zum südlichen Flachland und zur Südküste führende Weg ab. Point Road, deren Fortsetzung bis zum Bahnhofsgelände, Pine Street, Alexandra Street bilden einen weiten Halbkreis, innerhalb dessen sich Stadtzentrum und Geschäftsviertel entwickelten. Der Besiedlungszug nach W führte zu einer verstärkten Heranbildung des westlichen Geschäftsviertels, aber die Nähe der Bahnlinie bewirkte hier eine Deklassifizierung des Baugeländes. Lärm und Ruß der Bahn schreckten die Europäer vor einer Ansiedlung in der Nähe der Gleisanlagen zurück. Wir haben dabei die gleiche Reaktion vor uns, wie sie auch bei der Entwicklung des östlichen europäischen Geschäftsviertels zwischen Point Road—Brickhill Road und Aliwal Street zu beobachten ist. Dieses Viertel zeigt ein ähnliches physiognomisches Bild wie das mittlere und westliche 'Westliche Geschäftsviertel', nur daß die bis zu zehngeschossigen neuen Gebäude hier vorwiegend Kraftfahrzeug-Firmen und deren Hilfshandelszweige beherbergen, und die alten, meist schlecht erhaltenen, drei- bis viergeschossigen Häuser von Einzelhandelsgeschäften, selten Spezialgeschäften, handwerklichen Betrieben, zweitklassigen Hotels und Pensionen genutzt werden. Dieses Viertel litt in der Entwicklungszeit unter dem Einfluß der Bahnstrecke Point—Durban, der Hafennähe und dem sich entwickelnden innerstädtischen Industriegebiet. Die erste offene Drainage Durbans, deren Lauf heute die Farewell Street folgt[1]), mag auch dazu beigetragen haben, daß dieser Stadtteil von wohlhabenden Europäern gemieden wurde[2]). Heute verwischen sich im E und W in den Geschäftsvierteln im Zuge der baulichen Umstrukturierung der Innenstadt diese sozialen Unterschiede immer stärker. Die Inner Circle Line, der Bus-Ringverkehr der Innenstadt, erfaßt auch diese Teilareale und erschließt sie so dem Käuferstrom.

Zu den innerstädtischen Geschäftsvierteln gehört auch ein Gebiet, das nördlich der Linie der Pine, Grey und West Streets gelegen ist: Die Inder-Stadt, ein in sich abgeschlossener Stadtteil! Randlich zum europäischen Geschäftsviertel wurde hier ein bis an die Bahnlinie heranreichendes, teilweise darüber hinausgreifendes Viertel von den Indern errichtet, das ein zweites Geschäftsviertel neben dem europäischen darstellt. Sein Grundriß entspricht dem Schachbrettschema der Plansiedlung in der Ebene, abgewandelt durch den Verlauf der Bahnlinie im W und die Lage des Friedhofes. Die Hauptachsen dieses Viertels — Grey Street und Albert Street — verlaufen senkrecht zur Pine- und West Street. Im Aufriß ist dieses Viertel überraschend einheitlich. Die Gebäudehöhe variiert zwischen zwei bis vier Stockwerken, geht aber nur sehr selten darüber hinaus. Die Häuser sind farbenprächtig bemalt

---

[1]) Kartentafel 14, 17

[2]) Kuper, L. 1958 S. 121 Fig. 14

oder aber weiß getüncht. Die Arkaden — mit Steinmetzarbeiten verziert — werden in den oberen Stockwerken fortgesetzt und bilden so mehrstöckige Passagen. Immer wieder sieht man reich geschmückte Kuppeln und Moscheen in der Sonne glitzern[1]). Vorherrschend sind hier Geschäfte für Textilien und Schmuck, daneben auch für Güter des täglichen Bedarfs. Die Farbenpracht der Auslagen, die Art, wie die Waren angepriesen werden, erinnert schon stark an den Orient, aber wenn man eine der engen Nebenstraßen betritt, glaubt man sich in eine indische Bazarstraße versetzt. Hier fehlen die Arkaden. Statt deren sind die Häuserfronten dicht aneinander gerückt und gewähren so nur sehr steil einfallenden Sonnenstrahlen Einlaß. Die Geschäfte, meist Laden und Werkstatt zugleich, mit der Wohnung darüber oder dahinter, sind zur Straße hin offen. Durch diese, für empfindsame Nasen etwas anrüchigen Gassen drängt sich eine Menschenmenge, die in sich die Vielgestaltigkeit der Bevölkerung Durbans widerspiegelt. Da stehen braunhäutige, schlanke Inder zusammen und feilschen heftig gestikulierend um den Preis. Zierliche Frauen in weiten Saris aus Seidenstoffen mit leuchtenden Farben suchen sich mit grazilen Bewegungen ihren Weg durch die Menge. Dazwischen drängen sich einige Europäer — meist Besucher der Stadt. Am auffälligsten sind die Neger, bei denen man schon an der Kleidung meist erkennen kann, ob man einen Stadtbewohner oder einen Besucher aus dem Reservat vor sich hat. Bei den männlichen Bantus ist die Unterscheidung nicht sehr klar: Sie tragen durchweg europäische Kleidungsstücke und nur deren Erhaltungszustand und Vollständigkeit erlaubt gewisse Rückschlüsse auf den sozialen Stand und damit auch die Herkunft. Bei den Frauen sind diese Unterschiede stärker ausgeprägt[2]). Die Stadtbewohnerin trägt europäische Kleidung, unterschiedlich in Erhaltungszustand und Sauberkeit, auf dem Kopf die obligatorische schwarze Baskenmütze. Die Reservatbewohnerin, die zum Besuch von Familienangehörigen, zum Verkauf von Handarbeiten — meist Bambus- oder Palmblattflechtwerk — und zum Einkaufen in die Stadt gekommen ist, trägt ihren Umhang, in leuchtenden Farben gehalten, darunter ein einfaches Hemd zur Bedeckung des Oberkörpers. An Armen und Beinen ist sie geschmückt mit schweren Metallreifen. Auf dem Kopf thront — fest mit dem Pfefferkornhaar verbacken — als Putz ein mit Rotlehm in feste Form gebrachtes Flechtwerk aus Pflanzenfasern, Woll- oder Bindfäden in einer je nach Stammeszugehörigkeit unterschiedlichen Form. Das jüngste Kind im Umschlagtuch auf den Rücken gebunden, oft noch ein weiteres Kind an der Hand, drängen sie sich durch die Bazargassen, um das beste Angebot aus der Fülle verlockender Waren ausfindig zu machen. Bunter als in den Bazargassen ist der Trubel auf dem anschließenden Inder-Markt. Nördlich vom Friedhof durch Eisenbahnlinien und Straßenbrücken von dem westlich gelegenen Eingeborenen-Markt und den europäischen Markthallen getrennt, erstreckt sich in Hallen und offenen Ständen ein vielfarbiges, vielgerüchiges Marktgebiet, das in seiner Vielfalt der Warenangebote, der Variabilität der den Markt bevölkernden Menschen und dem entsprechenden Sprachengewirr kaum einem orientalischen Markt nachsteht. Auf dem Gemüse- und Obstmarkt deckt auch ein Teil der europäischen Bevölkerung seinen Bedarf. Das größtenteils von den Indern in eigenen, randlich zur Stadt gelegenen Gartenbaubetrieben erzeugte Obst reicht von den Bananen (Musa Cavendishii), Ananas, Citrusfrüchten, Mangos (Mangifera indica) Custard Apples (Annona reticula), Avocadoes (Persea carlinenses), Melonen, Pawpaws (Carica papaya) bis zu Pfirsichen, Aprikosen, Grenadilla (Passiflora spec.), Kapstachelbeeren (Physalis pernoiana), Erdbeeren, Äpfeln, Birnen, und Pflaumen[3]). Eine Auswahl verschiedenster Früchte, wie sie in dieser Variationsbreite nur erzeugt

[1]) Bildtafel 11
[2]) Bildtafel 13
[3]) Schneider, I. 1941 S. 36—37

werden kann in einem Gebiet feucht-warmen Klimas mit Regen zu allen Jahreszeiten, in einem Gebiet, das aber durch größere Höhenunterschiede und Vielfalt der Hangexposition gleichzeitig auch für eine reiche Variation der Lokalklimate sorgt. Neben den Obstständen gibt es Tische mit Rind- und Schaffleisch, Fischen, Körbe mit lebenden Hühnern und einer Fülle verschiedener Gemüse. In den Hallen werden vor allem Textilien, Schmuckwaren, Schnitzereien aus Ebenholz, Elfenbein oder Horn und Flechtarbeiten in großer Verschiedenartigkeit des Aussehens, der Qualität und des Preises mit viel Stimmaufwand angepriesen. Das bunte schillernde Bild der indischen Geschäftsstadt, die auch Wohnstadt ist und einen kleinen Teil handwerklicher Textilbetriebe beherbergt, kann nicht hinwegtäuschen über die Armut und das Elend, das in dem sich nach N an das indische Geschäftsviertel anschließenden Stadtteil herrscht. Auch hier, beiderseits der Bahnlinie, in einem Areal, das zum Teil schon zum Western Vlei gehört, stehen zweigeschossige, mit Arkaden versehene Flachdachbauten. Die Auslagen der Geschäfte sind geringer Qualität. Die Häuser machen einen alten, ungepflegten Eindruck. Der Putz ist vielfach abgeblättert, das Mauerwerk gerissen. Fenster und Türen sind ungestrichen und meist reparaturbedürftig. Hier fehlt das bunte Gedränge des südlichen Teiles des indischen Geschäftsviertels. Dafür drängen sich Scharen gleichmäßig ärmlich gekleideter Inder durch die Straßen. Von der Alice Street bis heran an den Dartnell Crescent sind die Gebäude so überbevölkert und in so erbärmlichem Zustand, daß das Areal zum Slum erklärt wurde[1]). Es bildet den Abschluß des die Bahnlinie vom Congella-Hafengelände bis zum Bahnhof begleitenden Siedlungsstreifens, der wegen seiner vorwiegenden Nutzung durch den Handel in das Gebiet des westlichen Geschäftsviertels mit einbezogen wurde. Der Raum zwischen der Warwick Centenary Road und der Bahnlinie wird genutzt durch das Natal Technical College, den Europäer Markt mit seinen geräumigen, modernen Hallen, den indischen Naturalienmarkt, den Eingeborenen-Markt sowie das älteste Kraftwerk Durbans und die Hallen, Arbeits- und Lagerflächen der Eisenbahn.

E 3. Die Wohngebiete

Die Innenstadt mit dem Stadtzentrum, den innerstädtischen Geschäftsvierteln, dem innerstädtischen Industriegebiet und dem Eisenbahngelände, der Hafenlandraum und die Industrieflächen lagern sich als geschlossene Komplexe um die Bucht von Natal und erfüllen einen Teil der südlichen Alluvialebene. Um diese herum zieht sich der weitgespannte Halbkreis der Wohnareale und Grünflächen, der ca. 88% der Gesamtstadtfläche beansprucht, wobei innerhalb der Grenzen der 'Old Borough' die Bebauung relativ dicht, in den eingemeindeten Bezirken dagegen locker und in einzelne Siedlungskomplexe aufgelöst erscheint[2]). Liegen die Wirtschaftszentren der Stadt in den ebenen Gebieten, so erfassen die Wohnareale alle Naturräume, doch ist die Nutzung der zur Verfügung stehenden Flächen sehr ungleichartig. Höhe und Exposition der Siedlungsflächen bewirken unterschiedliche klimatische Verhältnisse unter dem Einfluß der Seewinde, die Lage zur Küste und zu den Industriegebieten sowie die Beschaffenheit des Untergrundes, besonders in den Alluvialebenen, bewirken eine unterschiedliche Wertigkeit der Siedlungsräume für die Menschen[3]). Zu einer weiteren Differenzierung kommt es durch die unterschiedlichen Wohn- und Lebensansprüche der Europäer, Mischlinge, Inder und Bantus, die gleichartige Lebensräume durchaus verschieden bewerten. Die Europäer bevorzugen

[1]) Durban Housing Survey 1952 S. 351
[2]) Kartentafeln 7, 18
[3]) Vergleich hierzu Brookfield, H. C. u. Tatham, M. A. 1957 S. 59, Kuper, L. 1958 S. 100ff.

allgemein hochgelegene Siedlungsräume mit Ost-Exposition, die den Seewinden möglichst intensiv ausgesetzt sind und dabei den Blick auf das Meer freigeben. Je näher dabei die Küste und das Stadtzentrum liegen, desto hochwertiger ist das Baugelände. Bei den Indern sind unterschiedliche Präferenzen erkennbar. Ursprünglich bevorzugten sie die feuchten Niederungen außerhalb der 'Old Borough'[1]), die südliche Alluvialebene und das Umgeni-Tal, Lebensräume, in denen sie Gartenbaukulturen anlegen konnten. Die Hinwendung zum Handel machte für die Inder die Stadtnähe, d. h. die direkte Nachbarschaft zum Stadtzentrum, attraktiv. Die Kombination beider Faktoren führte schließlich, ohne daß eine Steuerung durch eine zentrale Planung notwendig gewesen wäre, zur Ansiedlung der Inder in einem nahezu geschlossenen Halbkreis direkt um die 'Old Borough'. Diese Ansiedlung erfolgte ohne Berücksichtigung der Hangexposition unter Bevorzugung der hochgelegenen trockenen Siedlungsflächen. Die Bantus wurden von der freien Landnahme durch Gesetze ausgeschlossen, so daß bei ihren Siedlungskomplexen nur geringfügig natürliche Auswahlfaktoren zu bemerken sind. Lediglich in Cato Manor haben wir in begrenztem Maße einen Lebensraum der Bantus vor uns, der in seinen Naturgegebenheiten ihren ursprünglichen Anforderungen — Bauflächen auf Flußterrassen und in mittleren Hanglagen mit Wassernähe — entspricht. Ähnliches läßt sich für die Mischlinge feststellen, die keine prägenden eigenen Siedlungsformen hervorgebracht haben und bei denen lediglich festzustellen ist, daß sie unabhängig von den naturräumlichen Gegebenheiten Ansiedlungen zwischen ärmeren Europäern und Indern bevorzugen. Damit ist bereits das soziale Element angesprochen, das innerhalb der einzelnen Rassengruppen zu weiteren Differenzierungen führt. Diese starke Differenzierung der Wohnareale durch naturgeographische Einflüsse und die rassische und soziale Gliederung macht sich physiognomisch stark bemerkbar und erfordert eine detaillierte Untersuchung der Wohngebiete der einzelnen Rassen in den verschiedenen Naturräumen. Dabei ist zu berücksichtigen, daß entwicklungsbedingte Faktoren, wie die sprunghafte Ausweitung der Wohnareale, die Zersplitterung der Rassengruppen z. B. durch die Technik des 'Überspringens' von Wohngebieten anderer Rassen, gefördert haben, so daß das heutige Siedlungsbild in den Wohngebieten Durbans alles andere als übersichtlich ist[2]).

Das neben der Innenstadt am stärksten von den Europäern bewohnte Areal ist der Berea-Osthang. Morningside, der nördliche Teil der Berea, ist das teuerste Wohnviertel Durbans. Vom Burman Drive, der durch den 'Affen-Park' führt, ein von Meerkatzen und Vogelscharen belebtes Tal, dessen zu Buschvegetation degradierter subtropischer Regenwald unter Naturschutz gestellt wurde, zieht sich auf der Berea-Höhe ein Villenviertel nach S. Zwischen einem lockeren, den natürlichen Bodenformen angepaßten Straßennetz liegen in großen Parks und Gärten prachtvolle Einfamilienhäuser, meist im weitläufigen Bungalowstil, selten zweigeschossig gebaut, die schon äußerlich den Wohlstand ihrer Bewohner (durchschnittliches jährliches Pro-Kopf-Einkommen — PKE — 518 £[3])) verraten.

Die weithin flammend rot leuchtenden Baumkronen des Flamboyant und des Kafir-boom, die prächtigen, von blauen Blüten überzogenen Kronen der Yacaranden, die großen, zart geäderten Blüten des Tulpenbaumes, die weit ausladenden roten Blattsterne der Poinsettia mit der Fülle gelber Blütentupfen darin, die wild rankende Bougainvillia mit ihren zarten leuchtend roten Blüten, um nur wenige charakte-

[1]) Kuper, L. 1958 S. 33

[2]) Kuper, L. 1958 S. 142

[3]) Zu den Zahlenangaben über die Bevölkerung vergleiche im folgenden Tabelle 13 und Kartentafel 19, s. a. S. 85 Anm. 2
Das PKE wird den Angaben von Kuper folgend in £ angegeben. 1957 entsprach die Kaufkraft von 1 £ nach grober Schätzung etwa DM 10.—.

elle 13: Die rassische Zusammensetzung der Bevölkerung Durbans nach Zensusdistrikten und das durchschnittliche jährliche Pro-Kopf-Einkommen (PKE) in £. (Zensus 1951)

Zensus Distrikt Nr.	Europäer			Asiaten			Bantus		Mischlinge			Alle Rassen	
	abs.	%	PKE £	abs.	%	PKE £	abs.	%	abs.	%	PKE £	fabs.	%
1	778	11,78	195,50	4 905	74,30	32,10	721	10,92	198	3,00	50,76	6 602	100,0
2	5 061	69,54	196,13	252	3,46	30,28	1 636	22,48	329	4,52	100,84	7 278	100,0
3	7 357	69,09	360,51	140	1,32	24,64	3 122	29,32	29	0,27	50,00	10 648	100,0
4	771	9,14	274,54	4 964	58,88	34,71	2 394	28,40	302	3,58	52,28	8 431	100,0
5	43	1,59	134,30	2 389	88,32	38,86	141	5,21	132	4,88	54,04	2 705	100,0
6	348	2,32	200,79	11 580	77,33	32,37	2 315	15,46	732	4,89	50,15	14 975	100,0
7	277	1,28	282,09	7 608	35,20	22,86	13 598	62,92	128	0,60	89,06	21 611	100,0
8	7 122	60,76	177,56	1 576	13,45	81,81	2 338	19,95	685	5,84	90,99	11 721	100,0
9	2 190	51,55	213,65	1 019	23,99	128,69	800	18,83	239	5,63	68,40	4 248	100,0
10	5 231	74,36	282,27	123	1,75	219,83	1 642	23,34	39	0,55	48,68	7 035	100,0
11	5 973	67,13	517,53	82	0,92	119,14	2 795	31,42	47	0,53	102,66	8 897	100,0
12	13 874	74,96	351,87	229	1,24	159,98	4 322	23,35	84	0,45	80,68	18 509	100,0
13	3 959	31,22	204,05	5 061	39,92	74,86	1 483	11,70	2 176	17,16	78,56	12 679	100,0
14	9 801	73,03	300,56	327	2,44	28,75	3 265	23,58	127	0,95	82,09	13 420	100,0
15	11 232	78,39	222,34	53	0,37	160,38	2 877	20,08	166	1,16	132,82	14 328	100,0
16	1 791	12,07	213,31	1 008	6,80	36,11	11 341	76,46	693	4,67	68,20	14 833	100,0
17	13 880	79,14	321,63	132	0,75	149,81	3 503	19,98	23	0,13	75,00	17 538	100,0
18	1 367	7,16	238,84	13 341	69,87	70,80	2 903	15,20	1 484	7,77	63,10	19 095	100,0
19	12 042	80,60	370,39	116	0,78	116,16	2 662	17,82	120	0,80	69,17	14 940	100,0
20	3 325	17,81	289,72	11 127	59,61	39,99	2 752	17,74	1 463	7,84	63,08	18 667	100,0
21	318	3,13	206,23	9 224	90,81	29,26	504	4,96	112	1,10	47,77	10.158	100,0
22	206	1,35	138,24	11 198	73,55	37,73	1 301	8,55	2 520	16,55	56,49	15 225	100,0
23	1 116	4,56	291,24	18 369	75,07	32,46	3 987	16,30	997	4,07	48,57	24 469	100,0
24	18	0,05	268,06	988	2,93	27,59	32 235	95,52	507	1,50	47,80	33 748	100,0
25	2 393	70,03	197,54	266	7,78	44,08	641	18,76	117	3,43	49,57	3 417	100,0
26	5 053	36,80	188,55	5 713	41,61	36,34	2 610	19,00	355	2,59	59,82	13 731	100,0
27	891	23,39	175,17	2 088	54,82	36,61	626	16,43	204	5,36	65,64	3 809	100,0
28	6	0,22	154,17	1 591	58,75	21,10	1 111	41,03	—	—	—	2 708	100,0
29	43	0,24	127,98	16 266	90,26	33,49	428	2,37	1 285	7,13	51,33	18 022	100,0
30	210	2,43	156,34	5 950	68,99	33,64	2 058	23,86	407	4,72	60,47	8 625	100,0
31	6 273	49,29	165,66	3 295	25,87	35,14	2 817	22,13	345	2,71	73,18	12 727	100,0
32	2 975	62,19	249,01	178	3,72	33,10	1 607	33,59	24	0,50	26,04	4 784	100,0
33	577	9,23	124,74	4 686	74,95	33,13	674	10,78	315	5,04	72,90	6 252	100,0
34	3 335	70,03	204,32	5	0,10	31,25	1 382	29,03	40	0,84	38,46	4 762	100,0
35	49	0,50	296,43	6	0,06	8,33	9 827	99,38	6	0,06	20,83	9 888	100,0
36	1 408	14,43	210,86	331	3,39	36,63	7 961	81,58	59	0,60	79,24	9 759	100,0
Total	131 293	30,52	282,74	146 183	33,98	40,02	136 279	31,67	16 489	3,83	64,34	430 244	100,0

aus Kuper, L., Watts, H. u. Davies, R. 1958 Tabellen S. 235, 237, 243.

ristische Formen zu nennen, hüllen das Viertel in ein farbenprächtiges Kleid. Weiter nach S werden die Gärten zunehmend kleiner, die Häuser bescheidener und einfacher, aber der Villensiedlungstyp bleibt erhalten. Der weitläufige Bungalowstil wird in zunehmendem Maße von der zweigeschossigen Bauweise abgelöst. Die Straßen sind straff im Gitternetz-Stil der ursprünglichen Stadtplanung angelegt. Beiderseits der Berea Road erstreckt sich, stärker nach N als nach S, dieses dem Gelände widersinnig aufgezwungene Straßennetz, das keine Rücksicht auf die Bodenformen nimmt. So kommt es in der Ridge Road, der alten Grenz- und Kammlinienstraße, verschiedentlich zu Steigungen von 20% — eine verkehrstechnische Unmöglichkeit im Stadtgebiet. Alleen, Gärten und zahlreiche gepflegte Parkanlagen ziehen auch über diesen mittleren Teil der Berea ein grünes Kleid und treten in Verbindung mit den recht ursprünglichen Parks und den Gärten auf der Südberea, die erst in den dreißiger Jahren erschlossen wurde, und in der man in den Talmulden die ursprüngliche Vegetation, wenn auch zu Buschwerk degradiert, hat weiterwuchern lassen. Die Grundstücke sind hier gleichmäßig relativ klein, die kleinen Einfamilienhäuser sind gruppenweise im gleichen Stil gebaut. Dieses junge Wohngebiet am Fuße und südlich der die ganze Stadt überragenden Universitätsgebäude und Studentenheime[1]) wird von Menschen besiedelt, die ein wesentlich niedrigeres soziales Niveau (PKE 300 £) aufweisen als die Bewohner der Nordberea. Die bescheidenere Lebensweise prägt sich auch im Baustil aus, der besonders seit ca. 1955 vom genossenschaftlichen Bauen bestimmt wird. Das soziale N-S-Gefälle auf der Berea spiegelt die für europäisches Empfinden zunehmende Lageungunst der Wohnviertel mit fortschreitender Südverlagerung wider: Die Aussicht auf das Meer wird von N nach S immer schlechter, von der Berea Road ab schon abgelöst durch den Blick auf die Stadt und die Hafenbucht.[2]) Entsprechend nimmt die Entfernung zum Meer zu. Am Fuße des südlichen Berea-Osthanges liegen ferner ausgedehnte Industrieflächen (Congella), die nicht nur für die Menschen, die in die Natur hinausblicken wollen, die Aussicht verunzieren, sondern vor allem bei den vorherrschenden NE-Winden aus den Schloten und Kaminen erhebliche Mengen Schmutz über den Hang verbreiten. Hinzu kommt, daß ein Teil des neu erschlossenen Gebietes von Stellawood für den sozialen Wohnungsbau genutzt wurde[3]). Bei einer stark einkommensklassen-bewußten Gesellschaft wie in der Südafrikanischen Union muß sich eine solche Ansiedlung drükkend auf die Sozialstruktur der Umgebung auswirken.

Einen ähnlichen, nur viel krasseren Wandel in der Physiognomie europäischer Wohnsiedlungen, wie ihn der Weg von Morningside nach Stellawood zeigte, können wir bei einer Wanderung von der Berea Höhe zur Niederung beobachten. Von der Höhe zur Ebene werden die Grundstücke zunehmend kleiner, die Häuser einfacher. Vielfach fehlt den Gebäuden neuer Verputz. Ihr Alter ist nicht nur am Baustil, sondern auch am Erhaltungszustand abzulesen. In immer stärkerem Maße durchsetzen Mehrfamilienhäuser das durch das Gitter-Straßennetz straff gegliederte Siedlungsbild. Alleen und kleine Parkanlagen werden die einzigen Grünflächen, die Gärten verschwinden. Am Fuße der Berea sind dann auch keine Parks mehr und nur wenige Baumzeilen zu sehen. Die naturräumliche Grenze gegen die Ebene tritt deutlich hervor. Stattdessen beherrschen schmucklose ‚Backsteinklötze' und bunt angestrichene bis zu dreigeschossige Wohnblöcke das Bild. Einzelne ältere Villen in schlechtem Erhaltungszustand sind der Ausdruck des allgemein vorherrschenden niedrigen sozialen Niveaus (PKE 180—230 £). Wo diese Wohnviertel übergehen in die Bebauung der Umgeni Road im N oder der Umbilo Road im S zeigen sie in der

---

[1]) Bildtafel 8, 9
[2]) Bildtafel 7
[3]) D. C. Mayor's Minute 1930

Übergangszone eine geschlossene Bebauung mit zwei- bis dreigeschossigen, aus der Zeit der Jahrhundertwende stammenden Häusern mit breiten Arkaden auf rissigen Säulen, alten Holzbalkonen und rostigen Wellblechdächern. Nur wo das europäische Wohnviertel an die Grünanlagen des Western Vlei und deren westliche Ausläufer, den Botanischen Garten und die Greyville-Trabrennbahn, angrenzt, fehlt diese Zone alter Gebäude.

In dem gesamten Berea-Osthanggebiet können wir heute einen neuen Besiedlungsvorgang verfolgen: Wie in der Innenstadt ist auch auf der Berea eine Umstrukturierung der Bebauung festzustellen. Auf dem gleichen Wege, auf dem die Berea erschlossen wurde, d. h. von der Ebene zur Höhe und von der Berea Road nach N und S, dringen Wohnhausblöcke mit drei bis vier Stockwerken, Flachdächern, außenliegenden, balkonartigen, offenen Fluren und — sehr häufig — Garagen statt Parterrewohnungen in die Villenviertel vor und verdrängen die alten Bungalows und vor allem die mit Terrassen, Veranden und schattigen Umgängen reichhaltig geschmückten älteren Villen. Dieser Vorgang hat zwei wesentliche Ursachen: Einmal wird für die wachsende Bevölkerung ständig mehr Wohnraum benötigt, der im Stadtgebiet nur durch intensivere Nutzung des vorhandenen Baulandes geschaffen werden kann, zum anderen fällt der Wert des Baulandes von der Höhe der Berea zum Bereafuß hin und von N nach S längs des Höhenzuges[1]), so daß zuerst die altbesiedelten Flächen nach der Berea Road hin und am niederen Abhang für die Bebauung in Frage kommen. Auf der südlichen Berea, auf der die Bebauung mit Wohnblocks nur langsam um sich greift und vor allem den durch Straßenzüge im Gitternetz-Schema erschlossenen Raum erfaßt hat, läßt sich das Wertgefälle des Baulandes gegen die Berea Road nicht nachweisen. Entsprechend dem sozialen Gefälle finden wir vom Fuß der Berea bis zum Kamm hinauf beiderseits der Berea Road unterschiedlich große, vom einfachen Backsteinbau bis zum Beton- und Glaspalast reichende Wohnblöcke, bei denen wiederum schon rein äußerlich wie auch in der Innenausstattung ein N-S-Gefälle nachweisbar ist. An der Grenze zwischen vorwiegender Villen- und Wohnblockbauweise finden wir, mit beiden Arealen eng verzahnt, ca. auf halber Höhe des Berea-Osthanges eine Häufung europäischer Hotels und Privat-Pensionen. Sie dienen hier vor allem dem Berufsverkehr, weniger dem Ferienverkehr. Interessant ist die Beobachtung, daß die Hotel- und Pensionspreise deutlich die geographische Lage des Gebäudes widerspiegeln. Auch hier ist ein deutliches Wertgefälle in den beiden bekannten Richtungen zu beobachten.

Dieser vielgestaltige Siedlungsraum, der in etwa aufgegliedert werden kann in die Distrikte Nordberea (67% europäische Bewohner, PKE 518 £), Mittelberea (75% Europäer, PKE 351 £), Südberea (73% Europäer, PKE 301 £), Niedere Nordberea (74% Europäer, PKE 282 £), Nordberea-Fuß (61% Europäer, PKE 178 £) und Niedere Mittelberea (78% Europäer, PKE 222 £) sowie die Übergangszonen zu indischen Wohngebieten nördlich der Trabrennbahn (52% Europäer, PKE 214 £) und südlich der Trabrennbahn (32% Europäer, PKE 204 £), beherbergt nach dem Zensus von 1951 ca. 44,6% (58700) aller in Durban lebenden Europäer. Von wenigen Ausnahmen abgesehen, entsprechen den Siedlungsbildern der Wohnareale der einzelnen sozialen Gruppen in ihren wesentlichen Zügen auch die Wohnsiedlungskomplexe außerhalb des Bereabereiches.

Die Nordberea mit Morningside findet ihr physiognomisches Gegenstück in Durban North und Virginia (69% Europäer, PKE 361 £). Unter gleichen Naturgeographischen Bedingungen — seeseitiger Abhang mit freiem Blick auf den Ozean, Seenähe und guter Baugrund — hat sich hier seit 1927 ein europäisches Wohn-

---

[1]) Brookfield, H. C. und Tatham, M. A., 1957 Fig. 5

areal ausgebildet[1]). Die größere Entfernung vom Stadtzentrum hielt die Grundstückspreise hier niedriger als auf der Nordberea und ermöglichte so Europäern der nächstniedrigen sozialen Stufe den gleichen baulichen Aufwand zu treiben wie die Bewohner der Nordberea. Die bessere Verkehrserschließung der letzten Jahre durch den Ausbau des Northway, der von der Athlone Bridge an bis zu halber Hanghöhe von einer aus der Zeit der Erschließung stammenden europäischen Siedlungsgasse begleitet wird, und durch den Neubau einer Küstenverbindung zum Umhlanga Rock Drive über den Ellis Brown Viaduct, die neue Umgeni Brücke, sowie der Mangel an geeignetem Bauland im Bereich der 'Old Borough' führten zu einer Erhöhung der Grundstückspreise und damit einer Angleichung der Bauweise an das tatsächliche soziale Niveau der Bewohner, so daß der in abgewandeltem Gitternetz-Schema erschlossene Teil von Durban North sowie das nach neuerer Planung durch Kreisstraßen und Sackgassen erschlossene Areal in Virginia Wohnviertel mit Wohnblocks und Villen in Gärten und Parkanlagen entsprechend der Bebauung der Mittelberea zeigen.

Auf der Westseite von Durban North und Virginia, jenseits der Kammlinie liegen Greenwood Park und Redhill. Hier haben wir wie in Mayville und Manor Gardens auf der Berea die seltene Erscheinung, daß Europäer auf dem Westhang siedeln. Aber wie hart treffen hier die sozialen Gegensätze aufeinander! Nur durch einen Streifen Parklandschaft auf der Kammlinie von dem vornehmen Villenviertel getrennt, dehnt sich auf der Westseite eine dichte Wohnblock-Besiedlung aus. Ältere schmucklose Backsteinbauten ragen vier bis sechs Stockwerke hoch neben neueren Häuserblöcken mit Rauhputz-Verschalung auf. Kaum ein Zwei- oder gar Einfamilienhaus auch einfachster Ausführung steht an den selten im Gitternetz-Schema, meist in naturgegebener Wegführung dieses Areal erschließenden Straßen. Bis an die von der Connaught Bridge kommende und nach Zululand führende North Coast Road, eine National Road, und die ihr parallel verlaufende Bahnlinie reicht das europäische Wohnviertel heran. Es wird in seiner Ausdehnung praktisch durch den Verlauf der 250 feet (76 m) Isohypse begrenzt. Im SW reicht die europäische Besiedlung nahezu an die Industriegasse der Steinbrüche und Ziegeleien heran, im W und NW geht sie über in von Indern besiedelte Areale. Das Gelände entspricht also in keiner Weise den von den Europäern gestellten Forderungen, aber es bietet einen klimatisch erträglichen Lebensraum für die auf niedriger, wenn auch längst nicht niedrigster sozialer Stufe stehenden Menschen. (PKE 196 £). Selten zeigt sich innerhalb einer Rassengruppe so kraß der Einfluß naturgeographischer Faktoren auf die Sozialstruktur der Siedlung. Die Differenzierung kann noch weiter geführt werden, wenn man das noch tiefer gelegene Areal, das zum Tal des Mhlangano und Seekoeispruit hinunterführt, mit in die Betrachtung einbezieht. In diesem zu 74% von Indern besiedelten Raum beträgt das PKE der Europäer nur noch 195 £. Es ergibt sich also zu dem Gegensatz Osthang-Westhang ein zusätzliches Sozialgefälle von der Höhe zum Tal, wie es bei Kuper, L. 1958 in Fig. 14 S. 121 zum Ausdruck kommt. Kein Wohngebiet mit über 30% europäischer Bevölkerung in Durban bietet einen so ärmlichen Anblick wie dieser Siedlungskomplex.

Eine gewisse Lageähnlichkeit zu Greenwood Park liegt bei den Ortsteilen Mayville und Manor Gardens[2]) auf der Berea vor. Diese mit ihrer aufgelockerten Villenbebauung und den längs der South Ridge Road aufragenden, bis zu fünfgeschossigen Wohnblöcken durch ein naturgemäß geführtes Straßennetz erschlossenen jungen Siedlungskomplexe erinnern in ihrer Physiognomie an die Südberea-Besiedlung. Auch hier in diesen Wohnvierteln, die nirgends die 300 feet (91 m) Isohypse auf der

[1]) D. C. Mayor's Minute 1930; die intensive Erschließung von Durban North erfolgte aber erst 1946—51. Durban Housing Survey 1952 S. 27

[2]) Bildtafel 8

Westseite unterschreiten und noch teilweise von den kühlen Seewinden erreicht werden, denen aber der Blick auf das Meer resp. die Hafenbucht fehlt, ist ein zahlenmäßig leider nicht nachgewiesener Bruch zwischen den Einkommensstrukturen der Bewohner des Osthanges und denen des Westhanges festzustellen, wie es schon die einfache Bauweise der Häuser zeigt. Aber er ist, dank der Lage in Innenstadtnähe und dem Fehlen der Industrie in der Umgebung, keineswegs so schroff wie in Durban North/Greenwood Park.

Große physiognomische Ähnlichkeit mit den Manor Gardens und der Südberea haben die Siedlungskomplexe im Bereich des Umbilo-Mhlatuzana-Zwischenhügellandes, des Wentworth-Rückens und die Areale Woodlands und Montclair. Diese teilweise natürlich gewachsenen, teilweise planmäßig gegründeten[1]) Wohnviertel mit einfachen Einfamilienhäusern in kleinen Gärten, gelegentlich durchsetzt mit modernen Wohnhausblöcken, durch Alleen und Parkanlagen in ein grünes Kleid gehüllt, haben zahlreiche natürliche Gemeinsamkeiten, die ihre gleichartige Ausprägung bedingen. Die Siedlungen im Zwischenhügelland kommen, besonders in dem zwischen 90 und 120 m hohen Bereich trotz ihrer Inland-Lage in den Genuß der kühlen Seewinde. Noch stärker trifft das zu für die direkt am Abhang der Küstenlandrandstufe gelegenen Wohnviertel Woodlands und Montclair. Diese Wohnareale aber liegen, genau wie das Gebiet des Bluff- und Wentworth-Rückens weit von der Innenstadt und der Badeküste entfernt und können nur erreicht werden, indem Wohngebiete von Indern durchquert werden. Das erklärt die niedrigen Grundstückpreise und das relativ niedrige soziale Niveau (PKE 188—204 £) in diesen Gebieten, die teilweise, besonders Woodlands und Montclair, erst durch den sozialen Wohnungsbau 1946—51 erschlossen wurden. Das Gebiet des Wentworth-Rückens mit den Ortsteilen Wentworth, King's Rest und Fynnland (PKE 156 £) ist durch die Lage im Windschatten des Bluff noch stärker benachteiligt. Seine im Vergleich zum Einkommen der Bewohner hervorragend gute Bebauung ist nur möglich durch die gegenüber den Vergleichssiedlungskomplexen sehr niedrigen Bodenpreise[2]). Dabei ist die Erschließung dieses Areals, die wahrscheinlich von der zum Bluff Marine Drive hinführenden Bluff Road und den Bahnstationen Wentworth, King's Rest und Fynnland ausging, keineswegs erst in jüngerer Zeit erfolgt, wie die teilweise streng durchgeführte Gitternetz-Straßenführung zeigt. Nur die Ausweitung der Wohngebiete über den ganzen Höhenrücken unter Bevorzugung des Westhanges (Blick über die weite Alluvialebene und die Hafenbucht) erfolgte, wie zahlreiche Neubauten zeigen, erst in den Nachkriegsjahren. Einen ähnlichen Erschließungsvorgang zeigen auch die durch Quertäler in der räumlichen Ausdehnung stark behinderten Siedlungen des Zwischenhügellandes, Rossburgh, Sea View, Bellair und Hillary.

Eine Bahnlinie, und parallel zu dieser die Sarnia Road, führen auf der Wasserscheide, die kontinuierliche Steigung nutzend, ins Hinterland in Richtung Pinetown. Sie durchqueren dabei Queensburgh (früher Malvern, Escombe, Northdene, Cavendish und Moseley), das durch Vorortbahnverkehr und Busse der städtischen Verkehrsgesellschaft mit Durban als echter Vorort verbunden ist. Die Bahnlinie — 1878 bis Pinetown fertiggestellt[3]) — ist die älteste Inlandstrecke Durbans. Ihre Bedeutung ist seit der Fertigstellung der durch das Mhlatuzanatal verlaufenden Bahnlinie, die unter erheblichen Schwierigkeiten unter Vermeidung der großen Steigungsstrecken gebaut wurde, stark zurückgegangen. Der Fernverkehr in Richtung Johannesburg rollt heute über die Talstrecke. Aber als Vorortverkehrslinie hat die Wasserscheidenstrecke noch wichtige Funktionen zu erfüllen.

[1]) C. D. Mayor's Minute 1945ff., 1957 S. 59
[2]) Kuper, L. 1958 S. 102 Fig. 12
[3]) U. o. S. A., Dep. Railways and Harbours, Rep. Gen. Manager 1958 Statement 17

Von den Bahnstationen ging auch hier die erste Erschließung aus. (Vergleiche die Lage der Versorgungszentren[1].)

Dabei waren Inder und Europäer in etwa paritätisch an der Landnahme beteiligt, die Europäer stärker in den höheren Regionen und nahe den Verkehrswegen, die Inder bevorzugt in den niederen Regionen. So erklärt es sich auch, daß sich große Teile des flachen Landes und die Talungen weitgehend in indischem Besitz befinden, während die höher gelegenen Teile und die seeseitigen Hänge in europäischem Besitz sind[2]. Mit zunehmender Höhe steigert sich entsprechend der Anteil der europäischen Bevölkerung und nimmt der Wert des Bodens zu[3]. Der physiognomische Eindruck eines vorwiegend von Europäern besiedelten Areals entsteht dadurch, daß der europäische Teil der Bevölkerung (37%, in Hillary 70%) verhältnismäßig eng zusammengedrängt in Siedlungen lebt, deren Komplexe das Bild längs der Sarnia Road bestimmen, während die Inder (42%, in Hillary 8%) nur zu einem Teil in geschlossenen Siedlungskomplexen leben, zum größten Teil sich aber in Streusiedlungen niedergelassen haben.

Überraschend ist das Siedlungsbild auf dem Bluff-Rücken: Die Bebauung konzentriert sich hier auf die Ostseite. Brighton Beach ist ein modernes Villenviertel mit Gärten und Parkanlagen, das in seiner Physiognomie an die Mittelberea erinnert. King's View ist dagegen älter, zeigt aber auch die Ausprägung eines Villenviertels, obgleich das PKE der Einwohner beider Ortsteile nur 249 £ beträgt. Diese Diskrepanz zwischen dem tatsächlichen sozialen Niveau und dem Siedlungsbild erklärt sich daraus, daß dieses direkt am Meer gelegene Areal ein sehr feuchtes Klima mit den entsprechenden nachteiligen Einflüssen auf die Gesundheit, den Erhaltungszustand der Kleidung, der Möbel etc. hat, daß es ferner, wie auch Wentworth, von anderen europäischen Wohngebieten isoliert liegt und der Weg zur Stadt über die eine herrliche Aussicht bietende Küstenhöhenstraße Bluff Marine Drive zur Innenstadt sehr weit ist[4], und daß daher im gesamten Gebiet der Bluff- und Wentworth-Rücken die Grundstückpreise unter denen von Sea View im Zwischenhügelland liegen[5].

Zu den hier dargestellten europäischen Wohnvierteln treten noch zwei Areale hinzu, denen eine funktionale Sonderstellung zukommt. Das erste ist der Innenstadtraum. In diesem Gebiet und in dem nördlichen Teil des Hafenlandraumes im Point-Bereich leben ca. 13900 Europäer mit einem PKE von 322 £, d. h. 10% der europäischen Bevölkerung Durbans mit einem überdurchschnittlich hohen Einkommen. Diese Zahlen zeigen, daß zumindest im Bereich der innerstädtischen Geschäftsviertel außer den Geschäfts- und Büroräumen zahlreiche Wohnungen vorhanden sein müssen. Die Zahlen werden allerdings im Aussagewert dadurch verfälscht, daß innerhalb des Innenstadtbereiches einige eng begrenzte reine Wohnareale vorhanden sind, so eine Gruppe von modernen Wohnhausblocks und Pensionen am Albert Park, Wohnblocks älterer und ärmlicherer Struktur am Übergang vom Point-Hafenlandraum zur Innenstadt, Mehrfamilienhäuser im Stil von Groß-Villen, in Gärten gelegen, mit allem Zierat der Gebäude aus der Zeit vor dem ersten Weltkrieg, aber im Gegensatz zu den sonstigen Altbauten gut erhalten längs des Victoria Embankment und eine Reihe von modernen Wohnblocks und älteren Einzelhäusern der vor allem im Hafengebiet beschäftigten europäischen Angestellten längs der Prince Street, Erskine und Escombe Terraces auf dem Point. Nach dem vorher Gesagten überrascht es, daß eine so große Zahl gut situierter

[1]) Kartentafel 18
[2]) Durban Housing Survey 1952 Karte 7
[3]) Kuper, L. 1958 S. 102 Fig. 12
[4]) Vergl. Kuper, L. 1958 S. 122
[5]) Kuper, L. 1958 S. 102 Fig. 12

Europäer in der im Sommer zeitweilig recht stickigen Innenstadt wohnt. Zwei Gründe dürften dafür maßgebend sein: Es ist heute schwer, in Durban Bauland oder eine Wohnung in einer ansprechenden Gegend zu bekommen, und deshalb werden auch weniger günstige Areale, besonders wenn sie günstig zu den Wirtschaftszentren liegen, von Europäern besiedelt. Ferner scheuen viele Menschen die weiten Wege aus den Vororten und den peripheren Stadtteilen zu den zentral gelegenen Arbeitsplätzen und nehmen dafür weniger günstige Wohngebiete in Kauf.

Ein kombiniertes Wohn- und Wirtschaftsgebiet spezifischer Funktion und entsprechender Physiognomie erstreckt sich ca. 3 km längs der Küste: das Erholungs- und Urlaubsviertel Durbans, das Zentrum der 'Fremdenverkehrsindustrie', das mit ca. 200000 Feriengästen jährlich[1]) einen nicht zu unterschätzenden Wirtschaftsfaktor im Gesamtgefüge der Stadt darstellt, das aber auch, trotz der Seenähe und der dadurch bedingten starken Feuchtigkeit, wegen der direkten Nachbarschaft zur Innenstadt und der ständigen relativen Kühle durch die frischen Seewinde ein immer beliebter werdendes Wohnviertel darstellt. (81% = 12042 Europäer, PKE 370 £.) Die älteste Straße dieses Areals ist die Marine Parade. Sie verläuft vom Addington Hospital nordwärts in 150 m bis 200 m Abstand von der Strandlinie parallel zur Küste und mündet auf der Höhe der Old Fort Road in die Snell Parade ein — ihre moderne vierbahnige Fortsetzung nach N bis zum Umgeni, wo der 1955 eröffnete Ellis Brown Viaduct hinüberführt nach Durban North. Parallel zur Marine Parade, erst fast am Ende des bebauten Areals in die Snell Parade einmündend, verläuft die Lower Marine Parade, eine von der Ecke West Street nach N zweibahnig ausgebaute Straße, die direkt an dem mit Steinpackungen befestigten Ufer entlangführt. Westlich der Marine und Snell Parade erhebt sich eine eindrucksvolle, unruhige 'skyline'[2]): Von drei bis zu siebzehn Geschossen reicht die Spannweite der Höhenunterschiede der Hotels und Appartement-Wohnblocks, die die Marine Parade und den Anfang der Snell Parade säumen. Es sind vorwiegend Nachkriegsbauten — Hotelpaläste in von Amerika importiertem, durch die Baumaterialien Beton, Stahl und Glas bestimmtem Stil. Auffällig ist, daß sich z. T. an den Einmündungen der drei Hauptachsen der Stadt ältere, zwei- bis viergeschossige Bauten erhalten haben. Sie zeigen uns, daß das moderne 'Gesicht' der Küstenstraße kein Produkt einer Umstrukturierung wie in der Innenstadt ist, sondern daß es sich um eine Erschließung des Geländes durch Neubauten handelt. Von Addington bis hinter Sea View Street (Verlängerung von Pine Street) reicht die Vorkriegsbebauung. Die Gebäude dieser Zeit sind, meist renoviert, heute noch erhalten und lassen gut die Einmündungen der Hauptstraßen in der 'skyline' erkennen. Da die Bebauung nicht kontinuierlich war, konnten zwischen den älteren Gebäuden neue Hochhäuser errichtet werden. Die Zahl der Neubauten nimmt nach N zu, und von der Snell Parade an haben wir ausschließlich vielgeschossige Bauten vor uns auf erst nach dem zweiten Weltkrieg erschlossenem Siedlungsland. Hier herrscht eine rege Bautätigkeit — das Ferienviertel Durbans dehnt sich ständig nach N aus. Westlich der Marine Parade erstreckt sich ein vielschichtiger Siedlungsraum, der ebenfalls noch zum Ferienviertel Durbans gerechnet werden muß. Von N bis an die West Street heran erstreckt sich eine lockere Folge von Wohnblocks, Appartement-Wohnungen, Pensionen und Hotels, Parks und Tennisplätzen in einem Areal, das von zahlreichen Nebenstraßen durchzogen wird, die das Gitternetz-Schema nur noch andeuten — eine Folge des einerseits sandigen, von Dünen besetzten, andererseits sumpfigen Untergrundes, der dazu zwang, die Gebäude auf den Dünenwall, Brickhill Road am Rande des Niederungsgebietes, die Marine Parade am seeseitigen Rande

[1]) Kuper, L. 1958 S. 43
Durban 1954 S. 44

[2]) Bildtafel 1, 8, 9

des Dünenwalls zu bauen. In der nördlichen Brickhill Road (Grenze gegen das innerstädtische Industriegebiet) ist ein scharfer Übergang zwischen Wohn- und Industrieareal festzustellen[1]). Der gesamten Bebauung westlich der Marine Parade und Snell Parade fehlt die 'große Aufmachung' der Seefront. Die Gästewerbung muß hier, wo der Blick auf die 'Beach' (Brandungszone, Strand, Uferstraßen und Grünstreifen) fehlt, durch niedrigere Preise erfolgen. Wesentlich unklarer ist die Struktur des Areals südlich der West Street. In der Hauptstraße dringen hier in wachsendem Maße Geschäfte für den Bedarf der Urlauber, aber auch für den innerstädtischen Bedarf gegen die Marine Parade vor. Die Hotels in dieser Straße gelten wegen ihrer Lage an der Hauptverkehrsstraße und wegen ihres Alters als zweitklassig. Nur die innerhalb dieses Areals gelegenen Hotels können mit den entsprechend gelegenen Gebäuden im nördlichen Teil verglichen werden. Hier, wo im S und W das Hafengebiet berührt wird und sich Hafeneinflüsse im Milieu und im sozialen Gefüge bemerkbar machen, wo ferner der Einfluß der Bahnlinie lange Zeit spürbar war, ist die Bebauung mit Hotels stark aufgelockert. Bis auf die eigentliche Seefront herrschen im Siedlungsbild Wohnblocks und Pensionen vor, die im W in immer stärkerem Maße von Bürohäusern und Geschäften abgelöst werden. Neubauten und Gebäude im zeitlosen Kolonialstil, Hochhäuser und Flachbauten zwischen zweigeschossigen Gebäuden in eintöniger Einheitsbauweise stehen in scheinbar planlosem Durcheinander. Der Süden des Ferienviertels von Durban ist baulich ein Produkt aus dem Zusammentreffen der Einflüsse von Hafen- und Geschäftsviertel längs der Hauptstraße mit den eigentlichen Hotelvierteleinflüssen. Der Norden ist dagegen durch die natürliche Grenze des Dünenwalles gegen das Sumpflandgebiet als reines Hotel- und Urlaubsviertel erhalten geblieben.

Östlich der beiden Küstenstraßen erstreckt sich ein vielfältig genutzter, 50—100 m breiter Grünlandstreifen. Auf diesem und zur Seeseite der Snell Parade hin finden wir die kennzeichnenden Gebäude und Einrichtungen eines Seebades: Anlagen mit farbenprächtigen Blumenrabatten, eine Freiluftbühne, 'tea-rooms', Milchbars, Spielsäle, zwei Seewasserschwimmbäder, zwei Planschbecken, Umkleidekabinen, Rasenkegelbahnen und Tennisplätze sowie die Gebäude der Lebensrettungsgesellschaften. Dazu kommen als besondere Attraktion Durbans eine freie Rasenfläche für den jährlich während der Saison dort aufgebauten 'Rummel' und vor allem Fitzsimonds Schlangen-Park, wo die Gelegenheit besteht, alle in der Südafrikanischen Union vorkommenden Giftschlangen zu beobachten, und wo die gegen die Bisse dieser Schlangen notwendigen Seren gewonnen werden. Die Gebäude auf diesem Grünstreifen stammen großenteils schon aus der Zeit vor 1925. Sie sind meist eingeschossig, mit stumpfwinkeligen Giebeldächern oder Flachdächern gedeckt. Alle Gebäude befinden sich in einem gepflegten Zustand.

Die diesen Grünstreifen zur See hin begrenzende Lower Marine Parade ist häufiger unbefahrbar, wenn NE-Winde bei Hochwasser die Brecher über die Uferkante schlagen lassen. Vor dieser Uferkante erstreckt sich der durch Ilmenitanreicherungen oft grau gefärbte Sandstrand, dessen Abspülung heute weitgehend durch Buhnen verhindert wird. Ein gegenüber West Street errichteter, hinter die Brandungszone hinausragender Steg gibt den Anglern die Möglichkeit, ungefährdet ihrem Sport nachzugehen. Bei günstigen Strömungsverhältnissen können seit 1952 auch Wellenreiter und Schwimmer hinter die Brandungszone hinausschwimmen — ein Hai-Netz, vom Point bis zur Umgeni-Mündung ausgespannt und ständig kontrolliert, hält die gefährlichen Räuber von den Badenden fern[2]).

---

[1]) Bildtafel 9

[2]) C. D. Mayor's Minute 1957
Im Hainetz wurden von Januar 1952 bis Juli 1956 1 192 Haie gefangen!

In vieler Hinsicht andersartig, besonders durch die Lebensgewohnheiten und heimische Sitten geprägt, aber ähnlich vielfältig wie die Wohngebiete der Europäer sind die Areale, in denen Inder wohnen.

Die indische Landnahme ging von Menschen aus, die Gartenbaukulturen anlegen wollten, wie sie es heute noch in vielfältiger Form in dem um die 'Old Borough' liegenden Siedlungshalbkreis tun. Auf der Suche nach Land für ihre Gartenbaubetriebe erschlossen die Inder zuerst leicht sumpfige, ebenen Flächen wie z. B. das Gebiet von Bayhead, in dem sie die Ansiedlung Clairwood schufen. Dieser Siedlungskomplex ist mit 90% indischer Bevölkerung (PKE 33 £) auch heute noch eine indische Domäne. Die ehemals lockere Siedlung von Gemüsezüchtern hat sich mit zunehmender Bevölkerungsdichte in eine Gartenstadt verwandelt. Zwischen Jacobs Road, dem Edwin Swales V. C. Drive und der Dayal Road dehnt sich fächerförmig ein Siedlungskomplex aus, der von kleinen, weißgetünchten, giebelig oder flach mit Wellblech gedeckten Häusern in kleinen Gärten beherrscht wird. Das Wellblech ist meist rostig, die weiße Farbe verschmutzt[1]). Zwischen diesen durchweg eingeschossigen Gebäuden, die in zwei bis vier Räumen jeweils einer Familie Platz geben, stehen selten größere Villen, deren Baustil vieles mit den europäischen Villen und Bungalows aus den dreißiger Jahren gemeinsam hat. An zahlreichen Stellen ragen Moscheen oder die weißgetünchten Kuppeln von bunt geschmückten Hindu-Tempeln auf. Die Religionen und das ausgeprägte Rassenbewußtsein sind die starken Bande, die besonders die Inder mit mittlerem und niedrigem sozialem Niveau eng zusammenhalten. In Clairwood, das mit das niedrigste PKE von allen von mehr als 30% Indern bewohnten Arealen aufzuweisen hat, leben heute vor allem Arbeiter und Handwerker. Den Kaufleuten ist die Siedlung meist zu weit vom Stadtzentrum gelegen.

Mit der Zunahme der Industrialisierung des Gebietes und dem damit verbundenen starken Anwachsen der Bevölkerung durch den Zustrom von farbigen Arbeitskräften aus ländlichen Gebieten wurde es notwendig, die Siedlung auszudehnen. Der reguläre Hausbau konnte den steigenden Wohnraumbedarf nicht schnell genug decken, und so wurde es notwendig, Notunterkünfte in den ursprünglichen Gartenbaugebieten zu errichten, eine Erscheinung, die im gesamten Siedlungsbild von Durban wie der meisten südafrikanischen Großstädte als Folge der Industrialisierung zu beobachten ist.[2]) Diese Notunterkünfte sind Hütten aus Wellblech und Holz, selten mit einem Steinunterbau, häufig recht farbenfroh gestrichen, aber auch völlig verrostet, mit Säcken statt Glas in den kleinen Fensteröffnungen. Es ist kaum Kanalisation vorhanden und in weiten Teilen erfolgt die Wasserversorgung durch öffentliche Zapfstellen. Der Untergrund — wir befinden uns in der südlichen Alluvialebene nahe der Bucht — ist sehr feucht, zum Teil sumpfig. Die Hütten sind mit viel Grün, stellenweise Zuckerrohr (!) umgeben, so daß der Siedlungskomplex äußerlich nicht allzu primitiv wirkt. Doch darf das nicht darüber hinwegtäuschen, daß Unterkünfte dieser Art nur Notquartiere sind, auch wenn sie den Minimalanforderungen der Gesundheitsbehörde entsprechen und das Areal daher nicht zum Slum erklärt wurde (Stand von 1947). Etwas schlechterer Erhaltungszustand der Hütten und eine bedeutend höhere Bevölkerungsdichte, wie sie unter Wegfall der Gärten und unter zunehmender Verschmutzung der Wege und des gesamten Umlandes durch fehlende Ausdehnungsmöglichkeiten zwischen dem Fuß des Zwischenhügellandes und dem Mhlatuzana südwestlich Rossburghs anzutreffen sind, genügen, um aus der Notunterkunftsiedlung einen Slum zu machen[3]). Indische Wellblechhütten-(Notunterkunft)-Wohnareale finden wir z. B. im Umgenital, in der Nähe des Flußpferd-

[1]) Bildtafel 11

[2]) Durban Housing Survey 1952 S. 360ff.

[3]) Durban Housing Survey 1952 S. 354, 364

see-Sumpfes, in Riverside und Prospect Hall am Südabhang von Greenwood Park bzw. Durban North zum Umgeni hin, randlich zum Bantu-Slumgebiet von Cato Manor, im Bereich des Umbilo-Mhlatuzana-Zwischenhügellandes und im südöstlichen Merebank, doch treten sie nirgends in solcher Reinheit wie in dem ehemaligen Gartenbauland um Clairwood auf.

Das Umgenital wird für den Fruchtanbau genutzt. Die dortigen Siedlungskomplexe, meist weit verstreute Hütten oder einfache kastenförmige Häuser, selten kleine Zusammenballungen ohne echten Siedlungscharakter, ziehen sich an den Hängen zum Hügelland empor, da Frühjahrsflutwellen des Umgeni allzu leicht den Talboden überspülen. In diesen fast rein indischen Wohngebieten (77% Inder) wie auch am Flußpferdsee-Sumpfland im Tal des Mhlangano und Seekoeispruit (74% Inder) finden wir alle erdenklichen Haustypen von der einfachsten Wellblechhütte bis zum mehrräumigen, sauber weiß gekalkten Backsteinhaus, (PKE 32 £) die, wenn irgend möglich, auf dem vom Hausbewohner bewirtschafteten Boden stehen. Gleiches gilt für die Gartenbaukulturlandschaft, die sich zwischen Sydenham — Sherwood und den Reservoir Hills (77% Inder, PKE 32 £), zwischen Cato Manor und der Berea[1]) im westlichen Hügelland (75% Inder, PKE 32 £) und im Zwischenhügelland (42% Inder, PKE 36 £) ausdehnt. Auffällig ist, daß die Wasserscheiden als Wohnplätze bevorzugt werden, während man die Talböden wegen zu großer Feuchtigkeit meidet. Eine abgewandelte Form dieser Gartenbaukultur-Siedlungskomplexe mit ihrer Durchmischung von Notunterkünften auf kleinsten Parzellen und solide gebauten Einfamilienhäusern in ausgedehnten Anbauflächen finden wir im südlichen Teil der südlichen Alluvialebene, in Merebank (75% Inder, PKE 33 £). Der zur South Coast hin gelegene Teil der Siedlung zeigt eine mit Clairwood vergleichbare Bebauung, deren gleichförmiger Grundriß durch einige ältere Straßen, die sich im Verlauf natürlichen Gegebenheiten (Bodenbeschaffenheit, zu Entwässerungsgräben ausgebauten Bachbetten) anpassen, aufgelockert wird. Der östliche Teil dieses Areals wurde erst nach dem Kriege erschlossen[2]). Hier liegen secundär angelegte Gartenbaubetriebe zwischen Privathäusern einfachster Bauart und schematischen Plansiedlungskomplexen aus geräumigen, weißgekalkten Flachbauten.

Alle diese durch Gartenbaubetriebe funktional einheitlich ausgerichteten Areale zeigen eine ähnliche physiognomische und ökonomische Struktur. Die Bewohner gehören den niedrigen sozialen Stufen an. Sie können aber ihr niedriges Einkommen durch die Verwendung eigener Agrarprodukte weitgehend aufbessern. Durch die intensive Nutzung des zur Verfügung stehenden Landes tragen sie wesentlich zur Sicherstellung der Versorgung der Stadt mit Frischobst und Gemüse bei.

In den Gebieten Riverside (59% Inder, PKE 35 £) und Prospekt Hall (88% Inder, PKE 39 £) am Südufer des Umgeni ist von der ursprünglichen Gartenbaukulturlandschaft nichts mehr zu sehen. Die Gemüse- und Obstbauern sind hier vorwiegend von Arbeitern und Handwerkern besonders der nahegelegenen Steinbrüche und Ziegeleien verdrängt worden. Zahlreiche Notunterkünfte — oft primitivster Form — stehen zwischen einem durch hangaufwärts ziehende Straßen und Sackgassen gegliederten Gewirr von einfachen Steinbungalows und Ziegelbauten unterschiedlichen Gepräges und meist recht schlechten Erhaltungszustandes. In Riverside ist stellenweise die Bevölkerungsdichte so hoch und der Zustand der Gebäude so bedenklich, daß ein Teil des Gebietes zum Slum erklärt wurde[3]).

In diesen Gebieten ist ein zahlenmäßig nicht ausgewiesenes, aber physiognomisch deutlich erkennbares soziales Gefälle von der Höhe zum Tal ähnlich wie bei den

---

[1]) Bildtafel 8

[2]) D. C. Mayor's Minute 1945

[3]) Durban Housing Survey 1952 S. 353

Europäervierteln vorhanden, wenn auch in den höheren Lagen — teilweise bis 75 m reichend — die Steinbauten nicht besonders sauber und gut erhalten sind, so fehlen hier doch die Notunterkünfte und ganz primitiven gemauerten Behausungen. Das PKE von 35—39 £ liegt zwar höher als in den reinen Gartenbaukultur-Arealen, aber durch die fehlende Eigenversorgung bedeutet es noch keine wesentliche Hebung des sozialen Niveaus gegenüber den Bewohnern jener Gebiete.

Diese Siedlungsform — der vom Gartenbaukulturland in eine Arbeiter-Wohnsiedlung überführte Häuserkomplex einfachster Struktur — leitet über zu dem Wohnsiedlungstypus, der sich auf dem Berea-Westhang und einem Teil des westlichen Hügellandes ausbreitet, jenen Wohnarealen, in denen vor allem Inder leben, die in der Stadt in abhängiger Stellung tätig sind, daher in Stadtnähe unter Nutzung der naturräumlichen Vorteile wohnen wollen, ohne daß sie im Stadtrandbereich noch einer land- oder gartenbauwirtschaftlichen Tätigkeit nachgehen.

Overport ist ein solches charakteristisches indisches Wohnviertel im Berea-Westhangbereich. (60% Inder, PKE 40 £). Von der Berea-Kammlinie bis ins Tal und hinüberstreichend zu den westlichen Höhen erstreckt sich nördlich des Jan Smuts Highway, der zur National Road nach Johannesburg ausgebauten Weiterführung der Berea Road, ein Gitternetz von Straßenzügen, das durch einige ältere Straßen, die sich den natürlichen Bodenformen anschmiegen, aufgelockert wird und im N gänzlich in ein naturgemäß angelegtes Straßennetz übergeht. Im mittleren Teil des Areals beherrschen ältere Mehrfamilienhäuser in relativ mäßigem Erhaltungszustand das Bild. Flachdächer und niedrige Giebeldächer überwiegen. Im N und S, in den lichter bebauten Gebieten, weichen die Mehrfamilienhäuser, die dem indischen Streben nach familiärer Abgeschlossenheit wenig entsprechen, mehr und mehr einfachen Einfamilienhäusern, und das Bebauungsbild wird dem von Clairwood ähnlich. Die Gesamtphysiognomie ist allerdings stark von Clairwood durch die andersartige Vegetationsdecke unterschieden. Es fehlt hier das saftige Grün der Vleigräser und des Buschwerks im Flachland, es fehlt ebenso die alles einhüllende hochwüchsige Vegetation des Berea-Osthanges. Die Alleen sind aus dem Siedlungsbild verschwunden, die Parks sind weite Grasflächen mit einzelnen Baum- und Buschgruppen. Die charakteristischen Wuchsformen der Baumsavanne sind in Parks und Gärten erhalten geblieben[1]).

Overport geht im mittleren Teil direkt über in Sydenham (74% Inder, PKE 38 £) und ist im nördlichen Teil mit Springfield (91% Inder, PKE 29 £) verbunden. Hier zeigt sich ein soziales Gefälle von der Höhe zum Tal, von E nach W, das sich aus der ständig größer werdenden Entfernung vom Arbeitsplatz und dem dadurch verringerten Bodenwert erklären läßt. Daß auch die Hangexposition auf den Bodenwert einen Einfluß hat, zeigt sich an der Wertzunahme in Sydenham mit zunehmender Höhe — bis 150 m — am Osthang[2]). Sydenham kennzeichnet den nördlichen von drei indischen 'Siedlungsarmen', die das westliche Hügelland aufgliedern und in die Gartenbaukulturlandschaft hineinragen. Es gleicht physiognomisch Overport, ist jedoch etwas lockerer bebaut als dieses, weil genügend Ausdehnungsmöglichkeiten in drei Himmelsrichtungen für Neusiedler bestehen. Seine drei Hauptstraßen Sparks Road, Brickfield Road und Randles Road sind alte, den natürlichen Bodenformen folgende Wege, längs deren die Landerschließung erfolgte und zwischen denen sekundär ein Straßengitternetz ausgespannt wurde. Durch die bereahangparallele Brickfield Road wird die Verbindung mit Springfield und der von der Umgeni Road kommenden Quarry Road hergestellt, so daß Springfield von zwei Seiten her zu erreichen ist. Trotz dieser relativ guten Verkehrserschließung liegt

---

[1]) Bildtafel 8

[2]) Kuper, L. 1958 S. 104 Abb. 12

Springfield so abseits der Hauptverkehrswege, daß sich hier, zumal der Winkel zwischen nördlichem Berea-Westhang und Umgenital landschaftlich wenig schön ist und klimatisch ungünstig liegt, nur Inder mit sehr niedrigem PKE niedergelassen haben. Dem entspricht es, daß neben der durch ärmliches, früher weiß gekalkte Backsteinhütten und Notunterkünfte geprägten freien Ansiedlung eine Wohnsiedlung für Inder im Rahmen des sozialen Wohnungsbaues für Farbige erstellt worden ist. Dieses Viertel besteht aus Flachbauten in einfachster Bauweise, vollständig mit Wasser, Strom und sanitären Anlagen ausgestattet, die zu Sozialmieten d. h. Mieten, die unter dem Unterhaltungskostensatz für die Gebäude liegen, an bedürftige Inderfamilien vermietet werden. Gemeinschaftshäuser und ein Schwimmbad vervollständigen den Siedlungskomplex.

Der zweite, mittlere der indischen Siedlungsarme folgt dem Jan Smuts Highway und ist schon dadurch gekennzeichnet als 'Ausfallstraßen-Ansiedlung'; der dritte führt vom gleichen Ansatzpunkt an der Berea hinüber nach Cato Manor. Nur wenige, dem Gelände angeschmiegte Straßen ziehen hier hindurch und erschließen im Tal des Mkumbane-Zuflusses ein Wohnareal, das nördlich des Highway mit Villen und jüngeren Wohnblöcken, südlich des Highway mit einfachen Ein-, selten Mehrfamilienhäusern bestanden ist. Die Häuser sind schlecht erhalten, die Wellblechflach- und -giebeldächer verrostet, die Farbe schmutzig, meist abgeblättert. Die kleinen Gärten, in denen ein Teil der Häuser liegt, sind häufig ungepflegt und verstärken so das Bild der Armut in diesem im feuchten Talgrund und auf dem Abhang gelegenen Siedlungsteil, dessen Physiognomie Ähnlichkeit zeigt mit Riverside, nur daß das soziale Gefälle hier von der National Road gegen das Bantu-Slumgebiet hin erfolgt.

Längs des Jan Smuts Highway ist es erst 1500 m vor der Stadtgrenze auf einem 160 m hoch aufragenden Hügel wieder zur Wohnsiedlungsbildung gekommen. Das Land von Sherwood befindet sich in europäischem Besitz[1]), aber nur der südliche Teil des Areals wird von Europäern für eine Plansiedlung[2]) genutzt. Der übrige Teil ist indisches Wohngebiet, das in seiner Physiognomie dem nördlichen Teil von Overport oder Sydenham West gleicht. Gute direkte Verbindungen in die Innenstadt und hohe Lage machen Sherwood zu einem beliebten Wohnareal.

Den bisher dargestellten Wohngebiet-Typen der Inder, die von den Gartenbaukultur-Arealen ausgingen und zu vorstädtischen Ansiedlungsformen in den ehemaligen Stadtrandgebieten führten, stehen die in der 'Old Borough' gelegenen städtischen Viertel gegenüber, die von den handeltreibenden Indern entwickelt wurden. Das mit 13300 Indern mit einem PKE von 71 £ wichtigste dieser Viertel ist das indische Geschäftsviertel, das bereits ausführlich dargestellt wurde. Ein weiteres Inderviertel liegt beiderseits der Umgeni Road im Anschluß an das Geschäftsviertel. Dadurch, daß die Natur nur ein 'Schlupfloch' zwischen Eastern und Western Vlei nach N offengelassen hat, ist es zu einer Zusammendrängung von Wohn- und Wirtschaftsraum längs der Ausfallstraße gekommen. Die meist um die Jahrhundertwende im Kolonialstil von den Europäern errichteten, später an Inder verkauften Häuser, zwei bis dreigeschossig, mit oder ohne Arkaden, sind äußerst renovierungsbedürftig. Auch hier sind wieder rostiges Wellblech, abblätternde Farbe und vom Putz entblößte Wände die dominierenden Merkmale dieses Viertels. Die Wohnungen sind überbevölkert. Die aus rein natürlichen Gegebenheiten entstandene günstige Verkehrslage dieses Areals, die Lage im 'Flaschenhals' des Durchgangsverkehrs mit einer Bantu-Lokation an der Ostseite, eine Position, die in allen Großstädten zu starken Menschenzusammenballungen führt, wollen hier zu viele Menschen für profitreiche Geschäfte ausnutzen.

[1]) Durban Housing Survey 1952 Karte 7
[2]) C. D. Mayor's Minute 1956

Die indische Moral: 'Wenig investieren — viel profitieren', die ihre Wurzel in der Schicksalsgläubigkeit dieser Menschen haben mag, verhindert die Instandsetzung der Bauten und die Errichtung geeigneter Wohnstätten für die Menschen, die diese wirtschaftlich günstige Position an der Ausfallstraße nicht aufgeben wollen. So kommt es zur Slumbildung, die hier vor allem ein ökonomisches Problem ist.

Die gleiche Physiognomie, zurückzuführen auf entsprechende Lageverhältnisse und die gleiche ökonomische Struktur, zeigen die Inder-Slums in der Old Dutch Road zwischen dem indischen Geschäftsviertel und der Berea Road und die Slums zwischen Moore Road, Berea Road und Umbilo Road, der Ausfallstraße nach S. Bildtafel 7 vermittelt einen Eindruck von diesem Areal, in dem Inder neben Mischlingen, die mit 17% ihren höchsten prozentualen Bevölkerungsanteil in diesem Raum erreichen, und einem Teil armer Europäer (PKE 150 £)[1]) leben. Das Dreieck Old Dutch Road, Berea Road, Warwick Centenary Road weist die Strukturen eines Übergangsareals auf. Die Old Dutch Road und die Berea Road ziehen als Ausfallstraßen aus dem indischen resp. europäischen Geschäftsviertel den Hauptverkehr und zahlreiche Geschäfte an sich. Dadurch entsteht eine Übergangszone zwischen den Wirtschafts- und Wohngebieten längs der Straßen. Da die eine Straße aus dem indischen, die andere aus dem europäischen Viertel kommt, entsteht so außerdem zwischen den beiden Verkehrswegen eine Übergangszone zwischen beiden Rassen. Die Old Dutch Road wird von einem städtischen Inderslum begleitet. Längs der Berea Road erstreckt sich eine 30—50 Jahre alte, nur von wenigen Neubauten unterbrochene Bebauung aus zwei- bis dreigeschossigen Geschäfts- und Wohnhäusern. Der Erhaltungszustand der Gebäude ist durchweg gut. (PKE Europäer 204 £, Inder 75 £).[2]) Innerhalb des Dreiecks gehen diese beiden Typen mit einem sozialen Gefälle von N nach S ineinander über. Da nur der Erhaltungszustand der Gebäude, nicht aber ihr Alter oder Bautypus eine physiognomische Unterscheidung ermöglicht und Neubauten auf die Randzone der Berea Road beschränkt sind, ist keine physiognomische Grenze festzulegen. Eine besondere Bedeutung im Stadtgefüge erhält dieses Viertel dadurch, daß an seiner Ostseite der für farbige Studenten zugängliche Teil der Universität von Natal liegt, in dem auch der Durbaner Teil des Department of Geography untergebracht worden ist.

Europäer und Inder haben sich in der Stadt ihre Wohngebiete in freier Wahl gestaltet und sich im Rahmen des Möglichen dort angesiedelt, wo der Lebensraum ihren Ansprüchen gemäß war.

Den Bantus ist diese Möglichkeit nicht gegeben worden. Seit Gründung der Union bestehen die Gesetze, die den Bantus Landkauf und freie Ansiedlung im Stadtbereich unmöglich machen, es sei denn, sie erhielten eine spezielle Genehmigung der europäischen Behörden. Die schwarze Arbeitskraft wird in der Stadt benötigt, nicht jedoch die Familie des schwarzen Arbeiters, die nach Möglichkeit im Reservat bleiben soll[1]). Da bisher arbeitssuchende Bantus mit unverminderter Intensität in die Städte drängen, — nach den Angaben des Durban Housing Survey S. 361 sind es 6000 im Jahr, — ist es den Europäern möglich, sich auch heute noch auf den Standpunkt zu stellen, die Anwesenheit des schwarzen Arbeiters in der Stadt sei nur eine vorübergehende Erscheinung, der Bantu sei auch heute noch wie in den Anfangsjahren der Industrialisierung ein Wanderarbeiter. Das trifft für einen Teil

[1]) Kuper, L. 1958 S. 121 Fig. 14, S. 237

[2]) Kuper, L. 1958 S. 243. Da der Zensusdistrikt 13 beide Straßen erfaßt, liegen für die Berea Road und die Old Dutch Road keine spezifizierten Werte vor.

[3]) Brookfield, H. C. u. Tatham, M. A. 1957 bemerken dazu, (S. 53)... "With the exception of a few tradesmen, doctors, teachers, nurses and students, and one wealthy herbalist and a bus owner, almost the whole Native population of Durban has either come or been brought in to serve in the European or Asiatic economy".

der schwarzen Arbeiter zu. Sie kommen nur für eine bestimmte Kontraktzeit ohne Familie in die Stadt. Doch sehr viele von ihnen suchen nach Möglichkeiten zur ständigen Ansiedlung, besonders wenn sie sich über längere Zeit hinweg an das Stadtleben gewöhnt haben. Sobald aber die Familie ebenfalls im Stadtbereich lebt, kann man nicht mehr von Wanderarbeitern sprechen, sondern muß, was de facto auch geschieht, der Tatsache Rechnung tragen, daß sich im Laufe der Jahre eine feste städtische Bantubevölkerung gebildet hat.

Die verschiedenen von Europäern für Bantus geschaffenen und von Europäern geduldeten, von Bantus geschaffenen Bantuwohnsiedlungen sind sehr unterschiedlich in ihrer Physiognomie und sind in ihrer Anlage streng funktionsbedingt. 16000 Bantus leben 1957 in städtischen Unterkünften für alleinstehende Personen[1]). Es sind dies größtenteils schmucklose Steinbauten, die mit dem notwendigsten Mobiliar ausgestattete Mehrbettzimmer sowie sanitäre Anlagen enthalten. Solche 'hostels' und 'barracks' sind auf Mindestbedürfnisse von Bantu-Wanderarbeitern abgestellt. Auf dem Point, nördlich des Hauptbahnhofgeländes, nördlich des Verschiebebahnhofgeländes in Congella, in der Somtseu Road im südlichen Teil des Eastern Vlei, aber auch im Industriegebiet in der südlichen Alluvialebene liegen diese Quartiere, größtenteils in unmittelbarer Nachbarschaft zu den Arbeitsstätten. In der Grey Street im indischen Geschäftsviertel (!) und in Jacobs befinden sich zwei hostels für alleinstehende Bantufrauen.

Der nächste höher organisierte Wohnstätten-Typ sind die Compounds, die entweder von der Stadtverwaltung, der Regierung oder der Eisenbahn- und Hafenverwaltung, zum Teil gemeinsam von diesen Behörden errichtet worden sind. Auch die Compounds mit insgesamt 9000 Plätzen bieten nur Unterkunft für alleinstehende Personen. Ihre Anlage wirkt geschlossener als die der 'barracks', zeigt aber keine wesentlichen physiognomischen Unterschiede zu diesen. Der Hauptunterschied liegt in der Sozialstruktur der Bewohner.

In den Compounds bringen die genannten Behörden ihre Kontraktarbeiter unter, Bantus, die meist langjährige Verträge abgeschlossen haben, aber, da ihre Familien nicht in der Stadt wohnen, als Wanderarbeiter angesprochen werden.

Die Anlage dieser Compounds im Point-Gebiet, nördlich des Hauptbahnhofgeländes im südlichen Teil des Eastern Vlei und in Congella ist zweckbedingt und nutzt für die Europäer- und Inder-Wohnviertel ungeeignetes Gelände in der Nähe der Arbeitsstätten, so gleichzeitig die Wege zwischen Wohn- und Arbeitsplatz auf ein Minimum herabsetzend.

Parallelen zu den Compounds stellen die 'genehmigten Unterkünfte der Arbeitgeber' und die 'Unterkünfte des Hauspersonals' dar, die zusammen 53000 Bantus Platz bieten. Diese Unterkünfte befinden sich direkt bei den Arbeitsstellen der Eingeborenen. Sie treten im Stadtbild meist nur geringfügig oder gar nicht in Erscheinung, stellen aber ein bedeutendes Potential an Bantuquartieren und bewirken eine Durchsetzung von europäischen und indischen Wohnvierteln mit Bantus, so z. B. im District Nordberea, wo 67% Europäer und 31% Bantus die Hauptbevölkerungsanteile stellen. Diese Quartiere, in denen alleinstehende männliche oder weibliche Angestellte nach vorheriger Genehmigung durch die Behörden der Stadt untergebracht werden dürfen, sind wie die Compounds sehr einfach gehalten. Z. B. steht neben einer mittelklassigen Privatpension auf der Berea, die acht männliche und fünf weibliche schwarze Arbeitskräfte beschäftigt, etwas in den Hintergrund ge-

[1]) Diese wie die folgenden Angaben über die Zahl der Bantus in den verschiedenen Unterkunftstypen sind entnommen aus C. D. Mayor's Minute 1957 S. 104.
Die Zahlen sind Schätzwerte des Native Department. Beim Vergleich mit den Angaben von Kuper für die einzelnen Distrikte ist der Zeitunterschied 1951—1957 zu berücksichtigen.

drängt, ein garageähnlicher, weiß gekalkter Flachbau mit vier Türen und vier kleinen Fenstern, die auf den zwischen der Pension und diesem Bau liegenden schmalen Gang hinausblicken. Die weiß gestrichenen Räume mit Zementfußböden sind mit einfachen Metallbettgestellen, einem Tisch und einigen Stühlen oder Hokkern ausgestattet. Die wenigen Habseligkeiten der Bewohner liegen auf einem der Wandbretter oder in einem ausgedienten Koffer oder Pappkarton unter dem Bett. In einem Anbau zu diesen Wohnräumen sind die Duschen und Toiletten für die Schwarzen untergebracht. Daneben ist noch ein überdeckter Raum, in dem ein Kohlenherd und ein paar schwarze Töpfe auf die Funktion hinweisen — die Küche. So oder ähnlich, einmal etwas komfortabler und sauberer, ein andermal etwas einfacher und schmutziger, sehen die Unterkünfte der Bantus aus. Es gibt auch Menschen, die ein Geschäft aus der Vermietung von derartigen 'Privatquartieren' machen. 6500 von der Stadtverwaltung genehmigte 'Privatunterkünfte für Eingeborene bei Quartiergebern, die nicht gleichzeitig auch Arbeitgeber sind' bestehen in Durban.

Die Bewohner der bisher geschilderten Wohnstätten-Typen gelten alle als in der Stadt alleinstehend, gleich, ob sie verheiratet sind oder nicht. Ein Teil dieser Bantus hat seine Familienangehörigen im Reservat wohnen, wohin auch ein entsprechender Teil des in der Stadt verdienten Geldes — im Monat im Schnitt 5—8 £, bei Hauspersonal; ca. 20 £ bei Industriearbeitern[1]) — fließt. Andere versuchen aber auch, ihre Angehörigen in Stadtnähe oder im Stadtrandbereich unterzubringen und ihren Aufenthalt in den 'freien' Wohnarealen zu finanzieren, um nicht lange von der Familie getrennt zu leben. Wesentlich humaner als die 'Unterkünfte für Alleinstehende' sind die 'Städtischen Familien-Unterkünfte', die sich aufgliedern in 28000 Plätze in Lokationen für festangestellte Bantus mit Dauerwohnsitz in der Stadt, und 35000 Plätze in städtischen Ausweich- und Notquartieren (in der Nähe von Cato Manor angelegt) für Familien, die auf Grund fester Anstellung ihres Ernährers eine Dauerwohnstätte anstreben, für die aber eine Wohnung in einer Lokation noch nicht zur Verfügung steht.

Diese Lokationen stellen großartige Leistungen auf dem Gebiet des sozialen Wohnungsbaues dar. Am S-Abhang zum Umlazi, von Woodlands durch einen 1500 m breiten unbesiedelten Grünstreifen getrennt, auf einem vorgezogenen Sporn, der in nördlicher Richtung von 0 bis 80 m auf 1200 m Länge ansteigt, ist schon vor dem Zweiten Weltkrieg mit dem Bau einer Wohnsiedlung für Eingeborene, Lamontville Location, begonnen worden. Laufend berichten seitdem die Berichte des Bürgermeisters der Stadt von weiteren Ausbauten[2]). Es handelt sich hier um Ein- und Zweifamilienhäuser in einfachster Flachbauweise, die, um einzelne Zentren von Schulen, Sportanlagen oder Geschäftsgruppen zu den Bantus entsprechenden Nachbarschaften angeordnet, vorwiegend von Europäern im Bau finanziert werden und den Eingeborenen, die eine feste Anstellung in der Stadt haben, dann zur Verfügung stehen. Dabei ist ein grundlegender Unterschied in der Vor- und Nachkriegsplanung festzustellen: Die vor dem Kriege erstellten Lokationen sind reine Ansammlungen von Wohnhäusern ohne jegliche Zentrenbildung. Diese Art der Wohnsiedlung war bei den Eingeborenen nicht beliebt. Viele zogen es vor, in den Slums wohnen zu bleiben. Im 'Durban Housing Survey' wird auf dieses Problem hingewiesen:

"These vast dormitory housing estates lacked the sense of neighbourliness which was present in the slums... A vast dormitory housing estate, divorced from social life, divorced equally from the amenities of town life and the country, would have been seen clearly as a social impossibility. Equally a trading estate without provision

[1]) Kuper, L. 1958 S. 228. Die Angaben sind Schätzungen, da beim Zensus 1951 die finanziellen Verhältnisse der Bantus nicht erfaßt wurden.

[2]) C. D. Mayor's Minute 1945ff., 1957 S. 21, 59

for residence would have been seen as atrophied, unbalanced development. Put a trading estate and a good housing estate together, and you have roughly two thirds of a town. Add to them facilities for shopping, for social life, for education, for entertainment, and you have four-fifths of a town. Limit the size of the town by encircling it with a belt of country devoted exclusively to agriculture and to recreation and prohibit all building development within the belt, and you have a town that satisfies human needs. . . ."[1]).

Damit ist auch gleich aufgezeigt, welche Wege die Nachkriegsplanung einzuschlagen versucht hat. Selbstverständlich konnte dieses Idealbild nicht verwirklicht werden, aber die Schaffung kleiner dörflicher Einheiten mit eigenen Mittelpunkten ist in Teilgebieten schon in die Praxis umgesetzt worden. Lamontville zusammen mit Lamont Extension und Lamont Extension Economic Housing Scheme ist mit 14900 Bantus heute die größte Lokation Durbans. Der weiter notwendige Ausbau, auch der Lokationen Baumannville im südlichen Eastern Vlei (800 Plätze), Chesterville im westlichen Hügelland (7600 Plätze) und Umlazi Glebe (4700 Plätze), der sich in der Planung schon auf Gebiete außerhalb der Grenzen der Stadt, so z. B. die Umlazi Mission Reserve zwischen Umlazi und Isipingo, erstreckt, geht heute durchweg von der Schaffung kleiner Nachbarschaften für die Eingeborenensiedlungen aus, die sich dann wieder zu einem großen Siedlungskomplex zusammenfassen lassen[2]).

Diese Lokationen reichen bisher bei weitem nicht aus, um den Wohnraumbedarf der Bantus auch nur annähernd zu decken. Im Westen der Stadt liegt das Ausweichgebiet all derer, die auf ein Familienleben nicht verzichten wollen, aber kein festes Quartier im Stadtgebiet haben: Cato Manor.

Cato Manor ist eine Anhäufung von aus Blechabfällen, aufgeschnittenen Fässern, Holzresten und Säcken errichteten Wohnhöhlen. Reihen von total verrosteten Blechkästen ohne Fenster, in denen bis zu drei Familien in einem Raum hausen, eine Agglomeration unbeschreiblicher Elendsquartiere, die dicht aneinandergerückt sich über ein von Flüssen zerschnittenes Hügelland hinziehen. Kein Baum, kein Strauch, kein Gras wächst hier mehr. Fauliges Wasser steht an einzelnen Stellen im Tal, tiefe Erosionsrinnen, als Wege genutzt, zerschneiden die kahlen Hügel. Scharen halbnackter, mit Lumpen behangener Kinder aller Altersstufen tummeln sich zwischen rostigem Blech, rotbraunem Staub und lehmig-braunen Wasserlachen. Frauen in primitivster Bekleidung, zerlumpt und ungepflegt, folgen mit lauerndem Blick aus den dunklen Eingängen der dicht stehenden Blechwohnhöhlen dem Europäer, der sich hier hineinwagt. An anderen Stellen wieder begegnen einem vor ähnlichen Wellblechschuppen Menschen in gepflegter Kleidung, deren höfliche, wenn auch sehr zurückhaltende Art, auf Fragen zu antworten, nicht in diese Umgebung passen will. Überall spricht der Zustand der Wohnräume und des Umlandes allen Erkenntnissen der modernen Medizin und den einfachsten Vorschriften für gesundes Wohnen Hohn, überall fragt man sich bedrückt, in welche seelische Verfassung die Menschen geraten müssen, die längere Zeit, ja ihr Leben lang in dieser Umgebung hausen. Hier ist nicht das geringste private Leben möglich, müssen sich doch häufig genug zwei und mehr Familien einen Raum teilen! Wie es dabei gerade bei den aus dem Stammesleben und den alten Traditionen herausgerissenen Menschen — noch dazu bei einem Verhältnis der Geschlechter von 218 Männern zu 100 Frauen[3]) — um die Moral bestellt ist, braucht wohl kaum näher diskutiert zu werden. Bezeich-

[1]) G. u. E. Glen McAllister in 'Town and Country Planning' zitiert nach Durban Housing Survey 1952 S. 6. Bildtafel 12

[2]) Vergleiche dazu Macfarlane, P. W. 1952 S. 132ff. und die Pläne zur Errichtung der Kwa Mashu Location in Duff's Road nördlich Durbans außerhalb der Stadtgrenzen in C. D. Mayor's Minute 1957 S. 21, 59.

[3]) Kuper, L. 1958 S. 67

nend ist es, daß neben 'verheiratet' das 'living together' als moralisch einwandfreier Status bei der Mehrzahl der schwarzen Stadtbevölkerung angesehen wird, und daß beim Zensus 1951 4,48% der Bantus in Durban dieses als 'Familienstand' angegeben haben[1]).

Ca. 32000 Bantus, rund 23% der schwarzen Bevölkerung der Stadt Durban leben hier in Cato Manor.

Von einer sozialen Strukturierung innerhalb dieses Slums kann kaum die Rede sein. "There is no one 'pattern' of urban native life, there is no one 'type' of urban African. They range from completely illiterate labourers to university graduates, from unskilled workers, recently arrived from a reserve and living in a compound, to storekeepers, ... teachers or other professionals who are completely divorced from rural life and tribal custom. Families with the most divergent standard of living live in the same type of location dwelling or the same type of slum room"[2]).

Der Zustand dieser Quartiere wäre wohl nicht ganz so erschütternd, wenn Grund und Boden und die Hütten Eigentum der Bantus wären. Aber der Boden gehört großenteils Indern, im NW zum Teil auch Europäern[3]), die hier vor dem Strom der Schwarzen in die Stadt Gartenbaukulturen unterhielten. Sie verpachteten entweder ihr Land an Bantus, oder sie errichteten auf ihrem Lande 'shacks', die oben geschilderten Blechhütten, die sie an die Bantus für 1—2 £ im Monat (!) vermieten. Die meisten Inder im Gebiet von Cato Manor kamen sehr bald dahinter, "that shackfarming was more profitable than banana-farming"[4]).

Neben diesen shacks hat Cato Manor auch noch einige wenige lichte Seiten. So sind hier eine moderne Lokation (Chesterville) und, seitens der Stadt, eine Ausweich-Notsiedlung errichtet worden. Ferner ist ein bestimmtes Areal für die Bantus zum Erwerb freigestellt worden. Eine intensive Gesundheitsfürsorge von öffentlicher und privater Hand versucht, die ständig über dem Slumviertel hängende Krankheitsgefahr im Rahmen des Möglichen zu bannen. Schulen, Sportplätze, Krankenhäuser, Kirchen, Tempel und Moscheen liegen um die Siedlung herum in der Kontaktzone zu den umliegenden Indersiedlungen[5]).

Ein im Vergleich zu Cato Manor unscheinbares Slumgebiet hat Durban noch aufzuweisen. Es liegt im inneren Winkel des Blufftales, zwischen dem Sumpf und dem Industriegebiet der Raffinerie, im S am Westhang des Bluff, im N am Osthang des Wentworth-Rückens sich emporziehend. Dieses Areal liegt im Wind- und Regenschatten des Bluff, in unmittelbarer Nähe zu einem Brutgebiet der Anopheles-Mücke. Die Wohndichte ist hier in keiner Weise mit der von Cato Manor vergleichbar, wohl aber der Gebäudezustand. Wir können als sicher annehmen, daß von den im Distrikt 32 gezählten 1607 Bantus 70—80% in diesem Talslum leben.

Es ist geplant worden, jetzt dieses Gebiet durch eine direkte Drainage zum Ozean hin zu sanieren und die Slums zu beseitigen[6]).

E 4. Versorgungszentren und Versorgungswege in den Wohngebieten

In den vorstehenden Abschnitten wurde versucht, einen Überblick über die Siedlungsstruktur Durbans zu geben. Dabei wurden die Wohngebiete in ihrer rassischen und sozialen Gliederung bezogen auf den Raum und ihre Funktion darge-

[1]) Kuper, L. 1958 S. 71
[2]) Hellmann, E. 1949 S. 271
[3]) Durban Housing Survey 1952 Karte 7
[4]) Durban Housing Survey 1952 S. 361
[5]) Kuper, L. 1958 S. 186
[6]) C. D. Mayor's Minute 1957, S. 12

stellt, ohne die Versorgungsmöglichkeiten der Bevölkerung mit dem täglichen Bedarf, vor allem Lebensmitteln, Wasser und Strom, zu berücksichtigen. Diese Versorgungsmöglichkeiten sind innerhalb der Stadt verhältnismäßig gleichförmig für alle Wohnareale, so daß sie zusammenhängend zur Darstellung kommen sollen.

Für eine Zusammenballung von Menschen auf engstem Raum, wie sie eine Stadt darstellt, ist eine gesicherte Nahrungsmittelversorgung, besonders eine genügende Anlieferung von Obst, Gemüse, Fleisch und Frischmilch hoher Qualität erforderlich.

Durban hat es seiner geographischen Lage — subtropischer Klimabereich, Küstenlage, agrarisches Hinterland — zu verdanken, daß seit der Gründung der Stadt die Versorgung mit frischen Nahrungsmitteln nie Schwierigkeiten bereitet hat. Frischgemüse und Obst kommen aus dem direkten Umland der Stadt. Bis Isipingo im S, Avoca im N und bis hinter Pinetown im W erstreckt sich die Zone meist von Indern betriebener Gartenbaukulturen, mit den Gartenbauringen europäischer Großstädte vergleichbar. Dieses teilweise in die Stadt hineinreichende Areal produziert nicht nur für den Eigenverbrauch der Stadt , sondern kann auch noch für die Versorgung der Schiffe — gerade das ist für einen Hafen sehr wichtig! — und für einen geringen 'Export' ins Inland herangezogen werden. Die Milch- und Fleischversorgung Durbans erfolgt vor allem aus den Viehfarmgebieten Mittel- und Westnatals. Da deren Fleischproduktion aber nicht zur Versorgung der Stadt ausreicht, müssen die östlichen Randgebiete des Oranje-Freistaates und Transvaals sowie Bechuanaland und Swaziland ebenfalls herangezogen werden[1]).

In diesen Regionen macht sich aber bereits die Konkurrenz Johannesburgs bemerkbar, so daß man intensiv um eine Produktionssteigerung in Natal bemüht ist, um Unabhängigkeit von den Gebieten westlich des Basutoland Escarpment zu erreichen.

Die Verteilung der Nahrungsmittel erfolgt einerseits zentral über die am Westrand des europäischen und indischen Geschäftsviertels liegenden Märkte — europäische Markthallen, Indermarkt und Bantumarkt —, andererseits direkt durch den Einzelhandel, der sich in den Geschäftsstraßen und den lokalen Versorgungszentren in den Wohnarealen niedergelassen hat[2]). Als Geschäftsstraßen mit spezifischer Funktion und entsprechend ausgeprägter Physiognomie heben sich aus dem Gesamtbild der Stadt drei Straßenzüge ab: Vom indischen Geschäftsviertel durch den 'Flaschenhals' zwischen Western und Eastern Vlei parallel zur Berea laufend die Umgeni Road, die sich über die Connaught Bridge hinweg als North Coast Road fortsetzt, die als National Road ins Zululand führt; vom indischen Geschäftsviertel als Old Dutch Road, vom europäischen Geschäftsviertel als Berea Road nach W über die Berea führend die Berea Road, die vom Kamm der Berea ab (Tollgate) ihre Fortsetzung im als National Road nach Johannesburg führenden Jan Smuts Highway findet; vom europäischen Geschäftsviertel nach S parallel zur Berea laufend die Umbilo Road, die vom Umbilo Kanal ab durch die South Coast Road, die National Road zur Südküste, fortgesetzt wird. Die Physiognomie dieser Straßen wird weitgehend bestimmt durch die Art der Areale, die sie durchlaufen, erhält aber eine eigenwillige Prägung durch die Funktion dieser Straßen als 'Versorgungszentren' für die angrenzenden Gebiete und den Durchgangsverkehr.
Die Umbilo Road durchläuft anfänglich ein Inderslumviertel. Auf der Ostseite wird das Gelände weitgehend kleinindustriell genutzt, z. T. durch Kleineisenwarenhersteller, Kraftfahrzeugreparaturwerkstätten u. ä. Auf der Westseite zeigen die Geschäfte mit zunehmender Entfernung von der Innenstadt einen Strukturwandel

---

[1]) C. D. Mayor's Minute 1957 S. 17
[2]) Kartentafel 18

in den Handelsprodukten: Textilien und Möbel treten zurück, Haushaltsbedarf, Kleineisen- und Kunststoffprodukte, Erzeugnisse für den täglichen Bedarf, Nahrungsmittelgeschäfte treten in den Vordergrund. Durch starke Untermischung mit Wohnblöcken und Mehrfamilienhäusern verliert die Straße in der Fortsetzung nach N den Charakter einer Geschäftsstraße bis zum Abschnitt zwischen Churchill Road Station und Stamford Hill Station. Hier liegt ein altes Versorgungszentrum, das wahrscheinlich aus der Zeit vor der Errichtung städtischer Verkehrslinien in dieses Gebiet stammt, als die Bahnhöfe noch Bedeutung für den 'Vorort'-Personenverkehr hatten. Heute fungiert dieses Zentrum als Versorgungsplatz für die anschließenden Wohngebiete. Vor der Connaught Bridge ändert sich die Physiognomie der Umgeni Road vollständig, da hier die Inder im Umgeni-Durchbruch durch die Küstenlandrandstufe vor den Europäern gesiedelt haben. Sie schufen hier ein Versorgungszentrum für die Steinbrucharbeiter diesseits des Umgeni und die über Quarry Road nach Springfield fahrenden Pendler. Die North Coast Road ist geprägt durch ihre Funktion als Versorgungszentrum für das Gesamtgebiet westlich der Kammlinie der nördlichen Berea-Fortsetzung, Greenwood Park und Redhill. Die Umbilo Road, wie die Umgeni Road am Fuß der Berea in ebenem Gelände als zügig befahrbare Ausfallstraße gebaut, zeigt ein ähnliches Gesicht wie die Umgeni Road. Auch sie durchläuft anfangs ein Slumviertel, in dessen Bereich die Versorgungsfunktion für den europäisch besiedelten Bereahang von der Moore Road übernommen wird. Die Umbilo Road bekommt echten Versorgungsstraßencharakter im südlichen Bereich, wo sie die von Glenwood und Stellawood kommenden Straßen aufnimmt und ein weites Krankenhausareal passiert. Ihre Fortsetzung, die South Coast Road, weist im Bereich von Rossburgh und Clairwood dem indischen Wohnareal angepaßte Geschäfte für den täglichen Bedarf auf. Beide, Umbilo Road und Umgeni Road und deren Fortsetzungen sind mit zahlreichen Tankstellen und Kraftfahrzeugreparaturwerkstätten ausgestattet — typischen Merkmalen der Ausfallstraßen, die auch die Berea Road und der Jan Smuts Highway aufweisen, die im übrigen andersartig strukturiert sind, da bei ihnen die Geschäfte nicht dominieren und in weitaus geringerem Maße als bei den anderen Straßen als Versorgungsplätze in Frage kommen. Lediglich am Anfang der Berea Road und in Sherwood am Highway sind echte lokale Konzentrationen von Geschäften für den täglichen Bedarf zu finden.

Neben diesen Geschäftsstraßen bestehen in den einzelnen Wohngebieten lokale Versorgungszentren unterschiedlich starker Ausprägung. Sie reichen von Ansammlungen weniger Nahrungsmittelgeschäfte an einer Straßenkreuzung über lokale Konzentrationen von Nahrungsmittel-, Kurzwaren- und Papiergeschäften bis zur Komplexbildung innerhalb mehrerer Straßenzüge durch Geschäfte des täglichen Bedarfs, Bank- und Postfilialen. Innerhalb der 'Old Borough' finden sich solche Zentren, schwach ausgebildet, meist linear an eine Straße gebunden, in der Moore Road, Musgrave Road und Stamford Hill Road für die Berea. Außerhalb der 'Old Borough' sind diese Zentren entsprechend dem Vorortcharakter der Siedlungskomplexe vor der Eingliederung und entsprechend der größeren Entfernung vom Stadtzentrum wesentlich stärker ausgeprägt. In Redhill, Sea View, Bellair, Wentworth und Fynnland kristallisieren sie sich entsprechend der Besiedlungsentwicklung um die Bahnstationen herum. In Durban North und Virginia, Rossburgh, Woodlands, King's Rest, Brighton Beach und Merebank erweisen sie sich in der Lage abhängig von den Hauptzufahrtsstraßen. Overport und Sydenham, Clairwood und Jacobs haben ausgeprägte, längere Straßenzüge einnehmende Versorgungszentren. Für Cato Manor liegen die entsprechenden Geschäfte längs der Hauptzufahrtstraßen. Im Bereich der Inder- und Bantusiedlungen sowie besonders der Slums können wir aber nicht so fest umrissene Versorgungszentren feststellen wie in den europäischen Arealen, was u. U. auf andere Kaufgewohnheiten zurückgeführt werden kann. Diese Gebiete sind stark mit Geschäften durchsetzt, und deren typische Straßenecken-Lage schon Mecking[1]) aufmerksam gemacht hat.

Der Dichte der Versorgungszentren für die Dinge des täglichen Bedarfes entspricht die Intensität der Erschließung des Stadtgebietes durch die Strom- und Wasser-Versorgungsnetze.

Die im Verbundsystem arbeitenden Kraftwerke Congella und Pinetown speisen im Stadtgebiet ein Netz von 1795 km oberirdischen und 2665 km unterirdischen Leitungen, an die 80287 Verbraucher angeschlossen sind[2]). Die beachtliche Länge des Oberleitungsnetzes resultiert vor allem aus dem Versorgungsnetz der Siedlungen im westlichen Hügelland, die zum Teil so weit auseinandergezogen liegen, daß ein Legen von unterirdischen Leitungen unrentabel wäre. Nach den Berichten des City Electricity Department von 1956/57 sind die Kraftwerke bei der gegenwärtigen Beanspruchung voll ausgelastet. Um bei dem raschen Wachstum der Stadt und der zunehmenden Industrie die Versorgung auch in Zukunft sicherstellen zu können, wird ein erheblicher Ausbau des Versorgungsnetzes, u. a. die Errichtung eines neuen Kraftwerks in Mobeni, unumgänglich sein.

Wesentlich günstiger ist die Lage der Wasserversorgung der Stadt. Bei einem durchschnittlichen täglichen Abkommen von 257 Mill. l des Umlazi (Shongweni Dam) und 2300 Mill. l des Umgeni (Nagle Dam) ist selbst bei einem durchschnittlichen Tagesverbrauch von 177 Mill. in der Stadt (Jahresverbrauch 1956/57 64400 Mill. l) von der Flußwassermenge her die Versorgung sichergestellt. Schwieriger ist das technische Problem, derartige Wassermengen zu reinigen und in das Stadtnetz zu transportieren, zumal bei einem Minimal-Tagesabkommen von 36,3 Mill. l des Umlazi und 168 Mill. l des Umgeni im Oktober 1956 bei einem durchschnittlichen Tagesverbrauch von 177 Mill. l im gleichen Monat große Reservoire zur Aufrechterhaltung einer gleichmäßigen Versorgung der Stadt notwendig sind[3]).

Dieser Situation versucht das Staudamm-, Filtrierwerk- und Speichernetz der Stadt gerecht zu werden. Gegenüber dem 1935 arbeitenden System haben sich große Veränderungen ergeben[4]): Die Wasserversorgung der Stadt erfolgt durch die beiden wasserreichsten Flüsse Durbans, den Umgeni und den Umlazi. Das 'Alte Umlazi-System', bestehend aus einem Einlaß oberhalb eines Wehres (1896 erbaut), einem offenen Sedimentationsbecken (1899), den Umlazi Filtern(1896), dem Klar-Wasser-Reservoir (1902) und den Coedmore Filtern (1912—1924), liefert 18,2 Mill. l täglich in das Stadtzentrum. Das 'Shongweni-System' des Umlazi, bestehend aus dem Vernon Hooper Dam (Shongweni Staudamm 1927), der 1951 bereits zu 37% zusedimentiert war[5]) — der 1905 errichtete Camperdown Dam war 1943 durch Sedimente außer Funktion gesetzt worden — einem Wasserabzweigsystem, das zu dem 'Alten Umlazi-System' und dem Northdene-Filtrierwerk (1927) führt, Ausgleichsreservoiren und Lieferreservoiren, hat eine Leistung von 31,8 Mill. l pro Tag. Die Hauptversorgung Durbans muß also durch das 'Umgeni System' erfolgen. Eine 2 km tiefe Flußschleife im Umgeni, ca. 50 km von der Küste entfernt, bot die einmalige Möglichkeit, einen Staudamm so zu errichten, daß mittels eines Wehres sedimentreiche Flutwellen am Stausee und Staudamm vorbeigeleitet werden können. Der Nagle Dam (1950) staut 25000 Mill. l Wasser in der Flußschleife. Damit nun dieser Stausee nicht, wie bei den älteren Stauseen, in kurzer Zeit wieder durch Sedimente aufgefüllt wird, wurden ein Wehr und zwei die Flußschleife abschneidende Durchstiche gebaut, die es erlauben, die sedimentreichen Frühjahrsfluten des In-

[1]) Mecking, L. 1938 S. 928
[2]) C. D. Mayor's Minute 1957 S. 97—99
[3]) C. D. Mayor's Minute 1957 S. 53, 66
[4]) C. D. Mayor's Minute 1956; Kartentafel 21
[5]) Adler, E. D. 1957 S. 124

landes mit einer Geschwindigkeit von 310000 Mill. l je Tag vor dem Stausee in den 'Unterlauf' abzuleiten. Das Wasser vom Nagle Dam wird in den Durban Heights-Filtrierwerken (1948) zu Trinkwasser aufbereitet, das über Ausgleichsreservoire in die Stadt gepumpt wird. Die Leistung dieser Anlage erreichte 150 Mill. l je Tag, so daß der Stadt 1956 insgesamt 200 Mill. l je Tag zur Verfügung standen. Gemessen an dem durchschnittlichen Tagesverbrauch von 177 Mill. l war die Anlage 1956 nicht mehr in der Lage, Spitzenanforderungen zu genügen. So mußte im Sommer 1956/57 ein Verbot des Gebrauches von Gartenschläuchen erlassen werden, um die Trinkwasserversorgung aufrecht zu erhalten. Erst die Inbetriebnahme einer zweiten Leitung vom Nagle Dam zu den Durban Heights-Filtrierwerken und der Ausbau dieser Werke erlaubten ab Mitte 1957 eine Maximalspeisung des Stadtnetzes mit 336 Mill. l Wasser je Tag und stellten somit die Versorgung sicher.

E 5. Kulturelle und soziale Einrichtungen sowie die Erholungsmöglichkeiten im Stadtbereich

Die Untersuchung der naturräumlichen und funktionalen Einheiten der Stadt und ihre Verbindung durch die Versorgungswege und durch ihre gegenseitige funktionale Abhängigkeit versuchte, einen Einblick in die siedlungsgeographische Struktur des Ferneisenbahnhafens Durban zu vermitteln.

Das Leben dieses Stadtorganismus spiegelt sich wider in der Vielfalt der Tätigkeiten, die innerhalb seiner Grenzen ausgeübt werden. Es basiert auf einer gesicherten Versorgung der Menschen mit dem Grundbedarf an Nahrungsmitteln, Wasser und Strom, aber es kommt erst zur vollen Entfaltung mit der Möglichkeit, für den arbeitenden Menschen das Leben auch lebenswert zu machen — durch die Möglichkeit zur Erholung, Entspannung und Unterhaltung nach der geleisteten Arbeit. Kulturelle Einrichtungen, Sportanlagen und Erholungsstätten, aber auch Einrichtungen zur Pflege kranker und alter Menschen gehören zu den Dingen, ohne die die Erhaltung der Schaffenskraft des Menschen, und damit die Erhaltung und Weiterentwicklung des Stadtorganismus nicht denkbar wären.

21 Kindergärten und Vorschulen, 86 primary und secondary schools und 3 private Handelsschulen stehen als Ausbildungsstätten für europäische Jugendliche zur Verfügung[1]). Zu diesen kommt eine große Zahl Mischlings-, Inder- und Bantuschulen hinzu, die dezentralisiert auf die verschiedenen Wohngebiete verteilt liegen. Die Weiterbildung sowie die Erwachsenenbildung liegen in den Händen der Colleges und der Universität. Das Natal Technical College ist dabei besonders auf die technische Berufsvorbereitung eingestellt. Neben diesem besteht das M. L. Sultan College für Inder, in dem Oberschule und Berufsschule vereint sind. Die Univertät steht im wörtlichen und übertragenen Sinne über den anderen Institutionen. Je eine Hälfte der University of Natal befinden sich in Durban und Pietermaritzburg. In Durban liegt das Schwergewicht auf der Ausbildung von Naturwissenschaftlern, Ingenieuren und Architekten. Grundkurse zum Bachelor werden auch für andere Fakultäten in Durban durchgeführt. Diesen Bildungsstätten steht eine Vielzahl an Sportplätzen, Übungshallen und Schwimmbädern zur Verfügung. Zu den für schulische Zwecke genutzten Anlagen kommen noch die Vereinsplätze hinzu, darunter allein im Stadtgebiet drei große Golfplätze, Die Sportbegeisterung der Bevölkerung läßt sich ermessen, wenn man die Zahl der Vereine betrachtet[2]): Angeln 6, Boxen 4, Crickett 7, Rugby 4, Fußball 13, Golf 2 (dazu 7 Clubs), Hockey 5, Schwimmen 3 und dazu eine wesentlich höhere Anzahl von Clubs. Zu diesen treten noch 26 Sportver-

---

[1]) Zusammengestellt nach Lawrie's 1959 S. 11—13

[2]) Zusammengestellt nach Lawrie's 1959 S. 22—25

eine unterschiedlicher Spezifikation hinzu mit 38 Clubs. In dieser Aufzählung sind auch eine kleine Zahl Inder-, Bantu- und Mischlingsorganisationen enthalten.

Neben den Sportanlagen sind vor allem die großen Parks und Grünflächen die 'Grünen Lungen' der Stadt. Besondere Bedeutung kommt dabei den wegen des feuchten Untergrundes schwierig anderweitig verwendbaren Vleis zu. Zwei Golfplätze, mehrere Sportplätze und der erste Flugplatz von Durban, Stamford Hill Aerodrome, liegen im Gebiet des Eastern Vlei. Seit 1955 der Louis Botha-Flughafen im Süden der Stadt fertiggestellt wurde[1]), benutzte man Stamford Hill nur noch als Privatflugplatz. Im Juli 1959 wurde Stamford Hill geschlossen — die Fläche soll für Sportanlagen genutzt werden — und als Ersatz wurde der Virginia Airport am Fuße von Durban North mit einer befestigten Landebahn eingerichtet[2]).

Inder-Sportplätze und die Greyville-Trabrennbahn mit dem Royal Durban Golf Course nutzen den Kern des Western Vlei, nach W weitergeführt durch die Anlage des Botanischen Gartens. Als Erholungsflächen müssen wir auch die zehn großen Friedhöfe Durbans betrachten. Eine weitere Grünfläche, die allerdings nicht als Erholungsfläche in Betracht kommt, stellt der Louis Botha-Flughafen dar. Die Stadtgrenze schneidet ihn diagonal. Seine Anlage wurde als staatliche Einrichtung ermöglicht durch eine Einigung der City of Durban mit der Nachbargemeinde Isipingo, die zur 'Metropolitan Area' der Stadt Durban gehört. Dieser Flughafen bedarf noch bedeutender Erweiterungen, wenn er für den internationalen Flugverkehr nutzbar werden soll. Seine 2100 m lange, NE-SW verlaufende Hauptstart- und Landebahn ist nur für den innerafrikanischen Verkehr zu gebrauchen. Es wird notwendig sein, die Startbahnen des Durbaner Flughafens den Erfordernissen des Strahlverkehrs anzupassen, um dem Handelshafen die erforderliche Ergänzung auf dem Sektor des internationalen Luftpassagier- und frachtgutdienstes zu geben.

Entspannung durch ausgelassene Lebensfreude und innere Sammlung kennzeichnen das geistige Leben, das sich, abgesehen von den religiösen Gemeinschaften, auf das Stadtzentrum konzentriert. Ein ständiges Theater fehlt Durban. Stattdessen finden regelmäßige Gastspiele qualifizierter Ensembles im Alhambra-Theater statt. Besuche der Mailänder Scala oder spanischer Ballets gehören zu den Höhepunkten der Saison. Für musikalische Unterhaltung wird vor allem durch die Konzerte im Rathaussaal gesorgt. Das Städtische Symphonische Orchester hat ein anerkannt hohes Niveau. Die leichtere Muse ist durch Tanz-Bars, einen Nachtklub und 24 Kinos, darunter 3 'Drive-in'-Lichtspieltheater vertreten. Von diesen Kinos liegen 11 im Stadtzentrum, davon 5 in der Smith Street. Neben diesen Unterhaltungsmöglichkeiten bietet Durban noch verschiedene andere Attraktionen: den Schlangenpark, den Affenpark am Burman Drive, den Botanischen Garten und ein Vogelgehege, zwei historische und naturkundliche Museen sowie eine beachtenswerte Kunstgalerie. Für die Freunde alter Trachtentänze und rhythmischer Neger-Volksmusik findet jeden Sonntag das Ngoma Dancing statt, ein Tanzwettspiel einzelner Stammesgruppen von in Durban ansässigen Bantus. Die Stadtbücherei im Rathaus mit ihren von 1955 bis 1957 errichteten sechs Zweigstellen in den Wohnsiedlungen außerhalb der 'Old Borough' und einer Zweigstelle in Brooks Street für die farbige Bevölkerung ist ein weiteres geistiges Zentrum der Stadt. Zu den Stätten der inneren Sammlung und geistigen Entspannung dürfen wir auch die religiösen Kultstätten rechnen. Nur wenige Kirchtürme und Moscheenkuppeln ragen so hoch auf, daß sie größeren Einfluß auf das Stadtprofil erhalten, aber ihre geringe Zahl darf nicht darüber hinwegtäuschen, daß in Durban, bedingt durch die Entwicklung, allein 20

---

[1]) C. D. Mayor's Minute 1956

[2]) C. D. Mayor's Minute 1957 S. 11, 49

Gotteshäuser der römisch-katholischen Kirche, 15 der anglikanischen Kirche, 12 der niederländisch-reformierten Kirche und 1 der evangelisch-lutherischen Kirche stehen, zu denen noch 50 Andachtsstätten anderer christlicher Gemeinden und der besonders unter Bantus stark verbreiteten Sekten hinzukommen[1]). Drei Synagogen fassen die jüdische Gemeinde Durbans zusammen. Zahlreiche Tempel und Moscheen stehen den asiatischen Glaubensgemeinschaften, denen neben den Indern auch Europäer und Bantus angehören, zur Verfügung. Sie stehen vorwiegend in den von Indern besiedelten Stadtteilen.

Die Fülle der aufgezeigten Möglichkeiten zu Erholung, Entspannung und Unterhaltung zeigt, wie stark man in Durban um die Erhaltung der Schaffenskraft und Lebensfreude der Bürger der Stadt besorgt ist. Für die Kranken stehen zahlreiche Krankenhäuser, Spitäler und Privatkliniken zur Verfügung. Die vier größten Krankenhäuser seien hier besonders hervorgehoben: das King George V Hospital, ein großer Gebäudekomplex im westlichen Hügelland zwischen Springfield und Sydenham, das King Edward VIII Hospital am Fuße der Berea in Congella gelegen, das Wentworth Hospital, dessen weitläufiger Komplex, auf dem südlichen Wentworth-Rücken gelegen, besonders für Fälle mit ansteckenden Krankheiten bestimmt ist, und das auf dem Point an der Seeseite gelegene Addington Hospital, das die Funktion eines Allgemeinen Städtischen Krankenhauses für Europäer in Durban erfüllt. Die Lage dieser Krankenhäuser wie auch der kleineren Heilstätten ist so gewählt, daß sie entweder gut isoliert liegen — bei ansteckenden Krankheiten (Kinderlähmung, Typhus, Tuberkulose) — oder innerhalb des Bereiches der Menschen, für die sie zur Verfügung stehen, um unnötig lange Wege zu vermeiden. Eine besondere Plage stellt die Bilharzia bei den Bantus dar, deren Bekämpfung eine der Hauptaufgaben des City Health Department ist[2]).

F. Schlußbetrachtung

Die Strukturuntersuchung des größten Handelshafens der Südafrikanischen Union, Durban, ergab eine vielfältige siedlungsgeographische Gliederung des Stadtgebietes. Dabei zeigte sich, daß innerhalb der Grenzen der 'Old Borough' sich eine vollständige städtische Siedlungseinheit ausgebildet hat, während es durch die lange Eigenständigkeit der erst 1932 mit in die Stadt einbezogenen Gebiete dort zur Ausbildung echter Vororte gekommen ist, die auch heute noch ihren eigenen Charakter bewahrt haben und noch nicht vollständig mit der Stadt verschmolzen sind. (Vergleiche die Siedlungslücken, die zwischen dem alten Stadtgebiet und den 'Vororten' zum Teil noch bestehen.) Nur ihre Funktion als reine Wohnsiedlungen zeigt klar die feste Bindung an die Stadt in der Alluvialebene, zu der die 'Vororte' politisch gehören.

Hafenlandraum, Stadtzentrum, Geschäftsviertel, Industriegelände unterschiedlicher Ausprägung, dazu ein eigenständiges Erholungsviertel und die weiten Grünflächen der Vleis geben den Alluvialebenen das Gepräge. Ihre rassische Gliederung erwies sich im S als naturgeographisch-entwicklungsmäßig bedingt, im N dagegen als bedingt durch die Ausbildung der verschiedenen Funktionseinheiten der Stadt, die ihrerseits primär auf den naturgeographischen Gegebenheiten beruhen. Alle übrigen Areale erwiesen sich vor allem als Wohngebiete, wenn auch unterschiedlicher Qualität. Höhenlage und Exposition, Entfernung vom Stadtzentrum und von der Küste gaben dabei primäre, die Nutzung durch die verschiedenen Rassen sekundäre Differenzierungsmerkmale ab. Es war erkennbar, daß nur

---

[1]) Zusammengestellt nach Lawrie's 1959 S. 7—10

[2]) C. D. Mayor's Minute 1957 S. 12

noch kleine Flächen zur Bebauung innerhalb der Stadtgrenzen zur Verfügung stehen, die europäischen Ansprüchen genügen, daß für Inder und Bantus aber noch Ausbreitungsmöglichkeiten vorhanden sind, sofern die Gebiete zur Bebauung freigegeben würden. Zahlreiche Grünanlagen, die in den meisten Gebieten vorherrschende Einzelhaus-Bauweise mit darumliegenden Gärten und die weiten Gartenbaukulturflächen im Hügelland machen Durban zu einer 'grünen Stadt', die nicht unter der Ausbildung einer Dunstglocke oder fehlenden Erholungsmöglichkeiten für ihre Bewohner zu leiden hat.

Durch den ständig wachsenden Güterumschlag und die starke Industrieentwicklung an der bedeutendsten Eingangspforte nach der Südafrikanischen Union ist die Hauptfunktion dieser Siedlung die eines vielseitigen Ferneisenbahnhafens, ihr Charakter der eines Welthafens. Als großzügig gestaltete Anlage in verkehrsgünstiger Lage am Rande des Subkontinents gelegen, mit einem ausgedehnten Stadtzentrum und weitgehender funktionaler Gliederung sowie ausgesprochenen Wohnvororten (Trabantenstädten) ist Durban, die drittgrößte 'multi-racial' Stadt Südafrikas, mit ihrem bis Johannesburg reichenden Einflußbereich und ihrem ausgedehnten Hinterland eine Siedlung, auf die die Bezeichnung 'Weltstadt' nach den von J. H. Schultze[1]) herausgestellten typischen Merkmalen zutrifft.

Die Naturgegebenheiten, das Zusammenleben dreier nahezu gleichstark vertretener Rassen und letztlich die Folgeerscheinungen wirtschaftlicher und politischer Ereignisse haben das Gesicht des Eisenbahnhafens Durban geprägt. In zähem Ringen mit den Naturgewalten ist es den Menschen gelungen, widrige Naturerscheinungen zu bezwingen, günstige sich dienstbar zu machen, und so aus einer flachen, mangrovenumstandenen Bucht einen modernen Überseehafen zu formen. Die naturgeographischen Elemente im Umland machte er sich zunutze, um die Stadtanlage in ihrer ganzen Komplexität, aufgegliedert nach den Wünschen und Bedürfnissen der einzelnen Rassen, in größtmöglicher Harmonie mit den Forderungen der Praxis zu entwickeln. Die Initiative der Europäer hat den Hafen ins Leben gerufen. Ihre vor allem geistige Arbeit schuf die Voraussetzungen für ein Gelingen des Planes. Die Bantus haben mit vorwiegend körperlicher Arbeit ihren Anteil am Aufbau der Stadt getragen. Die Inder nahmen eine Zwischenstellung ein und waren vorwiegend an der wirtschaftlichen Entwicklung beteiligt. So hat sich eine soziale Staffelung der Rassen organisch ergeben, wie sich auch — entsprechend den unterschiedlichen Lebensansprüchen — die rassische Gliederung des Stadtraumes organisch entwickelte als Folge naturräumlicher Differenzierungen. Ein weitläufiges, kompliziertes Siedlungsgefüge entwickelte sich, in dessen Mosaik, geformt aus in ihrer Lage von den naturgeographischen Faktoren abhängigen Funktionseinheiten und Rassenarealen, jeder Stein am für ihn optimalen Platz zu liegen kam. Diese optimale Nutzung des Raumes war die Voraussetzung für die gesunde ökonomische und soziale Struktur dieser Siedlung, die wiederum Voraussetzung dafür war, daß der Mensch sich in seinem Lebensraum wohlfühlte und dadurch Höchstleistungen erreichen konnte.

Diese harmonische, organisch auf natürlichen Grundlagen nach sachlichen Erfordernissen gewachsene Siedlung soll nun nach dem Willen der Regierung der Südafrikanischen Union in ihrer siedlungsgeographischen Struktur völlig umgewandelt werden. Die gesetzliche Handhabe bietet dazu die Group Areas Act von 1950[2]). Ausgehend von der These, daß Kontakte zwischen Menschen verschiedener Rassen in den Wohngebieten zu Konflikten führen (in Europa und in Nordamerika ist man anderer Ansicht!)[3]) ist es der Plan der Regierung, die Wohngebiete der

---

[1]) Schultze, J. H. 1959 S. X—XVIII
[2]) Kuper, L. 1958 S. 14, 175 ff.
[3]) Kuper, L. 1958 S. 21

einzelnen Rassen zusammenzufassen und sie — im Idealfall — radiär um Stadt- und Industriezentrum anzuordnen, so daß niemand auf dem Wege von oder zur Arbeitsstätte durch das Gebiet einer anderen Rasse zu gehen oder zu fahren braucht[1]).

Am Arbeitsplatz hält man diese Trennung (weil sie unmöglich ist!) für 'nicht notwendig'! L. Kuper stellt in allen Einzelheiten die geplante Durchführung dieses Gesetzes in Durban und die Folgen für die Stadt dar. Er schreibt: "The general principle that one race should not be routed through the residential area of another profoundly affects the town plan. Each race needs access to place of work without traversing the residential area of other races. Racial islands or pockets must therefore be avoided". Und mit einem Seitenblick auf die vielfach verschachtelte Gliederung der Wohngebiete Durbans bemerkt er: "Alternatively, an underground railway or a helicopter service would provide a ready solution, since residents living in a racial island could then get to work without crossing other residential areas. A suggestion that a tunnel be constructed was not very seriously considered"[2]). Eindringlich weist Kuper auf die Störungen im Sozialgefüge hin, die durch die Umsiedlung von 3100 Europäern, 55000 Indern und 80000 Bantus, darunter der gesamten Bevölkerung von Cato Manor, ausgelöst werden[3]), und auf die Ungerechtigkeit dieser Umsiedlungsaktion, die gerade die ärmere Bevölkerung betrifft. Der Soziologe Kuper weist abschließend daraufhin, "that no policy which is not based on justice has any prospect of success"[4]). Das ist sicherlich zutreffend, aber ein anderer Gesichtspunkt erscheint noch schwerwiegender:

Die vorliegende Arbeit hat gezeigt, daß die gegenwärtige Siedlungsstruktur der Stadt organisch gewachsen ist in Anpassung an die gegebenen naturgeographischen Verhältnisse.

Die Neugliederung setzt sich über die naturgeographischen Grundlagen hinweg. Mit den Südhängen des Umgenitales in Durban North, dem Hügelland von Cato Manor und dem Bluff-Westhang, Wentworth-Rücken-Osthang und dem dazwischenliegenden Blufftal werden den Europäern vom naturräumlichen Gesichtspunkt unzulängliche und unbefriedigende, klimatisch zum Teil ungesunde Areale angewiesen, die funktionalen Einheiten werden auseinandergerissen und damit zerstört. Die indische Bevölkerung wird abgedrängt nach den Reservoir Hills und dem Umgenital und in ein neu zu entwickelndes Gebiet zwischen Mhlatuzana und Umlazi. Damit vertreibt man die Inder aus von ihnen entwickelten Lebensräumen, beraubt man einen Teil von ihnen der Lebensgrundlage, denn in den neuen Arealen ist der Fruchtanbau nur wesentlich begrenzter und unter schwierigeren Umständen möglich, und siedelt sie außerdem so weit von den Arbeitsplätzen entfernt an, daß Wege von 10 bis 20 km unvermeidlich werden. Noch ungünstiger wird es für die Bantus, die entweder in die Umlazi Mission Reserve im S oder neu zu erschließende Gebiete im N abgeschoben werden. Für sie werden dann Wege von 30 bis 45 Minuten Busfahrt täglich die Norm. Einen Anfang in der Neuplanung bildet bereits die Errichtung der Kwa Mashu Location in Duffs Road im N, außerhalb des Stadtbereiches. Dort sollen für 120000 Bantus 16000 Häuser errichtet werden, die zu den Bantus entsprechenden Nachbarschaftseinheiten zusammengefaßt werden[5]). Die ärmsten Teile der Bevölkerung werden nach diesen Plänen in den unentwickeltsten Regionen angesiedelt und haben die weitesten Wege täglich zur Arbeit zurückzulegen.

---

[1]) Kuper, L. 1958 S. 38
[2]) Kuper, L. 1958 S. 39
[3]) Kuper, L. 1958 S. 15
Abbildung 8
[4]) Kuper, L. 1958 S. 221
[5]) C. D. Mayor's Minute 1957 S. 21, 59

Abbildung 8

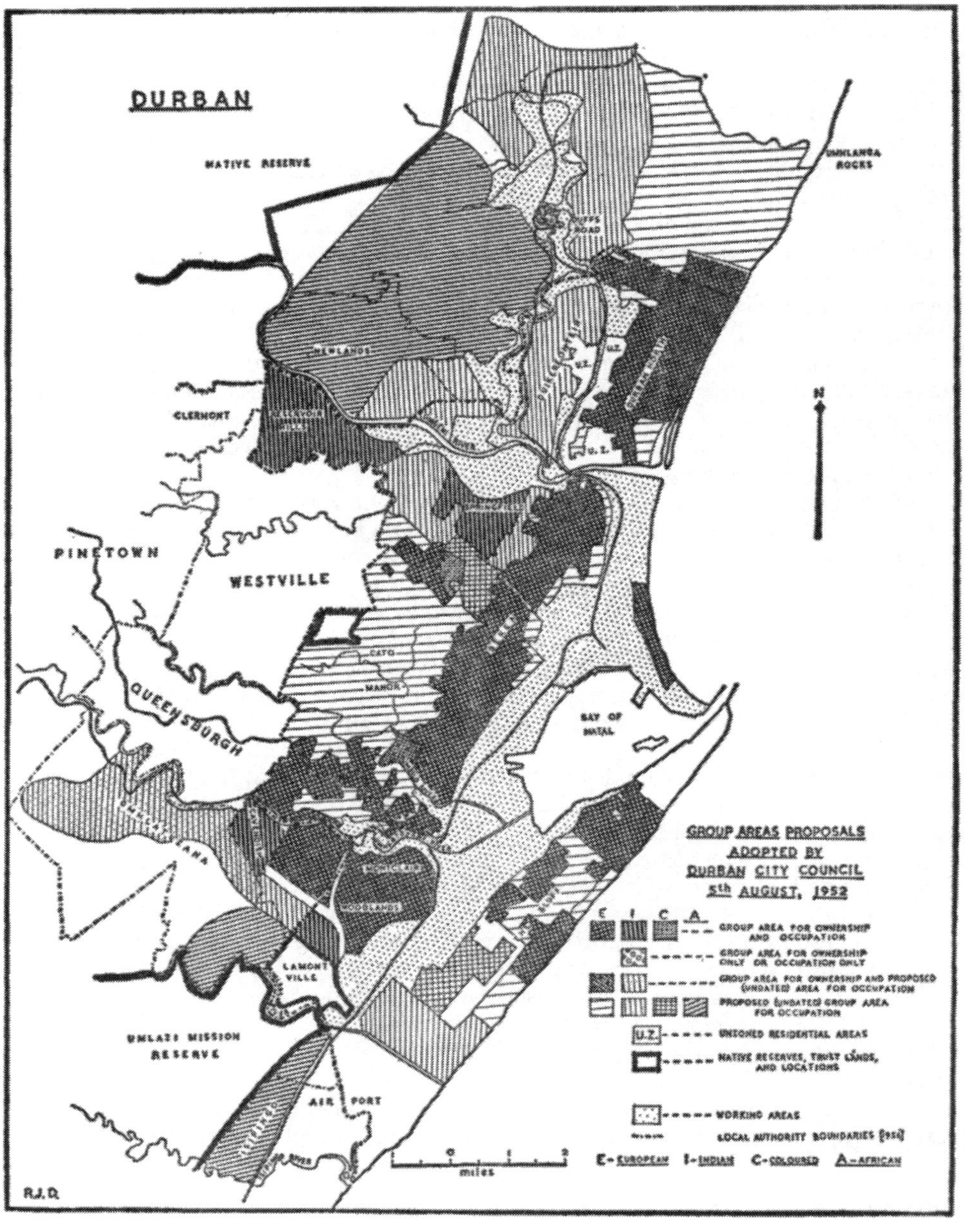

aus Kuper L., Watts H. und Davies R. 1958 S. 205

Die Neugliederung der Stadt hätte zur Folge, daß drei bis fünf getrennte Wohnstädte entstehen, in denen niemand sich wohlfühlt, weil weite Teile in ihrer Lage nicht den Erwerbs- und Lebensansprüchen der Bewohner genügen und weil diese Städte unorganisch vom Stadtzentrum getrennt sind.

'DEBILE PRINCIPIUM MELIOR FORTUNA SEQUETUR' schrieben die Gründer der Stadt in das Wappen. Wir können feststellen: Eine bessere Zukunft ist dem schweren Anfang gefolgt! Aber der Weg von iTekwini zur City of Durban war nur möglich unter Ausnutzung aller Vorteile, die die Natur den Menschen bot, auch des Vorteils, jedem Menschen den ihm gemäßen Lebensraum zukommen zu lassen. Das organische Wachstum in Harmonie mit der Natur brachte der Stadt und ihren Bürgern den optimalen Erfolg. Wenn jetzt in Folge politischer Zielsetzungen eine zwangsweise Umstrukturierung vorgenommen werden soll, bei der naturräumliche Gegebenheiten und funktionale Zusammenhänge, auf denen das Leben der Stadt basiert, nicht berücksichtigt werden, wenn Gesetze verhindern, den Menschen den ihnen gemäßen Lebensraum zu erhalten, werden diese Maßnahmen ohne Zweifel auf die Entwicklung der Stadt Durban negativ einwirken.

Literaturverzeichnis

Abkürzungen:

A. N. M.	Annales of the Natal Museum
J. G.	Journal of Geomorphology
P. M.	Petermanns Geographische Mitteilungen
P. M. Erg. H.	P. M. Ergänzungsheft
S. A. G. J.	The South African Geographical Journal
S. A. J. Sc.	South African Journal of Science
T. G. S. S. A.	The Transactions of the Geological Society of South Africa

1 *Aario, L.* und *Janus, H.:* Biologische Geographie. — Braunschweig 1958.

2 *Adamson, R. S.:* The Vegetation of South Africa. Monographs of British Empire Vegetation. — London 1938

3 *Adler, E. D.:* Soil Conservation in 'Agriculture in Natal', Natal Regional Survey Vol. 13 — Capetown 1957

4 *Anderson, W.:* Preliminary Report on the geology of the neighbourhood of Durban. Second report of the Geological Survey of Natal and Zululand. — Durban 1904.

5 *Ders.:* On the Geology of the Bluff Bore, Durban, Natal. T. G. S. S. A. Vol. 9. — Johannesburg 1906.

6 *Bews, J. W.:* The Vegetation of Natal. A. N. M. Vol. 2 Pt. 3 1912. — (London 1916.)

7 *Ders.:* The Plant Ecology of the coast-belt of Natal. A. N. M. Vol. 4 Pt. 2 1920. — (London 1923).

8 *Bird, J.:* Annals of Natal. — Pietermaritzburg 1888.

9 *Bobeck, H.:* Grundfragen der Stadtgeographie. Geographischer Anzeiger. —Gotha 1927.

10 *Brien, K.:* The late Stone Age in Natal. S. A. J. Sc. Vol. 32. — Johannesburg 1935.

11 *Brien, P. G.:* The middle Stone Age in Natal. S. A. J. Sc. Vol. 32. — Johannesburg 1935 (A).

12 *Ders.:* Late Pleistocene and Recent Strata at Durban North. S. A. J. Sc. Vol. 32. — Johannesburg 1935 (B).

13 *Brinkmann, R.:* Abriß der Geologie, Bd. 2. — Stuttgart 1954.

14 *Brookfield, H. C.* und *Tatham, M. A.:* The Distribution of racial groups in Durban. The Geographical Review Vol. 47. — New York 1957.

15 *Brooks, H.:* Natal, a history and description of the colony. — London 1876.

16 *Brünger, W.:* Gedanken über das Wesen, die Methoden und die Begriffsbildung der Flur- und Siedlungsgeographie. Erdkunde Bd. 2. — Bonn 1948.

17 *Ders.:* Kulturfördernde und -hemmende Faktoren in den Tropen. P. M. — Gotha 1950.

18 *Brünger, W.* (Hrsg).: Hamburg, Großstadt und Welthafen. Festschr. z. 30. Dt. Geographentag Hamburg 1955. — Hamburg 1955.

19 *Bryant, A. T.:* Olden Times in Zululand and Natal. — London 1929.

20 *Buchanan, K. M.* and *Hurwitz, N.:* The Asiatic Immigrant Community in the Union of South Africa. The Geographical Review Vol. 39. — New York 1949.

21 *Buchanan, W. K.:* The Sugar Industry in 'Agriculture in Natal', Natal Regional Survey Vol. 13. — Capetown 1957.

22 *Cart de Lafontaine, H. P.:* Impressions of town planning and housing in the Union of South Africa. Journal of the Town Planning Institute Vol. 38. — London 1952.

23 *City of Durban:* Mayor's Minute for the Municipal Year ended 31st July 1935—1957. Durban jährl.

24 *Colony of Natal:* Report of the Port Captain for the Year.... 1897, 1899—1909. — Pietermaritzburg jährl.

25 *Ders.:* Report of the Engineers Harbour Works for the Year 1901. — Pietermaritzburg.

26 *Ders.:* Evidence given before the Durban Inner Harbour Enquiry Committee 1902. — Pietermaritzburg.

27 *Ders.:* Report of the Engineer, Natal Harbour Department for the Year.... 1904, 1907, 1908. — Pietermaritzburg.

28 *Coode, C. E.:* Report on the Harbour Works of Natal. — Pietermaritzburg 1870.

29 *Cooke, H. B. S.:* Some Observations on rainfall-distribution in South Africa. S. A. G. J. Vol. 28. — Johannesburg 1946.

30 *Cramb, J. G.:* Early Stone Age in Natal. S. A. J. Sc. Vol. 32. — Johannesburg 1935.

31 *Crofts, C. J.:* Natal Harbour Works. Minutes of Proceedings of the Institution of Civil Engineers. Vol. CXCIII. — London 1914.

32 *Davidson, B.:* Südafrika ohne Maske. (Report on Southern Africa), deutsch von K. H. Wehmeier. — Berlin 1954.

33 *Diels, L.:* Pflanzengeographie. Sammlung Göschen Bd. 389. — Berlin 1945.

34 *Dörries, H.:* Der gegenwärtige Stand der Stadtgeographie. P. M. Erg. H. 209. — Gotha 1930.

35 *Durban Corporation:* The Mayor's Minute for the Muncipal Year ended 31st July... 1865—1934. — Durban jährl.

36 *Durban Transport Management Board:* Bus Service Time Table, July, August, September 1959. — Durban 1959.

37 *Du Toit, A. L.:* The Evolution of the South African coastline. S. A. G. J. Vol. 5. — Johannesburg 1922.

38 *Ders.:* The Geology of South Africa. — Edinburgh, London 1954.

39 *Eck, H. J. v.:* Die Industrialisierung der Südafrikanischen Union in O. Splett (Hrsg.) 'Afrika — Heute, ein Jahrbuch'. — Bonn 1957.

40 *Evans, J. B.:* A Vegetation Map of South Africa. Botanical Survey of South Africa, Mem. 15. — Pretoria 1936.

41 *Fair, T. J. D.:* Pleistocene and Recent Strand Movements in Southern Natal. T. G. S. S. A. Vol. 46. — Johannesburg 1944.

42 *Gordon-Brown, A.:* (Hrsg). The Yearbook and Guide to Southern Africa. — London 1954.

43 *Hartmann, G. W.:* The Central Business District — a study in urban geography. Economic Geography Vol. 26. — Worchester 1950.

44 *Hattersley, A. F.:* More Annals of Natal. — Pietermaritzburg 1936.

45 *Hector, J. M.:* The Origin of certain of our cultivated plants. S. A. J. Sc. Vol. 30. — Johannesburg 1933.

46 *Hellmann, E.:* Urban Areas in 'Handbook on Race Relations in South Africa'. — Capetown 1949.

47 *Humboldt, A. v.:* Ansichten der Natur Bd. 1. — Tübingen 1808.

48 *Jaeger, F.:* Afrika. Sammlung Göschen Bd. 910, 911. — Berlin 1954.

49 *Jessen, O.:* Die Randschwellen der Kontinente. P. M. Erg. H. Nr. 241. — Gotha 1943.

50 *Kayser, K.:* Die Industrialisierung der Union von Südafrika im Zusammenhang mit der Struktur und Verteilung der Bevölkerung. Tagungsberichte und Wissenschaftliche Abhandlungen des Dt. Geographentages Würzburg 1957. — Wiesbaden 1958.

51 *Kent, L. E.:* The Geology of a portion of Victoria County, Natal. With special reference to the Pleistocene and Recent deposits and the evolution of the coastline. T. G. S. S. A. Vol. 41. — Johannesburg 1939.

52 *King, L. C.:* The monoclinal Coast of Natal, South Africa. J. G. Vol. 3. — New York 1940.

53 *Ders.:* Geomorphology of the coastal Hinterland of Natal. T. G. S. S. A. Vol. 44. — Johannesburg 1941.

54 *Ders.:* Notes to accompany a topographical map of part of the Valley of a Thousand Hills, Natal. A. N. M. Vol. 10 Pt. 2, 1942. — (Dorking 1952).

55 *Ders.:* South African Scenery, a textbook of Geomorphology. — Edinburgh, London 1951.
56 *Ders.:* The Durban Beach Problem. S. A. J. Sc. Vol. 48. — Johannesburg 1952.
57 *Klöpper, R.:* Der geographische Stadtbegriff in E. Meynen (Hrsg.), 'Geographisches Taschenbuch'. — Wiesbaden 1956/1957.
58 *Knox, A.:* The Climate of the continent of Africa. — Cambridge 1911.
59 *Köppen, W.:* Grundriß der Klimakunde. (Die Klimate der Erde, 2. Aufl.) — Berlin 1931.
60 *Krenkel, E.:* Geologie Afrikas, 2. Teil. — Berlin 1928.
61 *Ders.:* Geologie und Bodenschätze Afrikas. — Leipzig 1957.
62 *Krige, A. V.:* An Examination of the Tertiary and Quarternary changes of sealevel in South Africa with special stress on the evidence in favour of a Recent world wide sinking of oceanlevel. Annales of the University of Stellenbosch Vol. 5. Sec. A No. 1. — Capetown 1927.
63 *Krige, L. J.:* The Geology of Durban. T. G. S. S. A. Vol. 35. — Johannesburg 1932 (A).
64 *Ders.:* The geological History of Durban. S. A. J. Sc. Vol. 29. — Johannesburg 1932 (B)
65 *Kuper, L., Watts, H.* and *Davies, R.:* Durban, a study in racial ecology. — London 1958.
66 *Leubuscher, Ch.:* Der südafrikanische Eingeborene als Industriearbeiter und als Stadtbewohner. — Jena 1931.
67 *Lossberg, V. v.* and *Carlucci, F.:* Industrial Developments in the Union of South Africa. U. S. Bureau of Foreign Commerce, World Trade Information Service Pt. 1, Economic reports No. 58—78. — Washington 1958.
68 *Macfarlane, P. W.:* Villages for Native Africans. Review of report on the possible urbanisation of the Umlazi Mission Reserve, Durban, and report on the suggested layout for village No. 1. Town and Country Planning Vol. 20. — London 1952.
69 *Machatschek, F.:* Das Relief der Erde, Bd. 2. — Berlin 1955.
70 *Maingard, L. F.:* The first Contacts of the Dutch with the Bushmen until the time of Simon van der Stel (1686). S. A. J. Sc. Vol. 32. — Johannesburg 1935.
71 *Mann, R. J.:* The Colony of Natal. — London o. J. (1859).
72 *Markham, S. F.:* Climate and the energy of Nations. — London 1947.
73 *Mecking, L.:* Japans Häfen — ihre Beziehungen zur Landesnatur und Wirtschaft. Mitteilungen der Geographischen Gesellschaft in Hamburg, Bd. 42. — Hamburg 1931 (A).
74 *Ders.:* Die Großlage der Seehäfen, insbesondere das Hinterland. Geographische Zeitschrift, Leipzig, Berlin 1931 (B).
75 *Ders.:* Bau und Bild afrikanischer Küstenstädte in ihrer Beziehung zum Volkstum. Zeitschrift für Erdkunde. — Frankfurt a. M. 1938, Bd. 2.
76 *Methven, C. W.:* Sketches of Durban and it's Harbour in 1891. — Durban 1892.
77 *Ders.:* Durban Harbour, South Africa. Minutes of Proceedings of the Institution of Civil Engineers. Vol. CXCIII. — London 1914.
78 *Meyer, W.:* Das wirtschaftsgeographische Element beim Seehafenstandort. Zeitschrift für Wirtschaftsgeographie. — Hagen 1957.
79 *Morgan, F. W.:* Ports and Harbours. — London 1952.
80 *Murray, M.:* Ships and South Africa. — Oxford 1933.
81 *Narath, R.:* Die Union von Südafrika und ihre Bevölkerung. — Leipzig, Berlin 1930.
82 *Nissen, O.:* Die Entwicklung des Bergbaues in Südafrika, eine siedlungs- und wirtschaftsgeographische Studie. Phil. Dissertation. — Kiel 1957 (Mschr.).
83 *Obst, E.:* Grundzüge einer Geographie der südafrikanischen Seehäfen. Jahrbuch der Geographischen Gesellschaft zu Hannover. — Hannover 1953.
84 *Ders.:* Die afrikanischen Wirtschaftsräume. Zeitschrift der Gesellschaft für Erdkunde zu Berlin. — Berlin 1941.
85 *Obst, E.* und *Kayser, K.:* Die große Randstufe auf der Ostseite Südafrikas und ihr Vorland. Sonderveröffentlichung III der Geogr. Ges. zu Hannover. — Hannover 1949.
86 *Partridge, F. C.:* Note on the Durban beach sands. T. G. S. S. A. Vol. 41. — Johannesburg 1938.

87 *Passarge, S.:* Südafrika. — Leipzig 1908 (A).
88 *Ders.:* Die Tektonik der südafrikanischen Küsten. P. M. Bd. 54. — Gotha 1908 (B).
89 *Paul, J.:* Die territoriale Ausbreitung der britischen Herrschaft in Südafrika bis zur Gründung Rhodesiens. Dissertation. — Leipzig 1927.
90 *Penck, A.:* Der Drakensberg und der Quathlambabruch. Sitzungsber. der Königl. Preuß. Akademie der Wissenschaften, Bd. 11. — Berlin 1908.
91 *Port Natal:* Report on the existing works with proposals for further improvements of the harbour by Sir C. A. Hartley and J. W. Barry. — Durban 1897.
92 *Rigg, J.:* Town Planning and Development in South Africa. Town and Country Planning Vol. 19. — London 1951.
93 *Rogers, A. W., Hall, A. L., Wagner, P. A.* and *Haughton, S. H.:* The Union of South Africa. Handbuch der regionalen Geologie, VII, 7a. — Heidelberg 1929.
94 *Schiffers, H.:* Afrika, in Harms, H. 'Handbuch der Erdkunde', Bd. IV. — Frankfurt a. M. 1957.
95 *Schimper, A. F. W.:* Pflanzengeographie auf physiologischer Grundlage. 3. Aufl. von F. C. v. Faber. — Jena 1935.
96 *Schneider, I.:* Die wirtschaftsgeographische Zonenbildung in Natal. Frankfurter Geographische Hefte 15. — Würzburg 1941.
97 *Schöller, P.:* Aufgaben und Probleme der Stadtgeographie. Erdkunde Bd. 7. — Bonn 1953.
98 *Schofield, J. F.:* Natal coastal Pottery from Durban district: a preliminary survey. S. A. J. Sc. Vol. 32. — Johannesburg 1935.
99 *Schultze, J. H.* (Hrsg.): Zum Problem der Weltstadt. Festschrift zum 32. Dt. Geographentag Berlin 1959. — Berlin 1959.
100 *Schwarz, G.:* Allgemeine Siedlungsgeographie. Lehrbuch der Allgemeinen Geographie. Bd. VI. — Berlin 1959.
101 *Scott, J. D.:* Vegetation in 'Agriculture in Natal', Natal Regional Survey, Vol. 13. — Capetown 1957.
102 *Scott, P.:* Cape Town, a multi-racial city. Geographical Journal Vol. 121. — London 1955.
103 *Shaw, H.:* The Wattle Industry in 'Agriculture in Natal', Natal Regional Survey Vol. 13. — Capetown 1957.
104 *Smith, R.* and *Lindsay, G.:* The Bar Problem and outer development of Durban Harbour. — (Durban) 1941 (Mschr.).
105 *Smuts, J. C.:* Climate and Man in Africa. S. A. J. Sc. Vol. 29. — Johannesburg 1932.
106 *South African Railways:* Union Time Table No. 156. — Pretoria 1st Dec. 1958.
107 *Suess, E.:* Das Antlitz der Erde. Bd. 1 — Wien, Leipzig 1908. — Bd. 2. — Wien, Leipzig 1888.
108 *Sutton, J. R.:* A Contribution to the study of the rainfall map of South Africa. Transactions of the Royal Society of South Africa. Vol. 9. — Capetown 1921.
109 *Ders.:* Some Notes on rainfall and run-off in South Africa. S. A. G. J. Vol. 5. — Johannesburg 1922.
110 *Talbot, W. J.:* Kapstadt als Weltstadt in J. H. Schultze (Hrsg.). 'Zum Problem der Weltstadt'. — Berlin 1959.
111 *Thompson, A. O.:* The coastal Terraces of Eastern Pondoland. T. G. S. S. A. Vol. 45. Johannesburg 1942.
112 *Troll, C.:* Termiten-Savannen. Länderkundliche Forschung, Festschr. N. Krebs. — Stuttgart 1936.
113 *Ders.:* Koloniale Raumplanung in Afrika. Zeitschrift der Ges. für Erdkunde zu Berlin. H. 1—4. — Berlin 1941.
114 *Ders.:* Savannentypen und das Problem der Primärsavannen. Proceedings of the Seventh Int. Botanical Congress. — Stockholm 1950.
115 *Union of South Africa:* Department of Irrigation. Meteorological Office. Rainfall Normals up to the end of 1925. — Capetown 1927.
116 *Desgl.:* Department of Irrigation. Meteorological Office. Report for the Year... 1926—1939. — Pretoria jährl.

117 *Desgl.:* Department of Irrigation. Meteorological Office. Rainfall Normals up to the end of 1935. — Pretoria 1939.
118 *Desgl.:* Department of Railways and Harbours. Report of the General Manager of Railways and Harbours for the Year ended 31st December 1910, 1915. — Pretoria
119 *Desgl.:* Department of Railways and Harbours. Report of the General Manager of Railways and Harbours for the Year ended 31st March... 1916—1958. — Pretoria jährl.
120 *Desgl.:* Department of Transport. Division of Meteorology. Report for the Year... 1940—1943. — Pretoria jährl.
121 *Desgl.:* Department of Transport. Weather Bureau. Report for the Year... 1944—1954. — Pretoria jährl.
122 *Desgl.:* Meteorological Service of Royal Navy and South African Air Force. Weather on the coasts of Southern Africa. Vol. 2. — Capetown 1945.
123 *Desgl.:* Office of Census and Statistics. Population Census...1921, 1926, 1931, 1936, 1946, 1951. — Pretoria.
124 *Valentin, H.:* Die Küsten der Erde. P. M. Erg. H. 246. — Gotha 1952/1953.
125 *Walter, H.:* Klimadiagramm-Karte von Afrika. Deutsche Afrika Gesellschaft, Bonn; Schriftenreihe Nr. 4. — Bonn 1958.
126 *Weigt, E.:* Afrika — Ergänzungsraum und Energie für Westeuropa? Geographische Rundschau. — Braunschweig 1960.
127 *Wellington, J. H.:* A physiographic regional classification of South Africa. S. A. G. J. Vol. 28 — Johannesburg 1946.
128 *Ders.:* Southern Africa. Vol. 1 Physical Geography. — Cambridge 1955. — Vol. 2 Human Geography. — Cambridge 1956.
129 *Westermann, D.:* Die Geschichte Afrikas. — Köln 1952
130 *Williams, B.* und *Mauck, M.* Südafrika — Entdeckung und Besiedlung des schwarzen Kontinents durch die Europäer. — Berlin 1939.
131 *N. N.:* Aufzeichnungen des Meteorological Officer, Louis Botha Airport, Durban für 1. 1. 1955—31. 7. 1957. — Unveröffentlicht.
132 *N. N.:* Bergbau und Industrie in Südafrika. Hrsg. vom Institut für Weltwirtschaft, Kiel. — Kiel 1941 (Mschr.).
133 *N. N.:* Delightful Durban. — Durban (1924).
134 *N. N.:* The Durban Housing Survey. Natal Regional Survey, Additional Report No. 2. — Pietermaritzburg 1952.
135 *N. N.:* Durban — Southern Africa's Garden City 1854—1954. — Durban 1954.
136 *N. N.:* Industrial Durban. — (Durban) 1924.
137 *N. N.:* Lawrie's Durban Directory 1959. — Durban 1959.
138 *N. N.:* The Natal Daily News. 1. März—1. Okt. 1957. — Durban tägl.
139 *N. N.:* Official South African Municipal Year-Book 1956/1957. — Pretoria.
140 *N. N.:* South African Panorama. Okt. 1959. — Pretoria monatl.
141 *N. N.:* State of the Union. Economic, financial, and statistical Yearbook for the Union of South Africa 1957. — Capetown 1957.
142 *N. N.:* The Sunday Tribune. März—Okt. 1957. — Durban wöchentl.

Karten und Atlanten:

143 *Diercke-Weltatlas.* Westermann. — Braunschweig 1957.
144 *Welt, physikalisch.* IRO-Verlag. — 1 : 30000000 München o. J.
145 *Topographical Map of Africa.* 1 : 10000000. J. Bartholomew & Son Ltd. — Edinburgh 1956.
146 *Map of South Africa and Madagascar.* 1 : 4000000. J. Bartholomew & Son Ltd.— Edinburgh 1955.
147 *Standard Railway Map of South Africa and Neighbouring Territories.* 1 : 3500000. in Union of South Africa, Department of Railways and Harbours, Report of the General Manager of Railways and Harbours for the Year ended 31st March 1958. — Pretoria 1958.

148 *SHELL-Road Map of Southern Africa.* 1 : 1000000. Section 1, 2, 3. Cape Times Ltd. — Capetown o. J.
149 *World Aeronautical Chart ICAO.* 1 : 1000000. Sh. 3398 Durban. Government Printer. — Pretoria 1957.
150 *South Africa.* 1 : 500000. Sh. Durban SE 31/28 Topogr. Edt. Government Printer. — Pretoria 1956.
151 *Geological Map of Durban.* 1 : 63360 in Krige, L. J. 'The geology of Durban'. T. G. S. S. A. Vol. 35. — Johannesburg 1932.
152 *Geological Map of Durban.* 1 : 25000 (vier Farbdiapositive von L. C. King 1957). Unveröffentlicht.
153 *Holmden's Street Plan of Durban.* Ca. 1 : 22000. — Johannesburg 1948.
154 *Durban Regional Topographical Survey 1954.* Sh. No. 2930—M8, N8, O8, P8, 2931—M1, N1, O1. — 1 : 18000. Government Printer. — Pretoria 1955.

TAFELN

Die Großstadt Durban von Osten
(mit frdl. Genehmigung von 'The Natal Mercury', Durban.)

DURBAN 1855. Erster Auktionsverkauf von Zuckerrohr auf dem Marktplatz.
(Photo Illustrated London News, aus Durban 1954 S. 9.)

DURBAN 1876. Blick in die West Street gegen die Berea.
(Mit frdl. Genehmigung des Durban Old House Museum aus Durban 1954 S. 11.)

DURBAN 1896. Blick in die West Street gegen die Berea.
(Mit frdl. Genehmigung des Durban Old House Museum aus Durban 1954 S. 11.)

Smith Street — Östliches Geschäftsviertel. Blick gegen das Stadtzentrum. Man beachte die unterschiedlichen Bautypen.

Blick vom Bluff gegen Island View (l.) und die Insel Salisbury (Mitte). Im Vordergrund die Bekohlungsanlage.

Blick vom Bluff auf Congella (l.) und den Point. Mitte nach links der T-Jetty, rechts die 'Beach', im Hintergrund die Berea.

Blick auf Victoria Embankment, Yachthafen und T-Jetty. Bei einsetzender Ebbe werden die gebaggerten Fahrrinnen sichtbar.

Blick auf den Fischkai und Maydon Wharf. Rechts hinten der Getreidesilo.

Stadtzentrum — Südseite des Rathausplatzes. Rechts das Gebäude der Natal Mutual Versicherung, links das alte Royal Hotel, dessen in Abbruch befindlicher Bau 1958 durch ein 7-geschossiges Gebäude ersetzt wurde. Im Hintergrund der Nachkriegsbau des Marine Hotel am Victoria Embankment.

Stadtzentrum — Aliwal Street.
Embassy Hochgarage neben der Congregational Church.

Sydney Road Ecke Moore Road — Inderslums in der 'Old Borough'.

Moore Road zwischen Gale Street und Umbilo Road — Inderslums in der 'Old Borough'.

Blick von Tollgate über die Berea Road gegen die Innenstadt. Im Hintergrund das Bluff.

TAFEL 8

Berea — West- und Osthang von der Universität gesehen.

Die Ozeanfront Durbans bei Hochflut. Links im Hintergrund der Bluff-Rücken, rechts die Hochhäuser längs der Marine Parade.

Brickhill Road Ecke Sea View Street — Übergang des Erholungsviertels in das innerstädtische Industriegebiet. Links ein Teil des Victoria-Parks, zum Dünenwall gehörig.

Das innerstädtische Industriegebiet — Milne Street Ecke Victoria Park.

South Coast Road — Einfahrt zum Industrial Estate Mobeni.

Indergeschäftsviertel — Grey Street, Madressa Arcade. Rechts die große Moschee.

Clairwood — Indergeschäfte und Wohnhäuser an der South Coast Road.

Notunterkünfte der Inder — Im Hintergrund rechts der Wentworth-Rücken, links das Industriegebiet Jacobs. Im Vordergrund links eine Zuckerrohranpflanzung.

Städtische Bantu-Wohnsiedlung südlich des Umlazi gegenüber der Lamontville Location.

Inder warten am Markt auf Busverbindung. Blick gegen die Berea.

Victoria Street — Inderkinder mit ihrem Zulu-Kindermädchen.

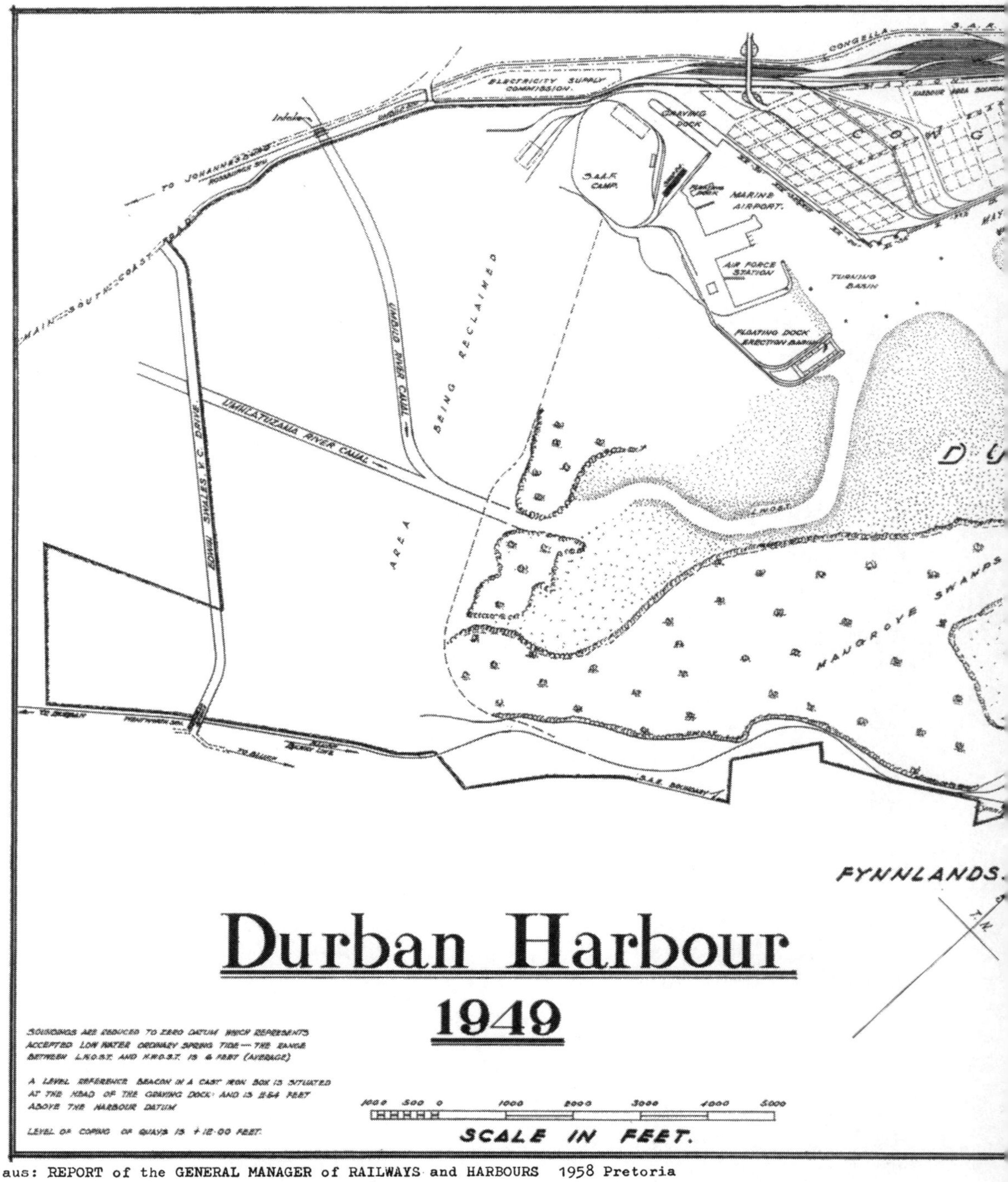

aus: REPORT of the GENERAL MANAGER of RAILWAYS and HARBOURS 1958 Pretoria

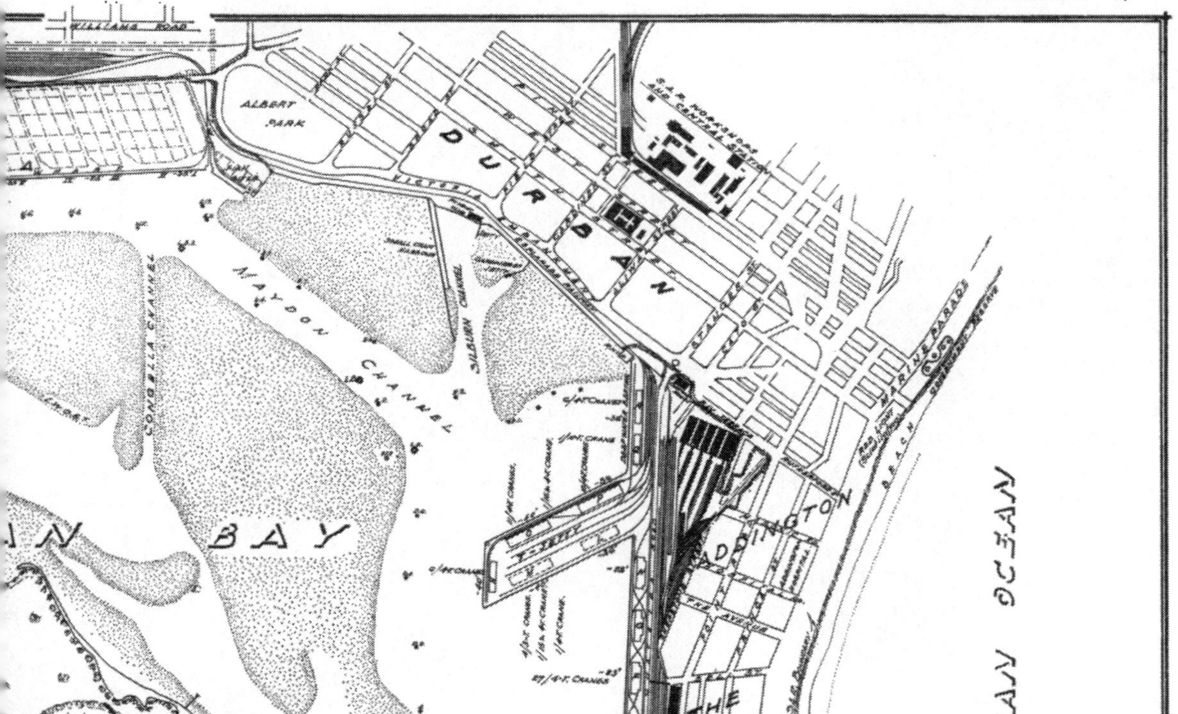
ALBERT PARK
DURBAN
MAYDON CHANNEL
BAY
ADDINGTON
THE POINT
INDIAN OCEAN
SALISBURY ISLAND.
ISLAND VIEW CHANNEL
ISLAND VIEW OIL SITES
THE BLUFF
WESTS STN.
Cave Rock
SOUTH BREAKWATER
WHALING SITES
INDIAN OCEAN
SYSTEM HARBOUR ENGINEER
JUNE 1949
T.35.
728.

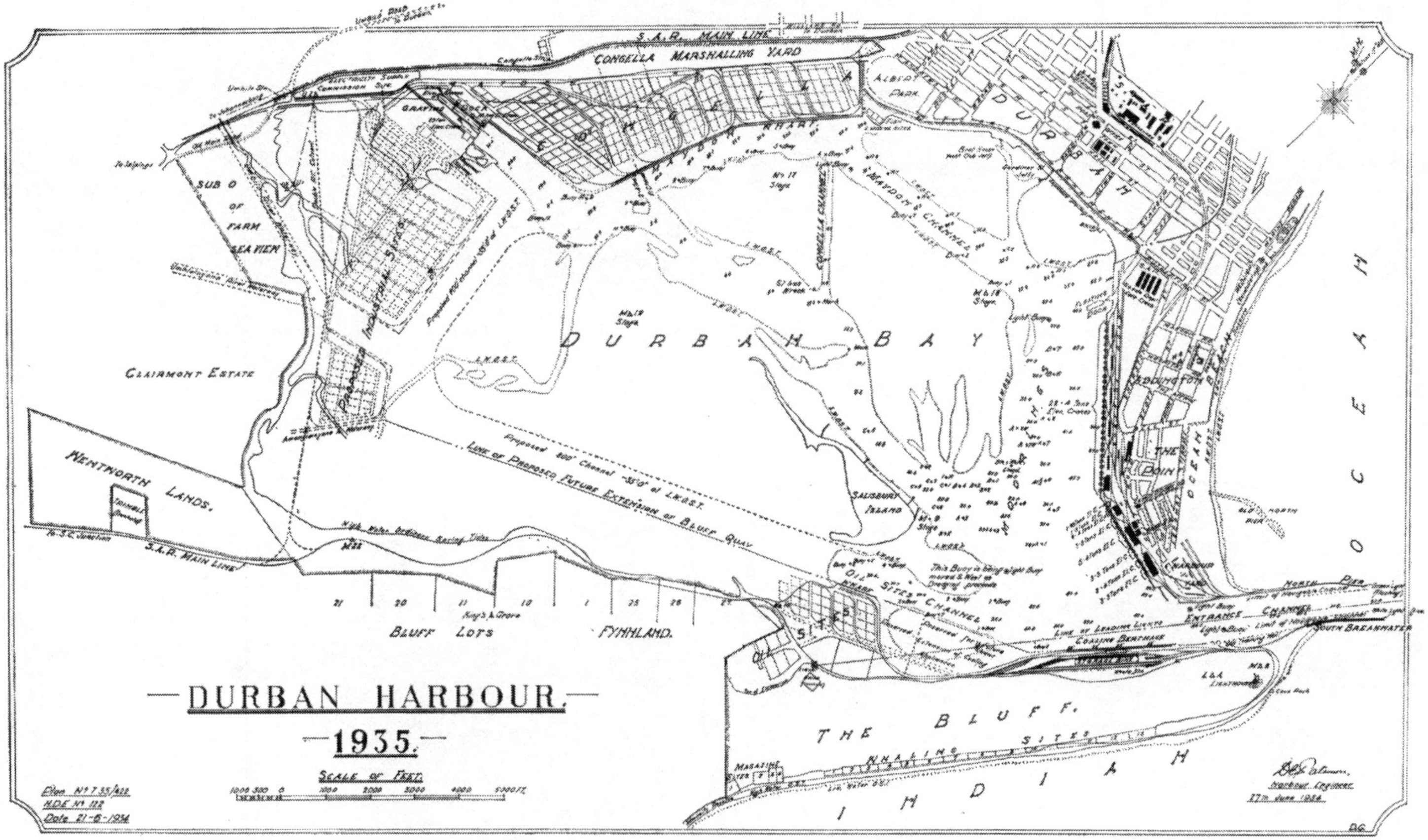

aus: Report of the General Manager of Railways and Harbours 1935

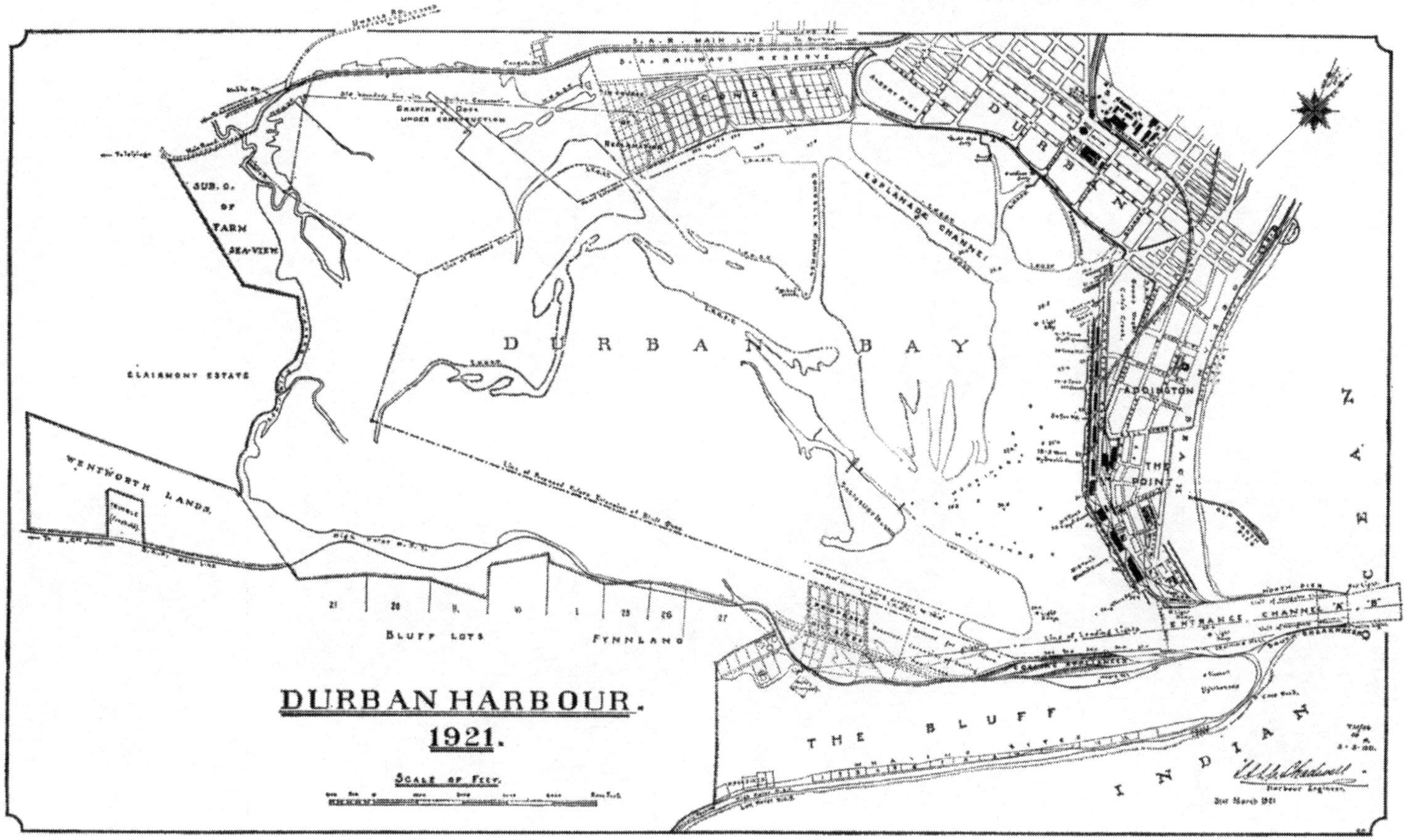

aus: Report of the General Manager of Railways and Harbours 1921

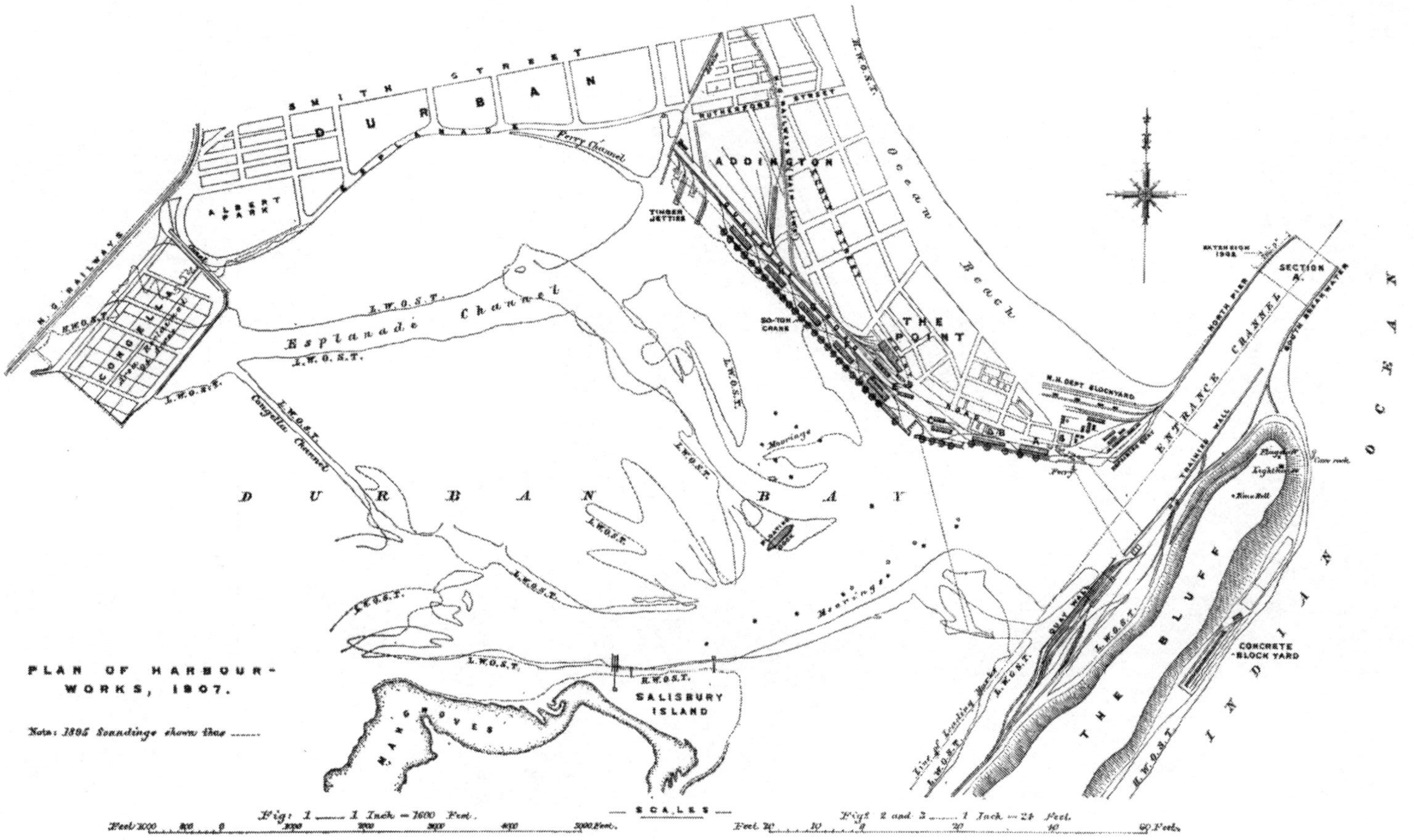

aus: Crofts, C. J. 1914

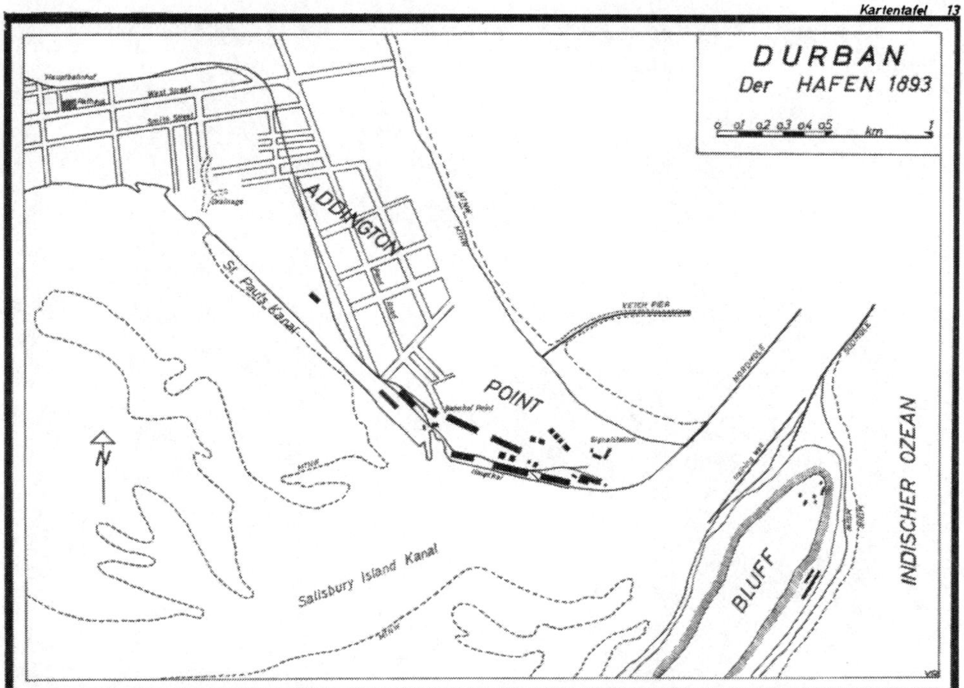

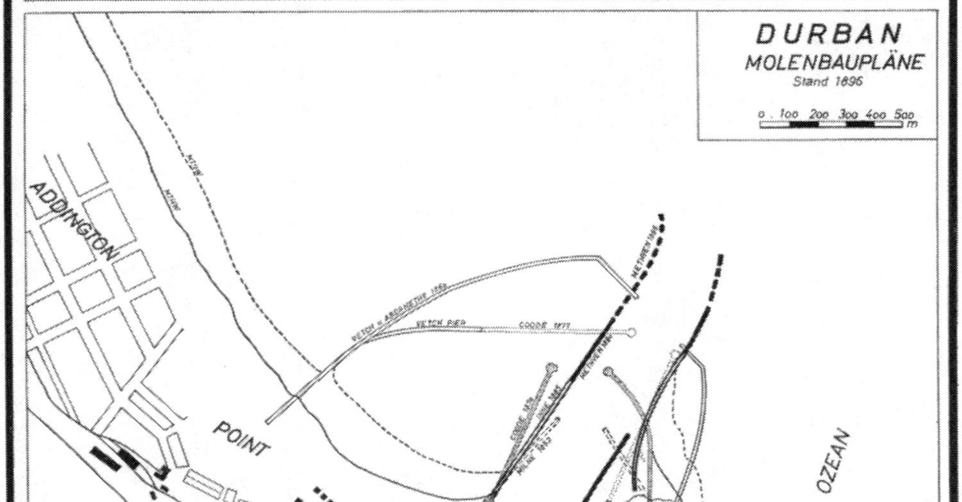

Zeichnung V. Praechter Quelle: PORT NATAL Report... by Sir C.A. Hartley u. J.W. Barry, Durban 1897

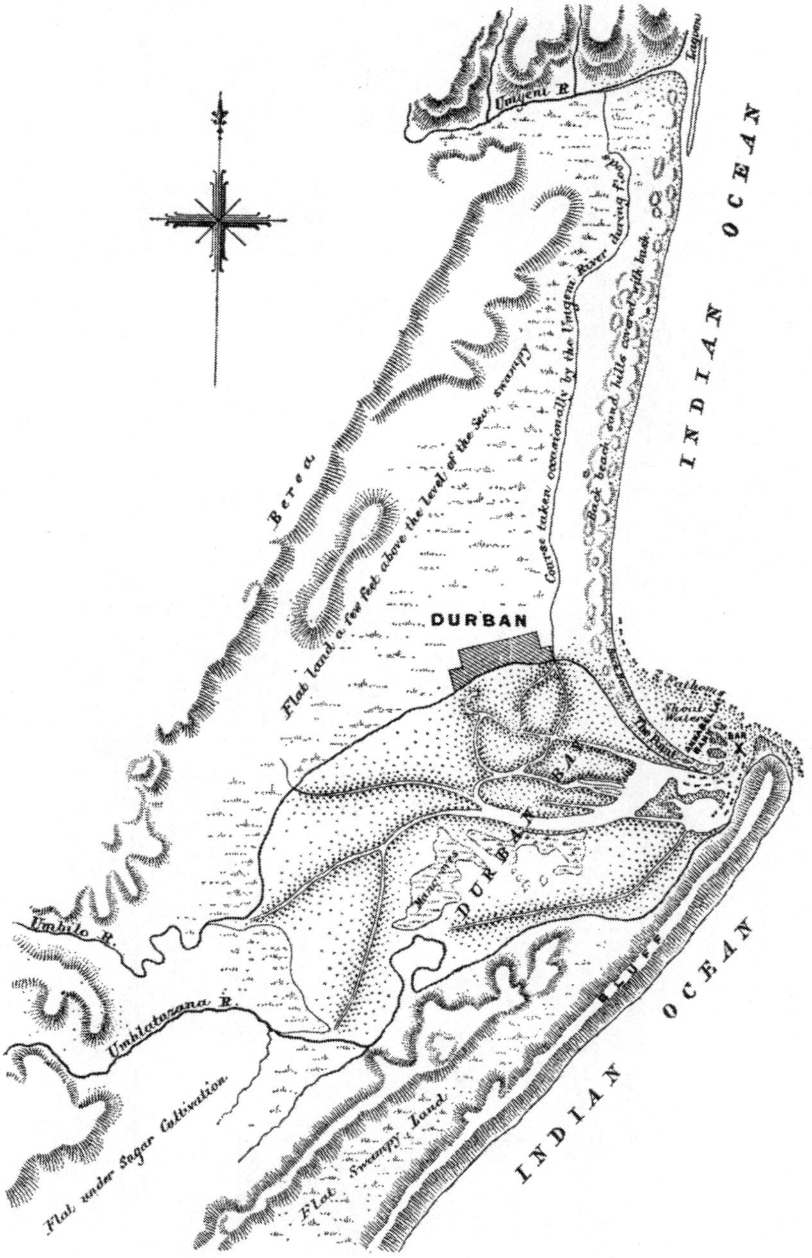

MAP OF HARBOUR 1858.

Durban 1858
aus: Methven, C. W. 1914 Fig. 1

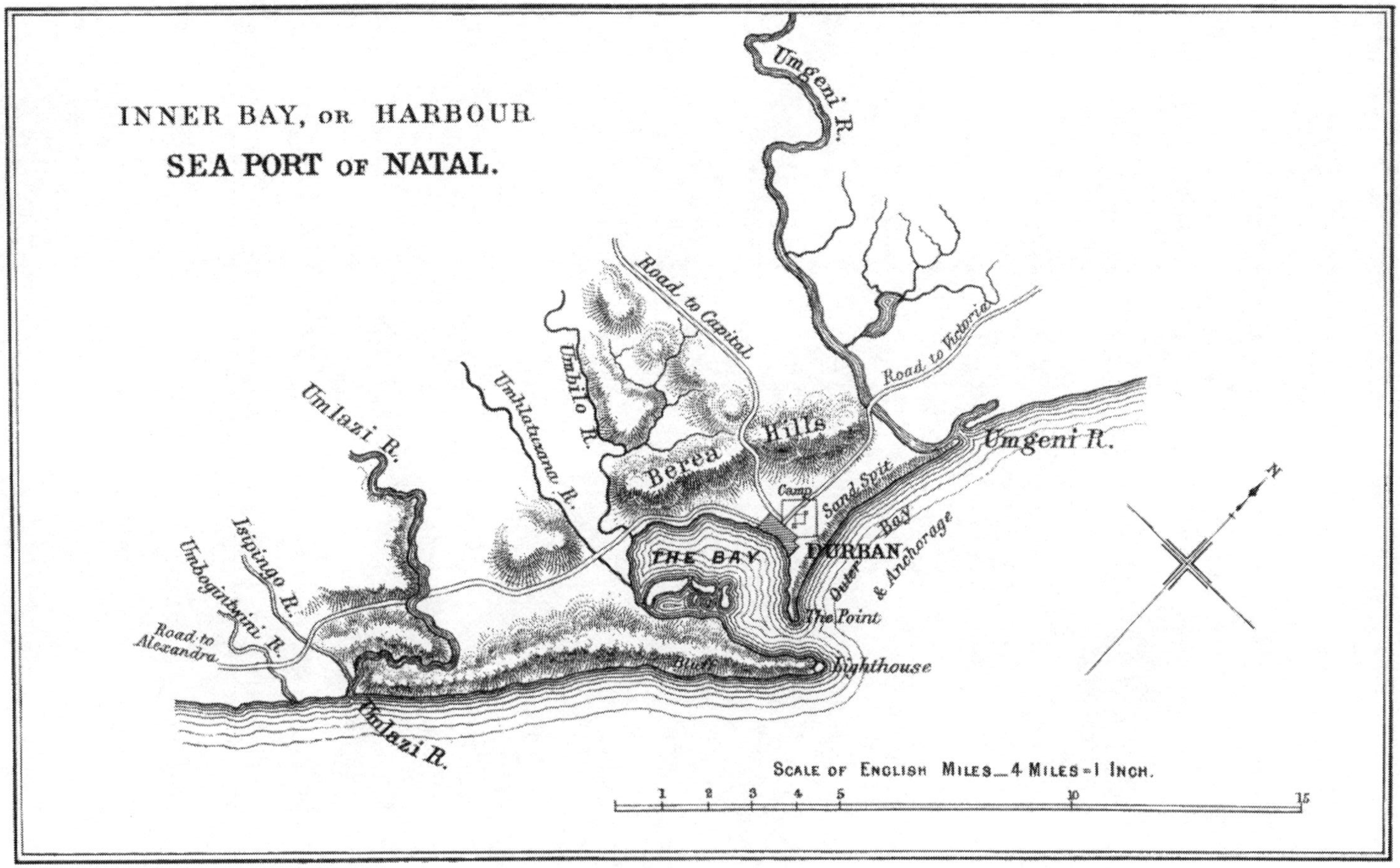

Durban um 1850
aus: Brooks, H. 1876 S. 15

Klimatogramm von DURBAN

1926-1938 Met.St. POINT 29°52'S 31°o3'E 15m
S1) 1939-1955 Met.St. STAMFORD HILL AERODROME 29°5o'S 31°o2'E 4,5m
S2) seit 1956 Met.St. LOUIS BOTHA AIRPORT 29°58'S 3o°57'E 8m

N Jahresniederschlagsmenge, n Kurve der Monatsniederschlagsmenge, t Kurve der mittleren Monatstemperaturen

Dürrezeit — humide Jahreszeit

Quellen: U.o.S.A., Dep. Irrig., Met. Off., Rep. 1926-1939; Dep. Transport, Div. Met., Rep. 1940-1943; Dep. Transport, Weather Bur., Rep. 1944-1954; Aufzeichnungen des Met. Off., L. BOTHA AIRPORT, Durban 1955-1957.

Darstellungsmethode: H. WALTER   Zeichnung: V. Praechter

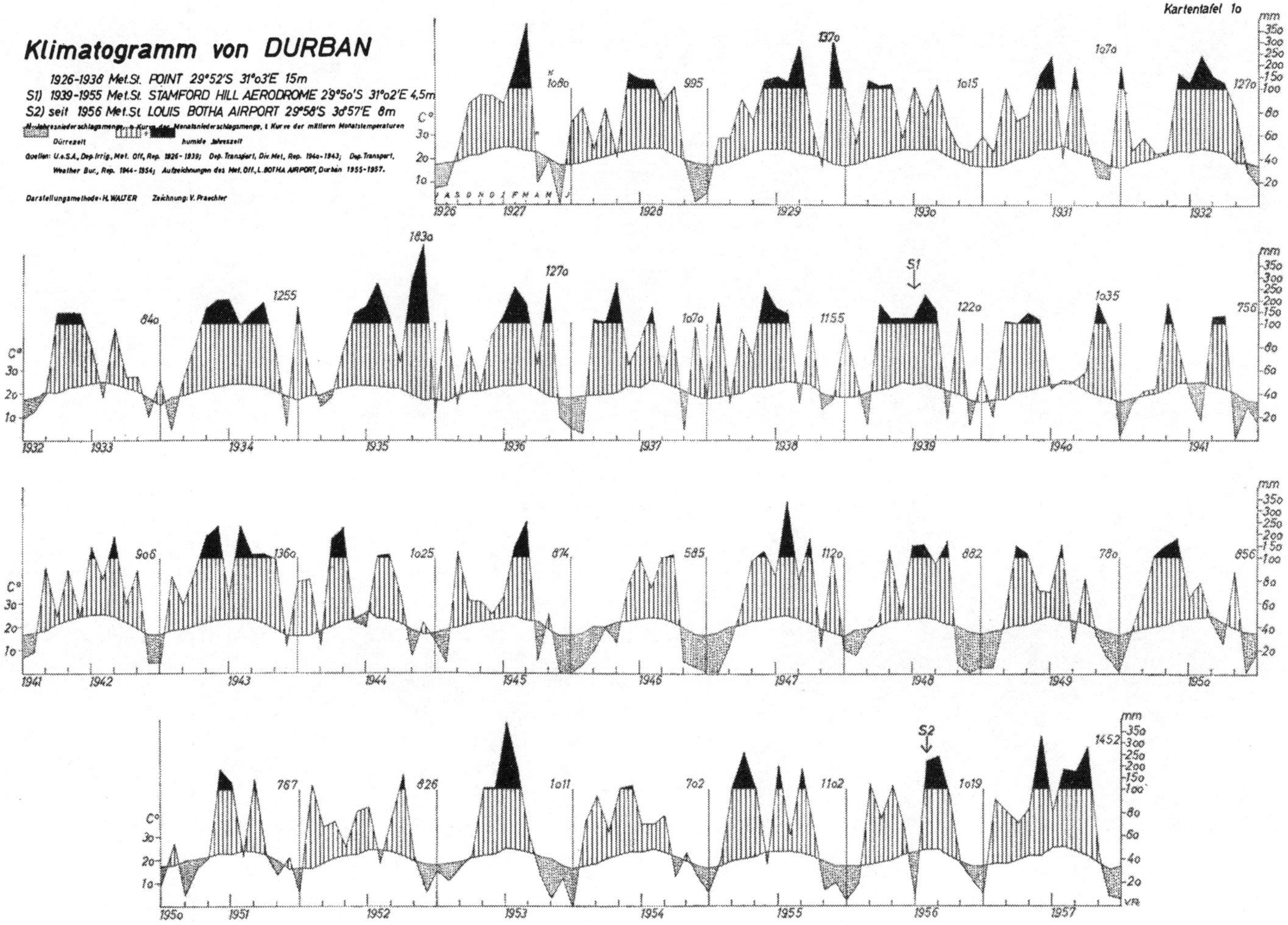

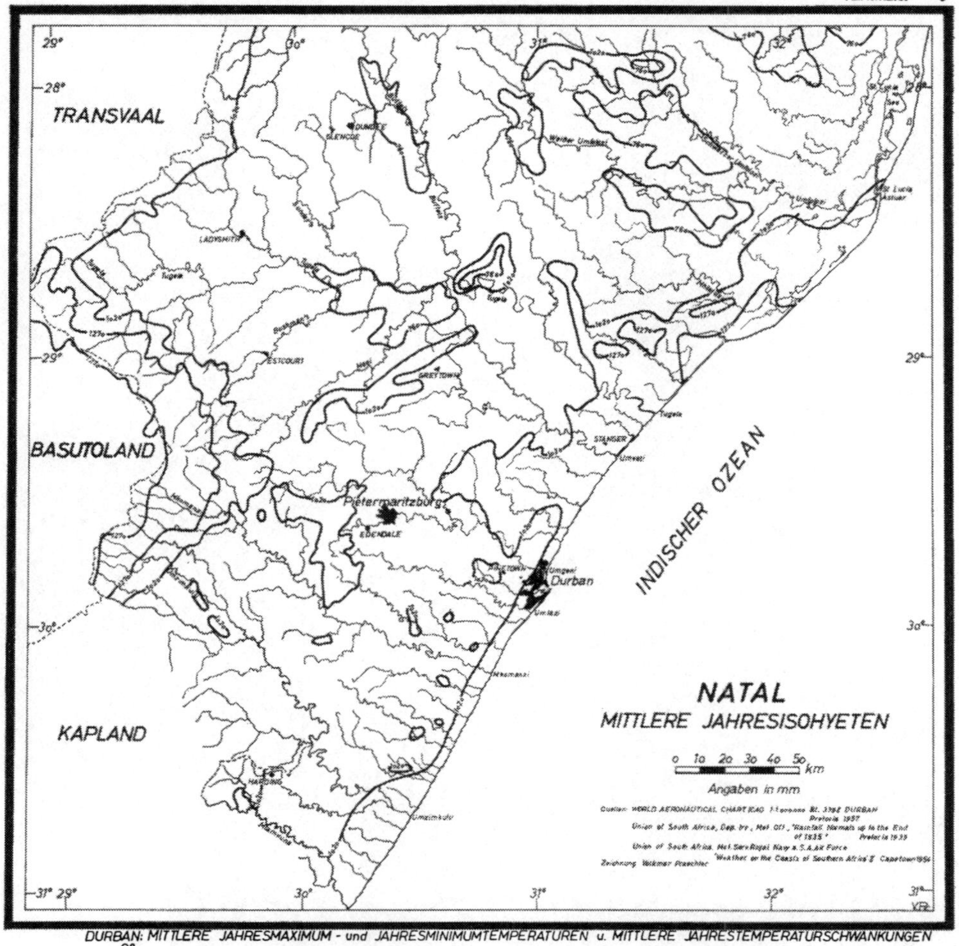

DURBAN: MITTLERE JAHRESMAXIMUM - und JAHRESMINIMUMTEMPERATUREN u. MITTLERE JAHRESTEMPERATURSCHWANKUNGEN

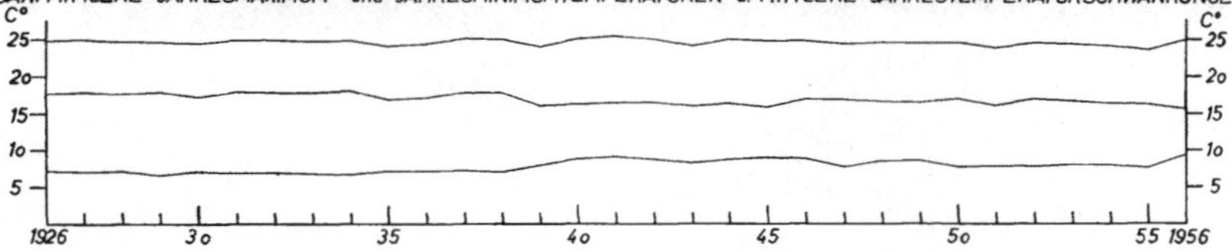

DURBAN: MITTLERE MONATLICHE MAXIMUM - und MINIMUMTEMPERATUREN u. MITTLERE MONATLICHE TEMPERATURSCHWANKUNGEN für die Jahre

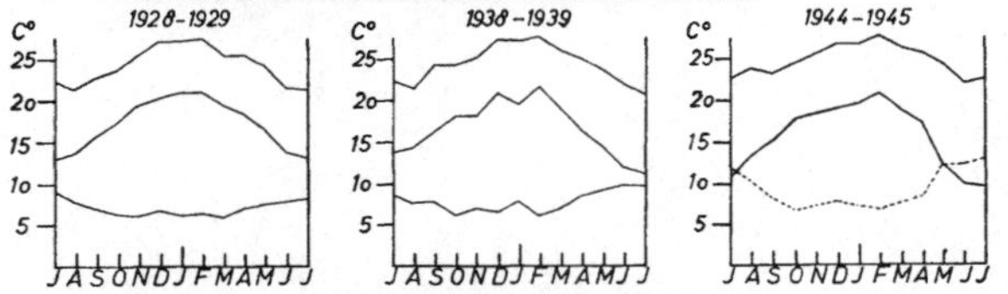

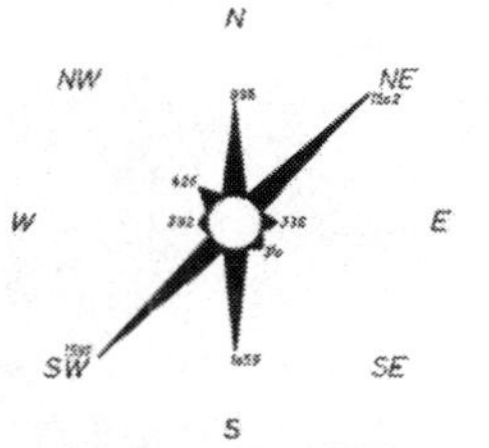

WINDRICHTUNGEN in DURBAN
Mittel für 1939-1955
10 mm = 400 Windstunden

Zeichnung Volkmar Praechter Quellen: Union of South Africa, Dep. Irr., Met. Off., Rep. 1926-1939 Pretoria
Dep. Transp., Div. Met., Rep. 1940-1943 Pretoria
Dep. Transp., Weather Bur., Rep. 1944-1954 Pretoria
Aufz. Met. Officer L. Botha Airport Durban 1955-1957 unveröff.

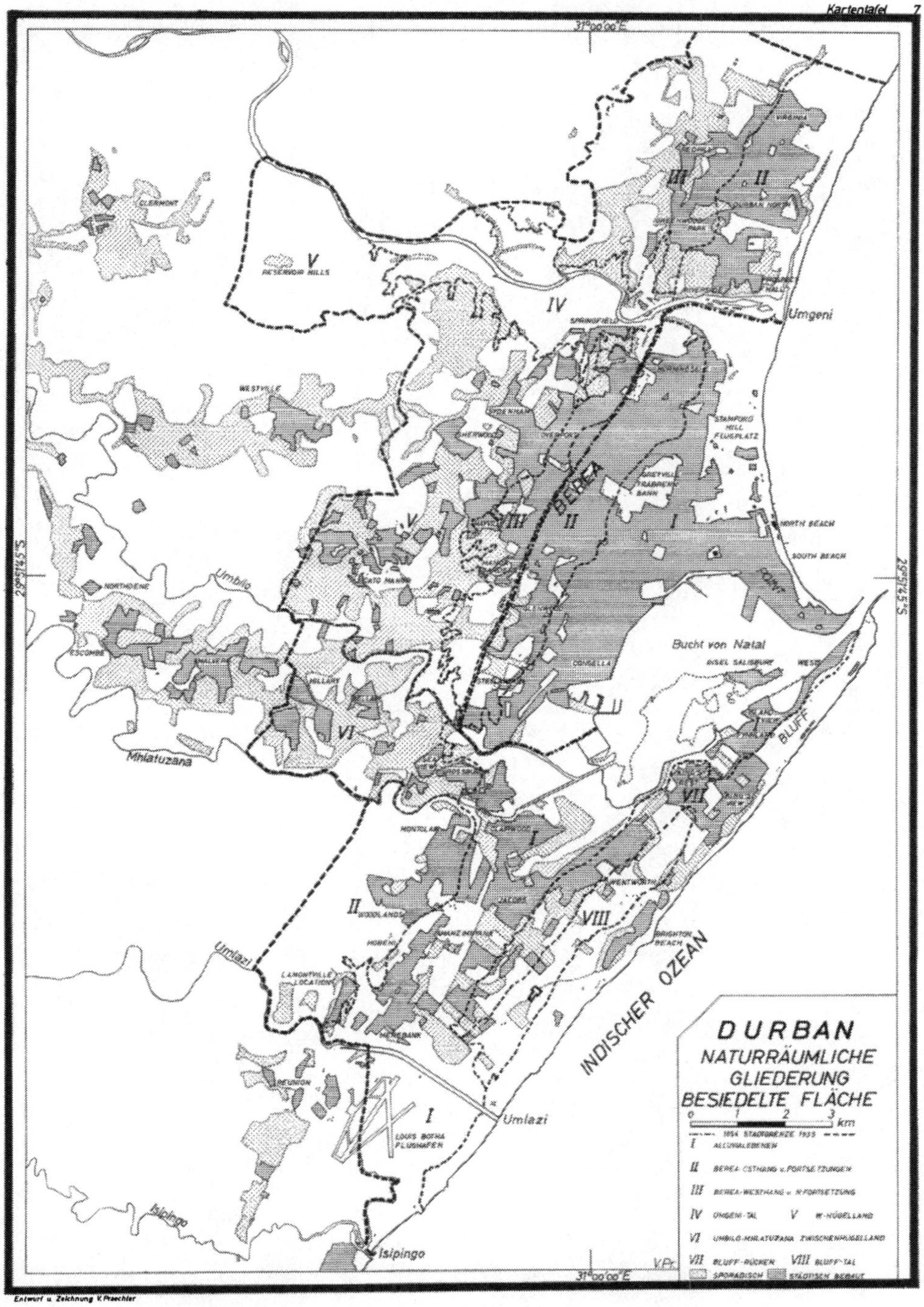

Entwurf u. Zeichnung V. Praechler

SÜDAFRIKANISCHE UNION - KLIMA

V.Pr.

Zeichnung Volkmar Praechter   Quellen: Kartennetze u. Umrisse: IRO-Karte WELT, physikalisch 1:30.000.000 IRO-Verlag München o.J.
AFRICA 1:10.000.000 J. Bartholomew a. Son LTD. Edinburgh 1956
Isolinien: J.H. Wellington Southern Africa Vol.1 Cambridge 1955 S.193, 221, 242, 243

Kartentafel 6

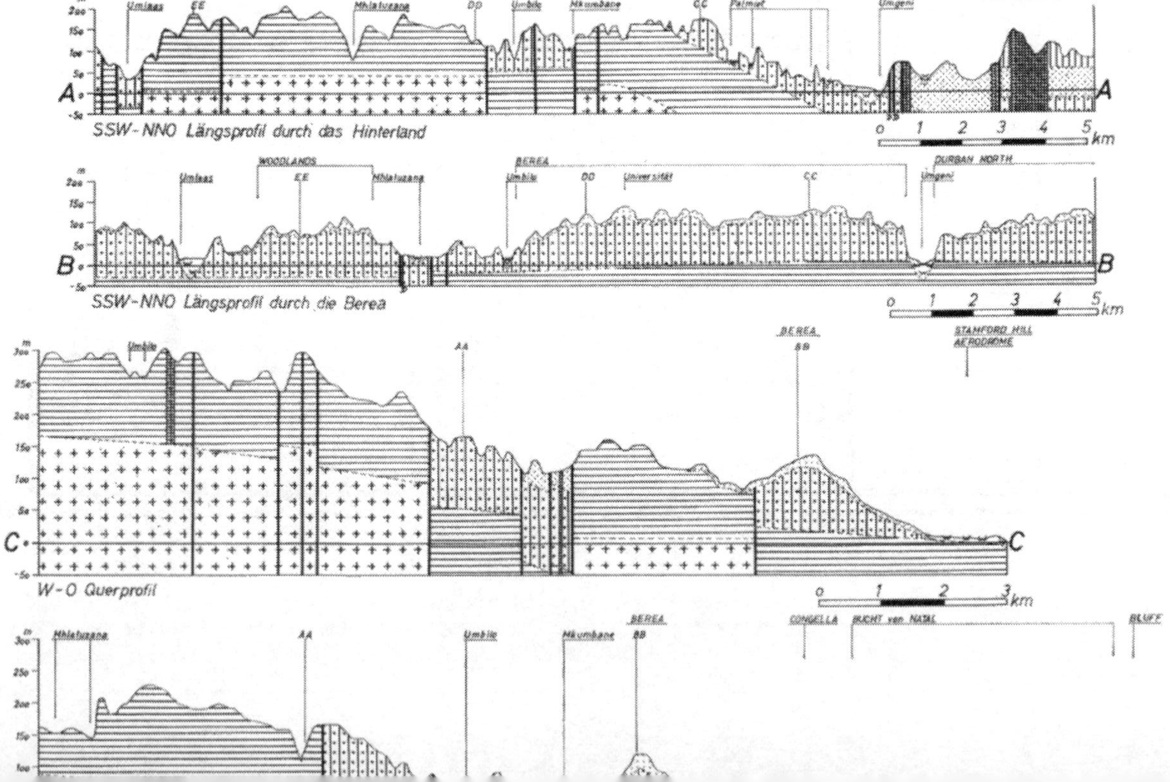

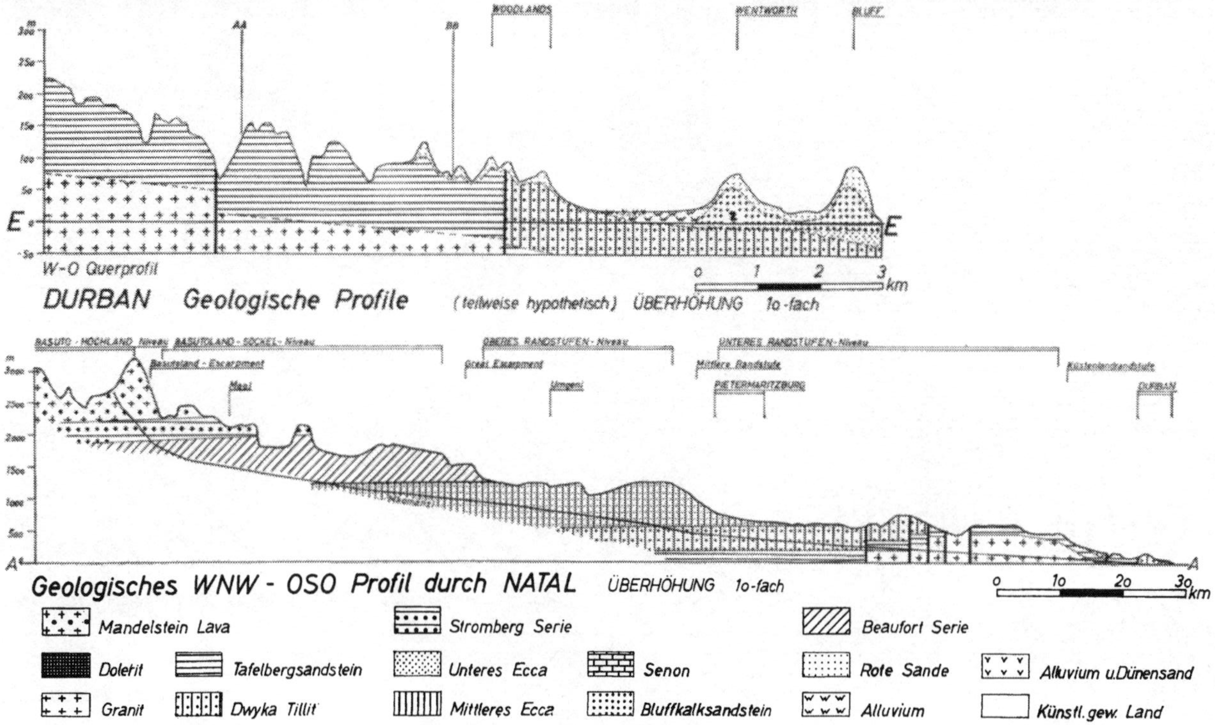

Zeichnung Volkmar Praechter Quellen: DURBAN Regional Topographical Survey 1: 18ooo Pretoria 1955; Krige L.J. The Geology of Durban T.G.S.S.A. 1932; Du Toit A.L. The Geology of South Africa London 1954
DURBAN Geologische Karte 1: 5oooo Kartentafel 5, South Africa 1:5oo.ooo Bl. Durban SE 31/28 Pretoria 1956; King L.C. Monoclinal Coast of Natal J.o.Geomorph.3. 194o S.145 Fig.1
Anderson W. On the Geology of the Bluff Bore T.G.S.S.A. 19o6; Obst E. u. Kayser K. Die große Randstufe Sd.veröff.3 Geogr. Ges. Hannover 1949 S.2o6 Abb. 22, Kartentafel V Profil VIII

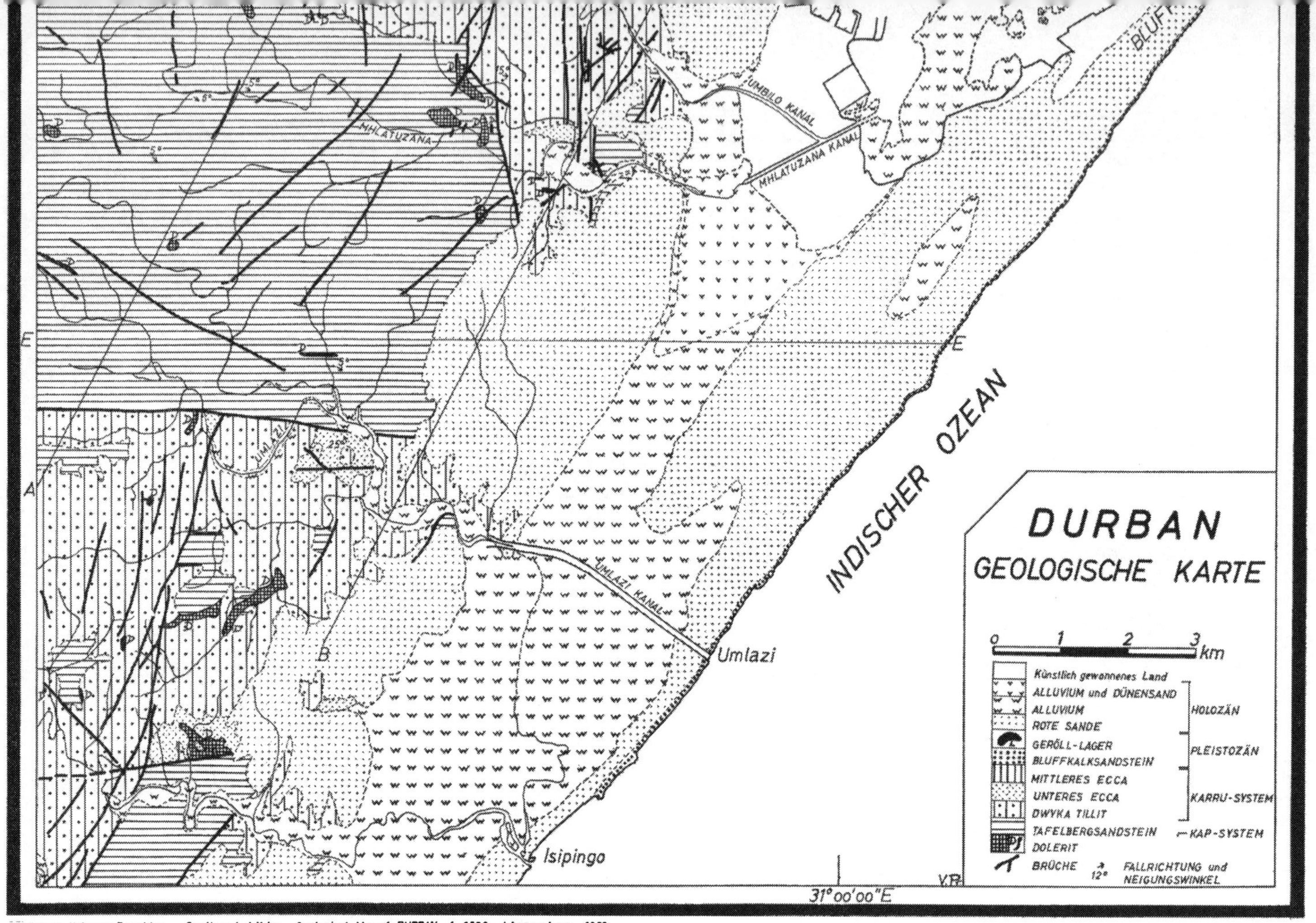

Zeichnung Volkmar Praechter   Quellen: L.J.Krige Geological Map of DURBAN 1 63360 Johannesburg 1932
Diapositive der Geological Map of DURBAN 1: 25.000 von L.C.King unveröffentlicht

A 31°00'00"E
B
C
C
Umgeni
FLUSSPFERD SEE
MBONGOKAZI
PALMIET
MKUMBANE
UMBILO
B·E·R·E·A
POINT
29°51'45"S
29°51'45"S

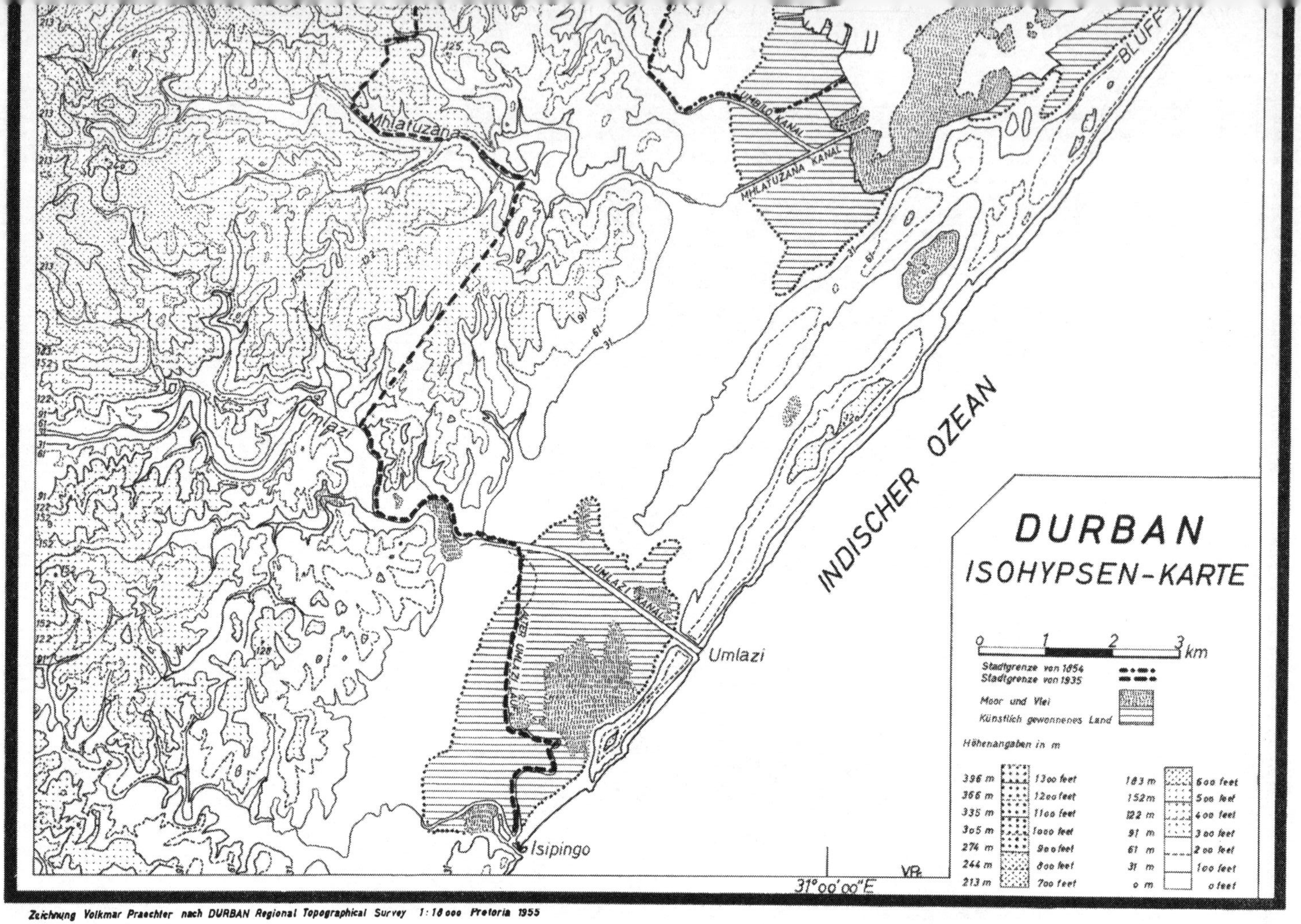

Zeichnung Volkmar Praechter nach DURBAN Regional Topographical Survey 1:18000 Pretoria 1955

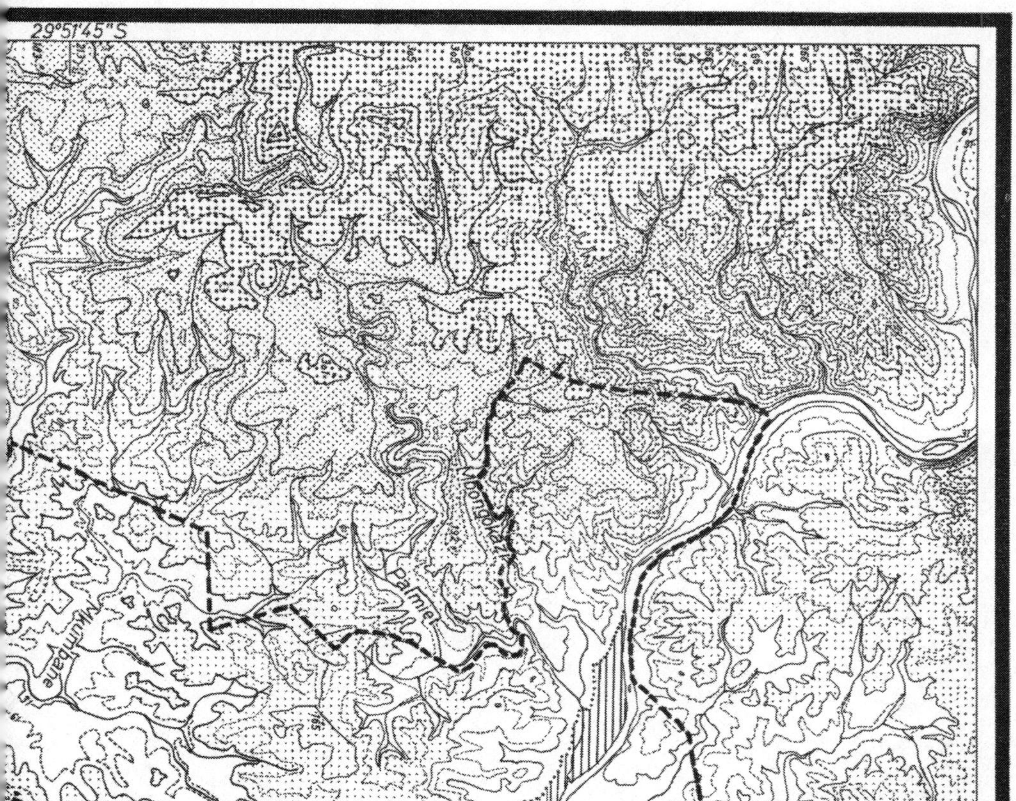

Kartentafel 4

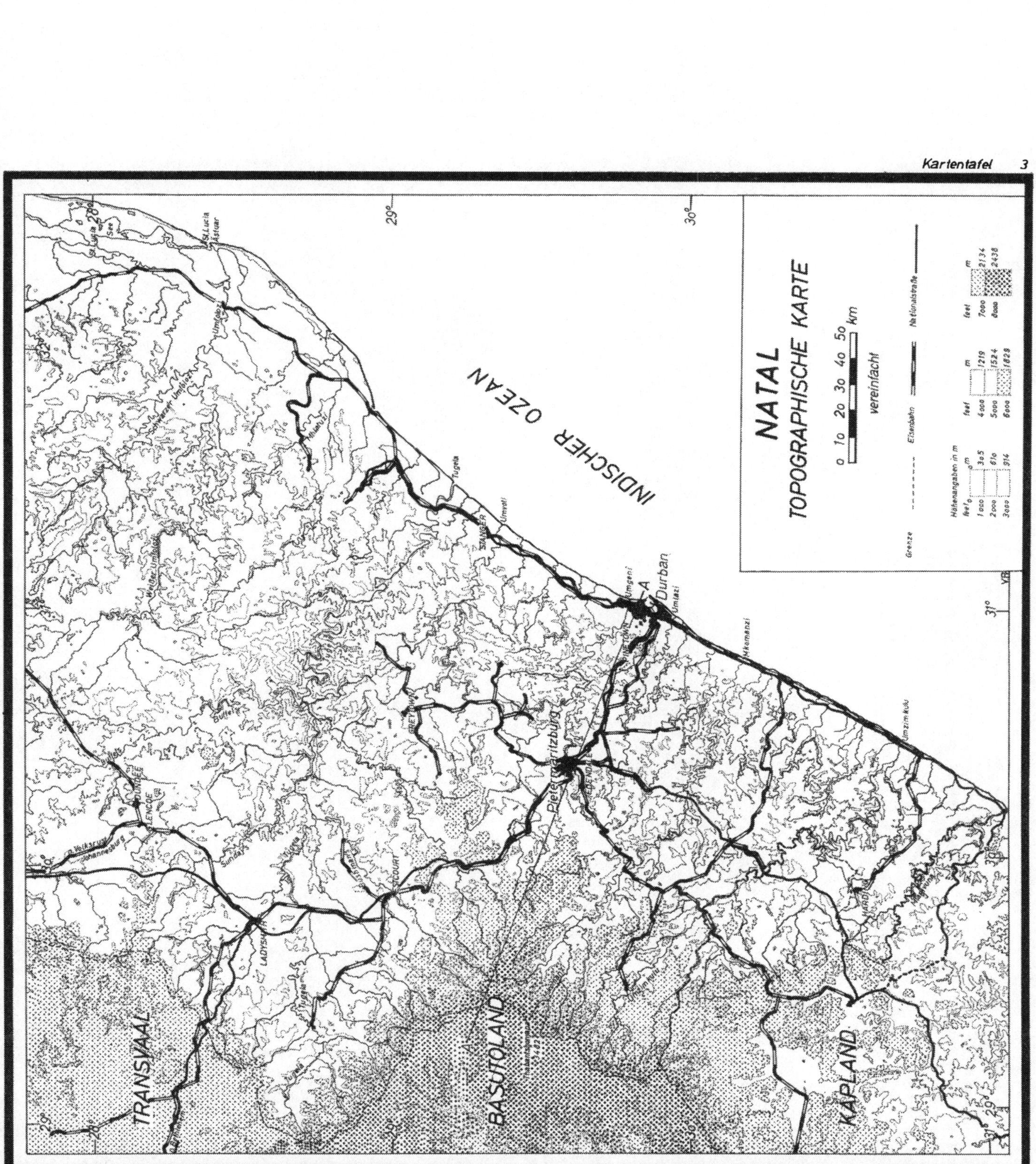

Zeichnung Volkmar Praechter Quellen: WORLD AERONAUTICAL CHART ICAO 1:1.000.000 Bl. 3398 DURBAN Pretoria 1957
Standard Railway Map of South Africa and Neighbouring Territories 1: 3.500.000 in Union of South Africa, S.A. Railways and Harbours, Rep. Gen. Manager 1958 Pretoria
SHELL-Road Map of Southern Africa 1:1.000.000 Sec. 2 Capetown o.J.

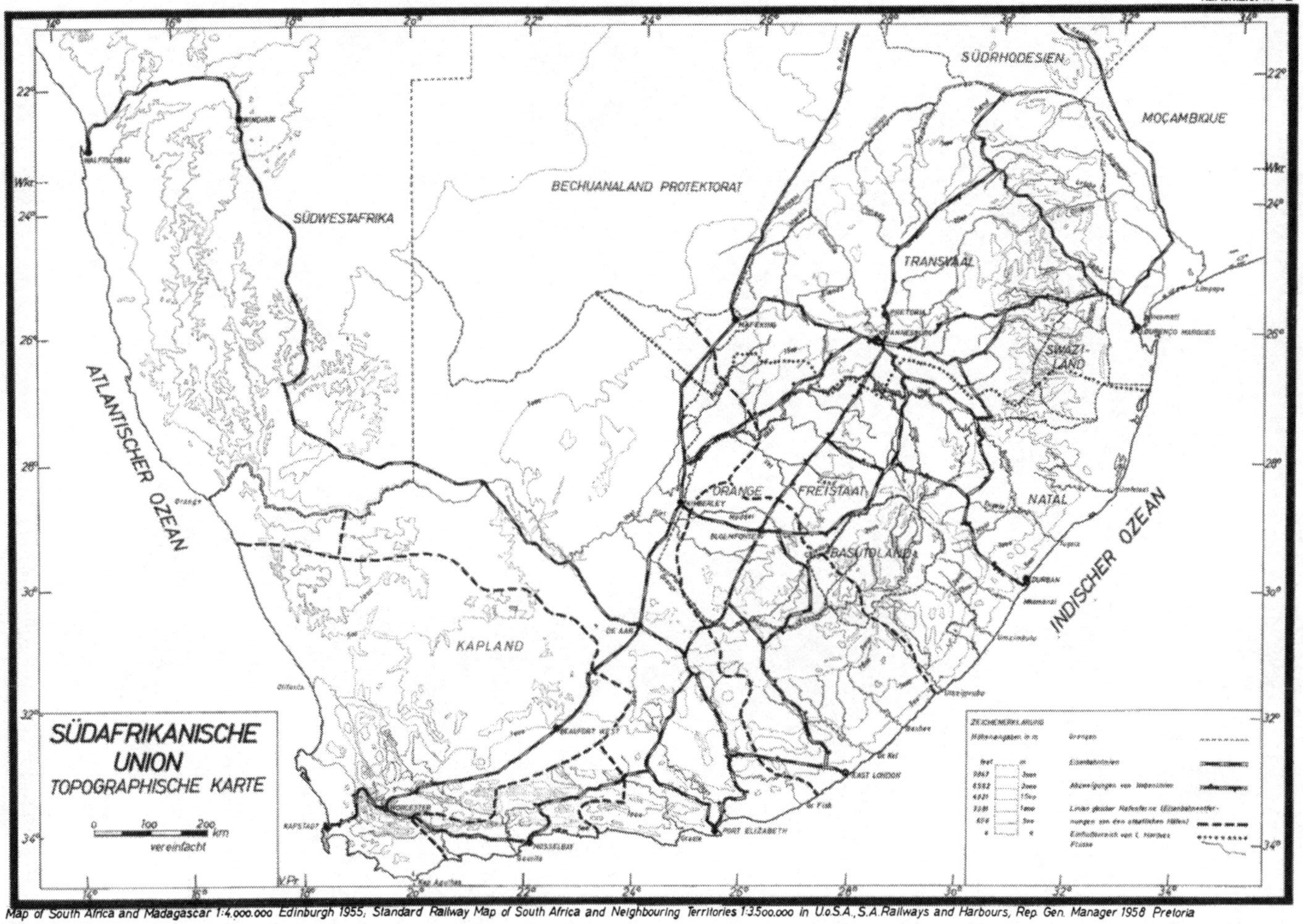

Map of South Africa and Madagascar 1:4.000.000 Edinburgh 1955; Standard Railway Map of South Africa and Neighbouring Territories 1:3.500.000 in U.o.S.A., S.A.Railways and Harbours, Rep. Gen. Manager 1958 Pretoria

DURBANS LAGE im Netz internationaler SEE- und LUFTVERKEHRS-VERBINDUNGEN

Speichentreuer azimutaler Entwurf, Kapstadt im Mittelpunkt

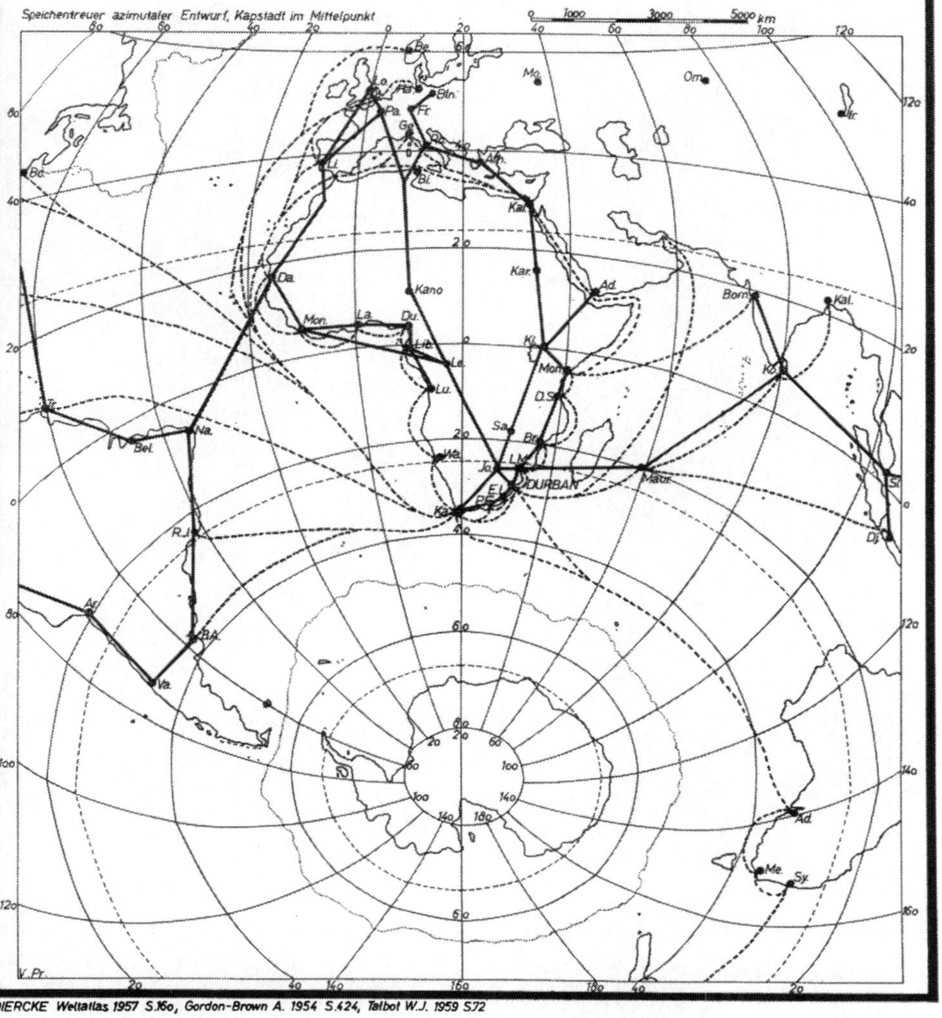

DIERCKE Weltatlas 1957 S.160, Gordon-Brown A. 1954 S.424, Talbot W.J. 1959 S.72

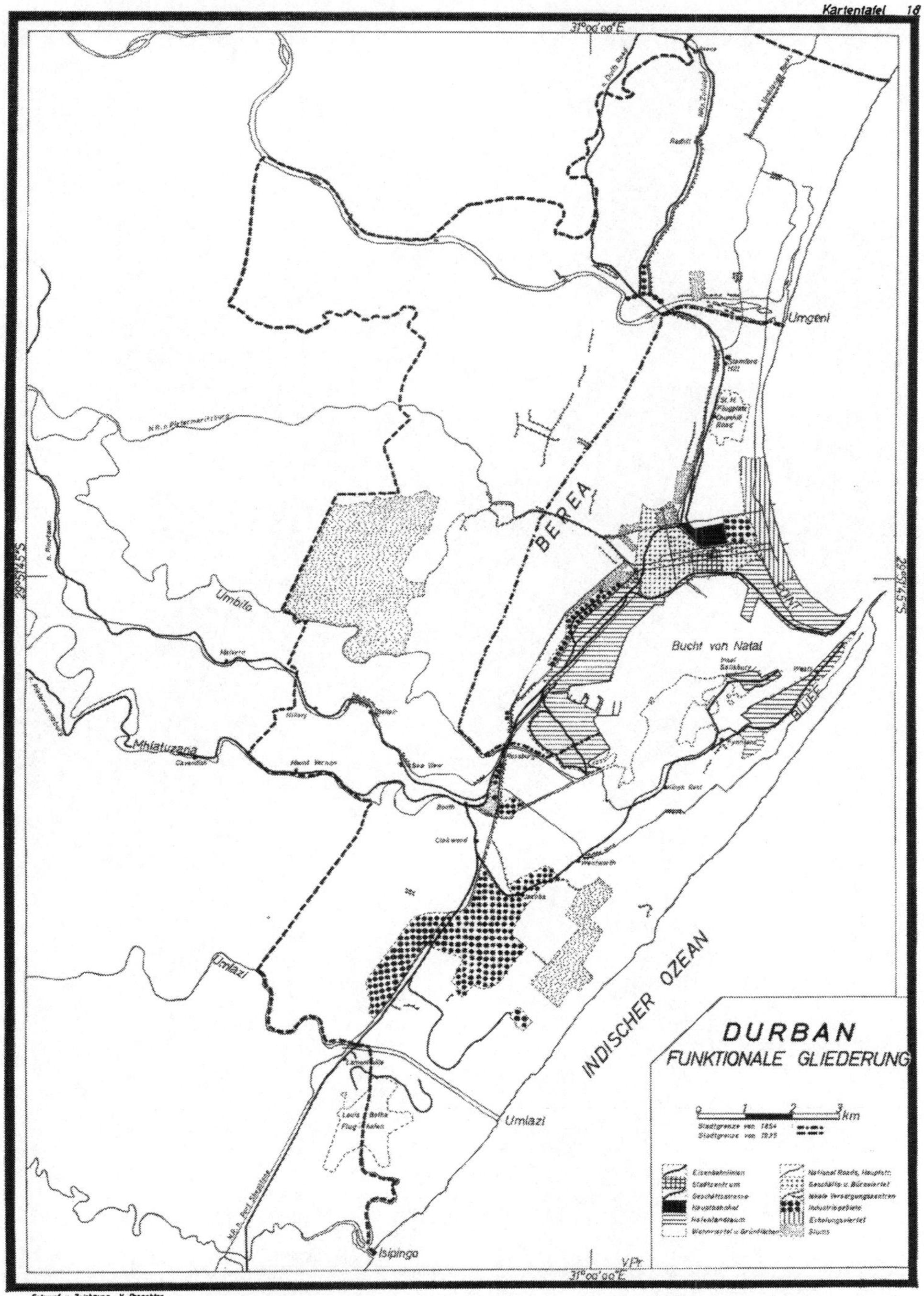

Entwurf u. Zeichnung V. Praechter

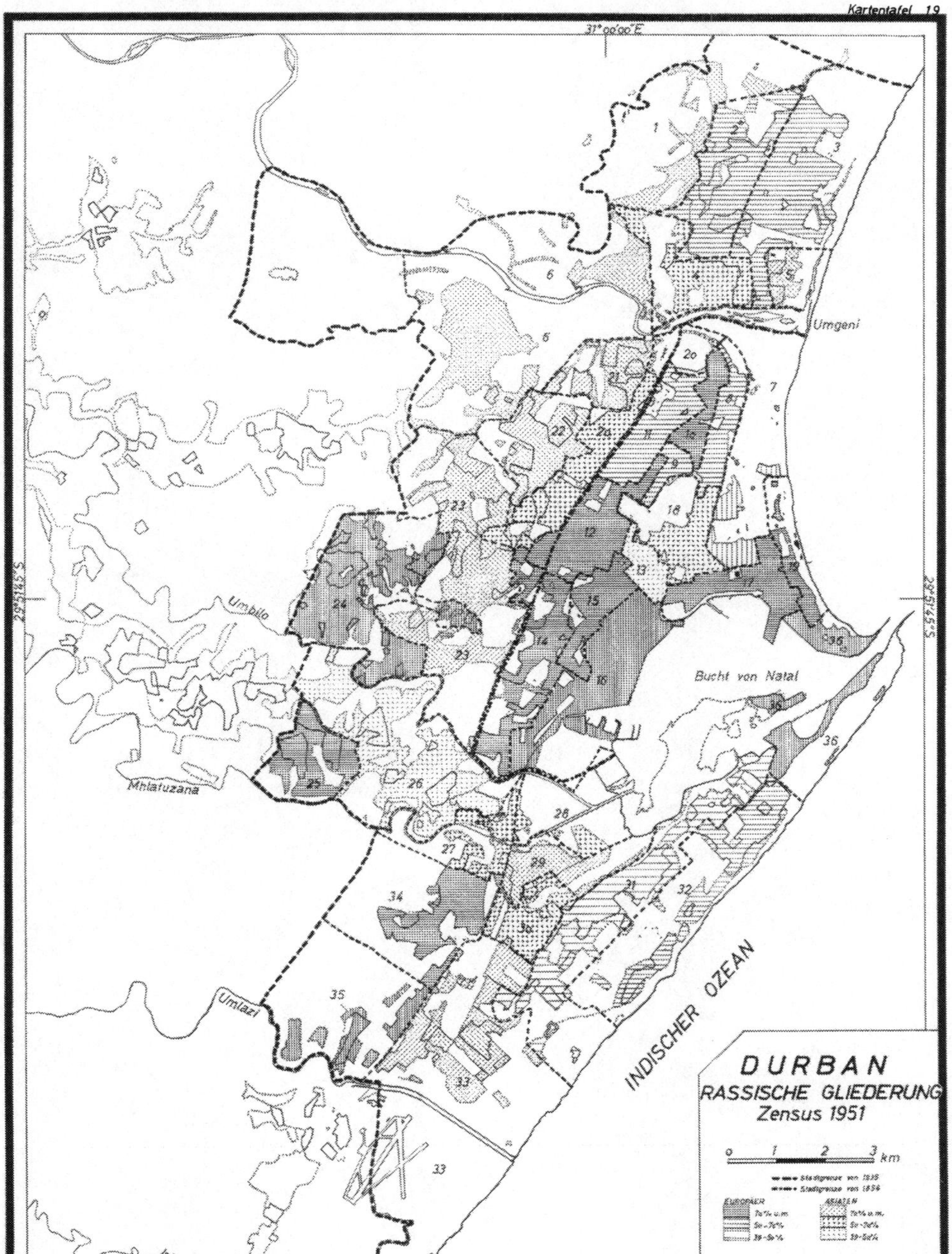

Entwurf u. Zeichnung V. Praechter Quelle: Kuper L., Watts, H., Davies R. 1958 Tab. S. 237

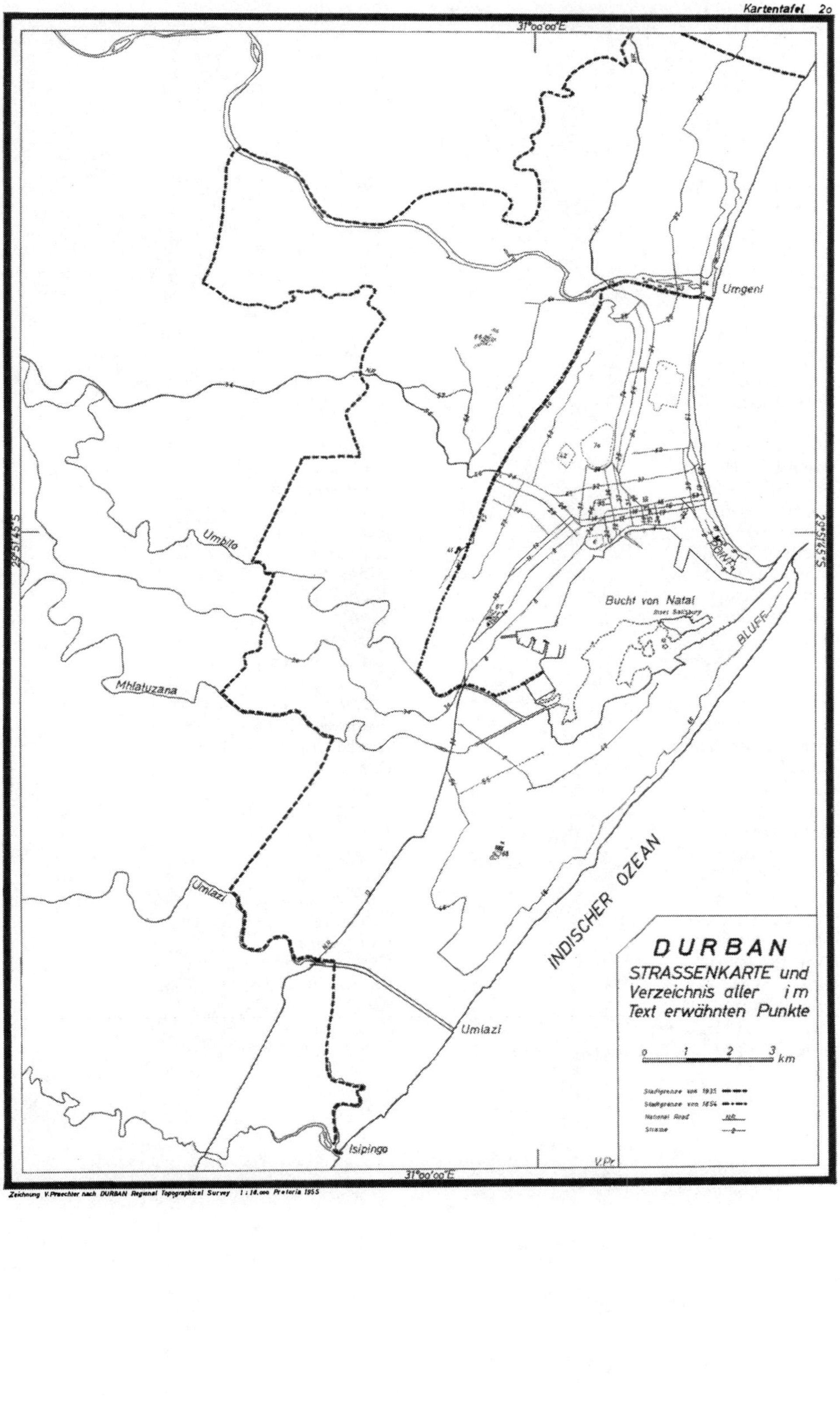

Zeichnung V.Praechter nach DURBAN Regional Topographical Survey 1:18.000 Pretoria 1955

Zahlenschlüssel zu Kartentafel 20

Addington Hospital	50
Adrain Road	71
Albert Park	6
Albert Street	37
Alexandra Street	34
Alice Street	32
Aliwal Street	20
Athlone Bridge	43
Athlone Drive	26
Berea Road	28
Bluff Marine Drive	46
Bluff Road	47
Botanischer Garten	42
Brickfield Road	59
Brickhill Road	35
Broad Street	72
Brook Street	65
Burman Drive	39
Camperdown Road	2
Church Street	75
Congella Road	10
Connaught Bridge	15
Dartnell Crescent	38
Davenport Road	73
Dayal Road	55
Edwin Swales Drive	7
Ellis Brown Viaduct	44
Erskine Terrace	5
Escombe Terrace	48
Farewell Street	22
Field Street	21
First Avenue	25
Gale Street	11
Gardiner Street	19
Greyville Trabrennbahn	70
Grey Street	36
Hauptbahnhof	B
Indermarkt	37
Jacobs Road	54
Jan Smuts Highway	56
King Edward VIII Hospital	67
King George V Hospital	66
Lower Marine Parade	52
Manning Road	77
Marine Parade	49
Maydon Road	8
Moore Road	29
Musgrave Road	63
North Coast Road	14
Northway	27
Old Dutch Road	61
Old Fort Road	33
Pine Street	18
Point Road	3
Postamt	P
Prince Street	4
Quarry Road	60
Randhs Road	58
Rathaus	R
Ridge Road	40
Russel Street	23
Sarnia Road	30
Sea View Street	53
Smith Street	17
Snell Parade	51
Soldiers Way	76
Somtseu Road	62
South Coast Road	13
South Ridge Road	45
Sparks Road	57
Stamford Hill Road	64
Sydney Road	9
Tollgate	T
Umbilo Road	12
Umgeni Road	24
Umhlanga Rock Drive	78
Universität	41
Victoria Embankment	1
Warwick Centenary Road	31
Wentworth Hospital	68
West Street	16
Windermere Road	74

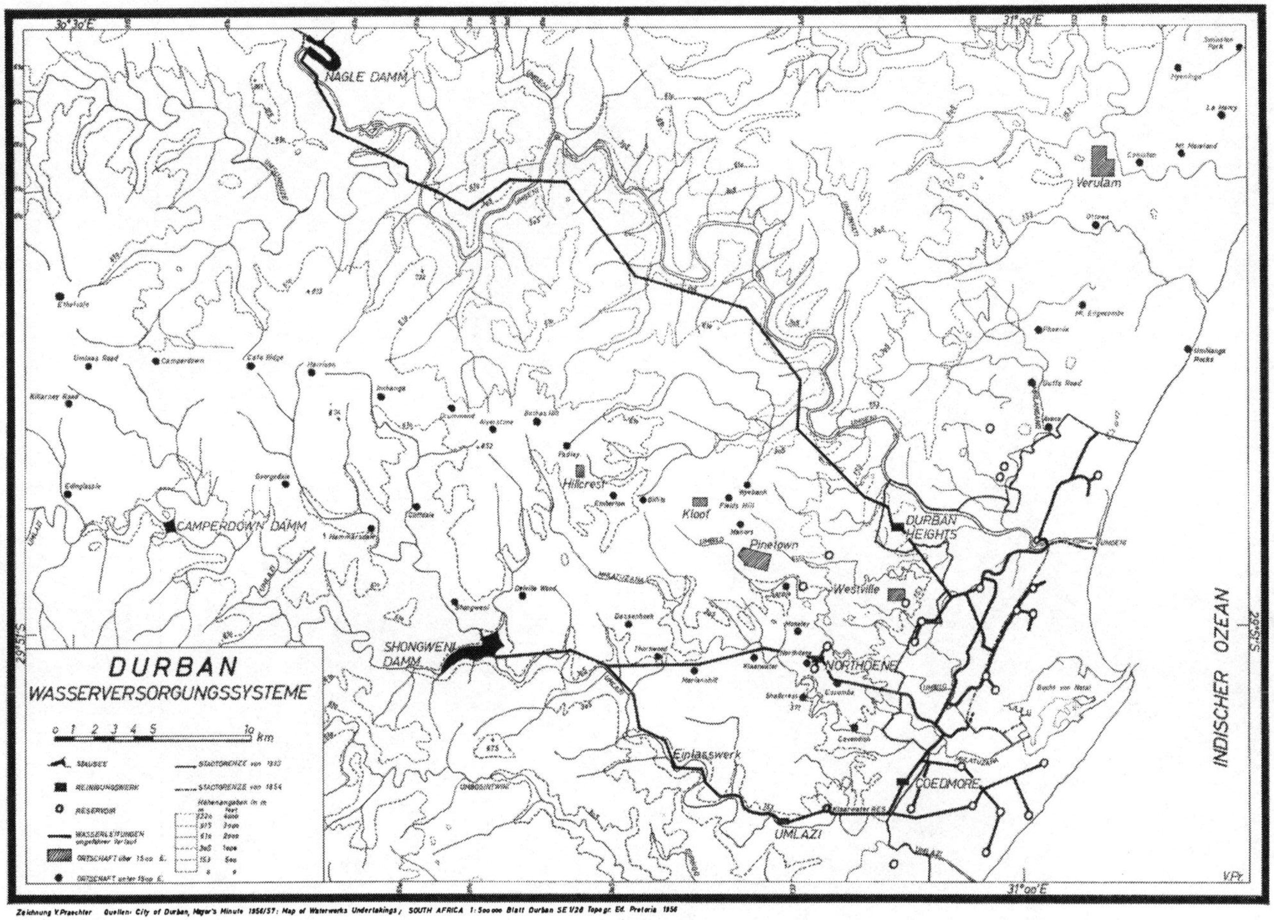

Zeichnung V.Praechter Quellen: City of Durban, Mayor's Minute 1956/57: Map of Waterworks Undertakings; SOUTH AFRICA 1:500000 Blatt Durban SE 1/28 Topogr. Ed. Pretoria 1956

FSC
www.fsc.org
MIX
Papier | Fördert
gute Waldnutzung
FSC® C083411

Kolibri 360 GmbH
Ferdinand-Jühlke-Straße 7
99095 Erfurt, Deutschland
produktsicherheit@kolibri360.de